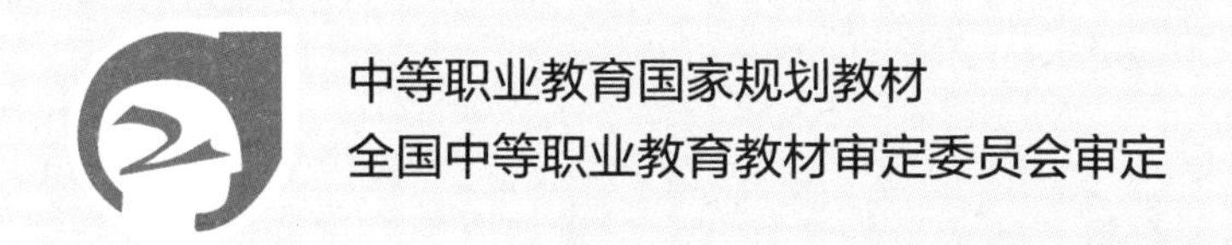

中等职业教育国家规划教材

全国中等职业教育教材审定委员会审定

工业分析技术 第三版

- 盛晓东 主 编
- 黄 虹 副主编
- 戴猷元 责任主审
- 郁鉴源 戴猷元 审稿

化学工业出版社

·北京·

内容简介

本教材为中等职业教育国家规划教材，除绪论外共分六章，重点介绍了试样的采集和制备、物质分离技术、物理常数及物理性能的测定、有机化合物定量分析、气体分析、安全分析和实验室安全知识等内容。总教学时数为 220 学时，其中理论授课 60 学时，实验教学 160 学时。本教材以培养高素质的产品质量检验人员为目标，突出以能力培养为本位的职教特色，在选材和内容编排上尽可能结合生产实际，突出理论联系实际，简化理论，侧重应用。

本书为中等职业教育分析检验技术专业的教材，也可作为从事分析与检验工作人员的培训教材或参考书。

图书在版编目（CIP）数据

工业分析技术 / 盛晓东主编 ; 黄虹副主编. 3 版. -- 北京 : 化学工业出版社, 2025. 4. --（中等职业教育国家规划教材）（全国中等职业教育教材审定委员会审定）. -- ISBN 978-7-122-47383-7

Ⅰ. TB4

中国国家版本馆 CIP 数据核字第 2025GW6943 号

责任编辑：王文峡　　装帧设计：韩　飞
责任校对：王鹏飞

出版发行：化学工业出版社
（北京市东城区青年湖南街 13 号　邮政编码 100011）
印　　装：三河市君旺印务有限公司
787mm×1092mm　1/16　印张 12½　字数 304 千字
2025 年 5 月北京第 3 版第 1 次印刷

购书咨询：010-64518888　　售后服务：010-64518899
网　　址：http://www.cip.com.cn
凡购买本书，如有缺损质量问题，本社销售中心负责调换。

定　　价：39.00 元

中等职业教育国家规划教材
出 版 说 明

为了贯彻《中共中央　国务院关于深化教育改革全面推进素质教育的决定》精神，落实《面向21世纪教育振兴行动计划》中提出的职业教育课程改革和教材建设规划，根据教育部关于《中等职业教育国家规划教材申报、立项及管理意见》（教职成〔2001〕1号）的精神，我们组织力量对实现中等职业教育培养目标和保证基本教学规格起保障作用的德育课程、文化基础课程、专业技术基础课程和80个重点建设专业主干课程的教材进行了规划和编写，从2001年秋季开学起，国家规划教材将陆续提供给各类中等职业学校选用。

国家规划教材是根据教育部最新颁布的德育课程、文化基础课程、专业技术基础课程和80个重点建设专业主干课程的教学大纲（课程教学基本要求）编写，并经全国中等职业教育教材审定委员会审定。新教材全面贯彻素质教育思想，从社会发展对高素质劳动者和中初级专门人才需要的实际出发，注重对学生的创新精神和实践能力的培养。新教材在理论体系、组织结构和阐述方法等方面均作了一些新的尝试。新教材实行一纲多本，努力为教材选用提供比较和选择，满足不同学制、不同专业和不同办学条件的教学需要。

希望各地、各部门积极推广和选用国家规划教材，并在使用过程中，注意总结经验，及时提出修改意见和建议，使之不断完善和提高。

教育部职业教育与成人教育司

第三版前言

本教材为中等职业教育国家规划教材。2019 年 1 月我国颁布《国家职业教育改革实施方案》，2019 年 9 月教育部颁布《职业教育提质培优行动计划（2020－2023 年）》，将教材作为“三教”改革的重要内容。在此背景下，《工业分析技术》教材编写团队积极探索教材的新形态建设方法，持续推进教材建设。《工业分析技术》第一版于 2002 年出版，2012 年修订出版第二版，作为中等职业化工类学校工业分析课程的教材，在教学过程中发挥了较好的作用，受到了大家的好评。若干年过去了，随着新技术、新方法的出现，行业发展对分析检验技术专业人才的能力要求也在不断地变化。因此，我们在听取了本教材使用者意见的基础上，对《工业分析技术》第二版进行了适当修订。这次修订工作本着“立足实用、强化能力、注重实践”的职教特色，在第二版的基础上进行了调整和完善，主要做了以下修订工作：

一、每章除学习指南的内容外，增加了知识目标、技能目标和素质目标，强化了教材的课程思政元素。

二、根据专业技术的发展，适当增补或更新了部分学习园地的内容，可供学生课外阅读，以拓宽专业知识面。

三、在技能训练中配了微课视频，可扫描二维码观看相关技能操作演示。

四、本次修订还制作了教材配套的电子教案，可供教师教学参考。

本教材以培养高素质的产品质量检验人员为目标，突出以能力培养为本位的职教特色，在选材和内容编排上尽可能结合生产实际，突出理论联系实际，简化理论，侧重应用。为培养实际动手能力，教材编写了一定数量的典型实用的技能训练，以便掌握基本操作；为拓宽知识面，激发求知欲，培养创新能力，根据工业分析领域内的发展情况，教材编写了一些反映科学发明、新技术应用等方面内容的阅读材料；为帮助引导读者自学，在每章的开篇编有学习指南和学习目标，明确各章的学习目的和学习方法。工业分析技术是一门实践性很强的课程，为帮助学习者自我测试对技能的掌握情况，在技能训练中明确指出了训练目标。

本次修订由上海信息技术学校盛晓东、黄虹、陈佳共同完成。

由于编者水平所限，书稿难免存在不足之处，恳请批评指正，不胜感谢。

编　者

2024 年 10 月

第一版前言

本教材根据教育部2000年审定的中等职业教育工业分析与检验专业教学计划（CBE模式）和2001年审定的“工业分析技术”课程教学大纲，总结多年的CBE教改和教学经验，根据当今中等职业技术教育发展和生产实际需要编写而成。

本教材除绪论外共分6章，重点介绍了试样的采集和制备、物质分离、物理常数的测定、有机化合物定量分析、气体分析、安全分析和实验室安全知识等内容。总教学时数220学时，其中安排理论授课60学时，实验160学时。

本教材以中等职业教育工业分析与检验专业培养高素质的中初级产品质量检验人员为目标，突出以能力培养为本位的CBE教育模式的职教特色，在选材和内容编排上尽可能结合生产实际的需要，突出理论联系实际的原则，简化理论，侧重应用。为培养学生的实际动手能力，教材编写有一定数量的以掌握基本操作为目的的典型实用的技能训练。为拓宽学生的知识面，激发学生的求知欲，培养创新能力，根据工业分析领域内的发展情况，教材编写了一些反映科学发明、新技术应用等方面内容的阅读材料。为帮助引导学生自学，在每章的开篇编写有学习指南，以明确各章的学习目的和学习方法。工业分析技术是一门实践性很强的课程，为帮助学习者自我测试技能掌握情况，在每一技能训练中都指出了需达到的目标。

本教材由上海信息技术学校盛晓东主编。书中绪论、第3章、第4章（第3、5、6～9、11～14节）、第5章由盛晓东编写，第1章、第4章（第1、2节）由广西石化高级技工学校黄雄强编写，第2章、第4章（第4、10节）、第6章由上海信息技术学校黄虹编写，学习园地由盛晓东和黄虹整理编写。

本教材编写过程中得到了教育部职成司教材处有关领导的大力支持和指导，参编人员所在学校的有关领导也对教材的编写工作给予了大力的支持，该书通过了中等职业教育教材审定委员会的审核，清华大学戴猷元教授、郁鉴源教授审阅了全书，提出了宝贵的意见和建议，广州市化工学校景宜品老师在本书的编写过程中给予了极大的帮助，多次提出修改意见和建议。化学工业出版社提供了许多方便的工作条件，编者在此一并致以深切的谢意。

由于编者水平有限，时间仓促，尽管力图完美，但书中难免存在疏漏和不足，恳请专家和读者批评指正，不胜感谢。本书引用了一些其他专著的资料和图表（见参考资料），在此谨向原著作者致以崇高的敬意和感谢。

编　者

2002年5月

目录

绪论 1

1 试样的采集和制备 4

2 物质分离技术 41

3　物理常数及物理性能的测定　70

4　有机化合物定量分析　107

6 安全分析和实验室安全知识 170

参考文献 190

二维码一览表

绪 论

0.1 工业分析的任务和作用

工业分析技术是一门实践性很强的专业课程，是分析化学和仪器分析在工业生产上的应用。工业分析的任务是运用分析化学和仪器分析的理论和分析手段，研究工业生产中的原料、辅助材料、中间体、产品、副产品等组成的分析检验方法。

工业分析是工业生产过程中的“眼睛”，通过工业分析能够评定原料和产品的质量，检验工艺过程是否正常。在新产品开发和生产工艺改良中，通过工业分析来帮助研究工作的进行。所以工业分析是获取生产信息的重要途径和手段，通过分析结果可对生产过程实施监控，从而做到正确组织生产，合理使用原料，及时发现生产缺陷，降低生产成本，提高产品质量。

0.2 工业分析的特点

工业生产是一个复杂的过程，产品的种类很多，组分也非常复杂，由此决定了工业分析有许多特点。

工业物料组分复杂，原料和产品往往都是多组分的，在测定时相互间存在干扰。因此在分析时，应考虑如何消除这些干扰。

另外，工业物料的数量往往以千吨或万吨计，而且是不均匀的。分析样品却仅仅是其中的一小部分。因此，如何保证这少量的样品能够代表全部物料的平均组成，是工业分析的一个重要环节。所以，工业分析中对各种物料的分析都有严格的采样规程。

工业分析是获取生产信息的重要途径和手段。因此信息来源的正确性和信息的准确性、时效性显得尤为重要。所以，工业分析对整个分析的全过程，即从样品的采集、处理，所用的分析方法、测定条件、使用的仪器设备等都有严格规范的要求，由国家和行业有关部门颁布相应的国家标准及行业标准，作为分析工作的“法律”依据。工业分析一般都以标准规定的方法进行分析，以确保测定结果的准确、有效和可比性。标准分析方法都注明允许误差。所谓允许误差就是指某分析方法所允许的平行测定间的绝对偏差。这些数值都是将多次分析实践的数据经过数学处理而确定的。在生产实际中必须以标准规定的允许误差作为判断分析结果是否合格的依据，两次平行测定数据的偏差不得超过方法的允许误差，否则必须重新测定。标准规定的分析方法不是永恒不变的，随着科学的发展，技术的不断革新，旧方法逐渐被新方法替代。新标准公布后，旧标准即应作废。

生产实际中，按完成分析的时间和所起的作用的不同，工业分析的方法可分为快速分析法和标准分析法。快速分析法多用于车间生产控制分析，控制生产工艺过程中的关键部位，要求能迅速得到分析数据，对于准确度则可以视生产的要求不同而适当降低。标准分析法的分析结果是进行工艺计算、财务核算及评定产品质量的依据。因此，要求有较高的准确度，完成分析工作的时间容许适当延长。标准分析法主要用于测定原料、半成品、成品的化学组成，也用于校核或仲裁分析。标准分析法是以相关的技术标准为依据进行分析测定的。

0.3 工业分析的发展趋势

随着科学技术的不断发展、分析手段的不断更新、分析仪器的发展升级与普及，工业分析的方法也在不断地变化和发展。分析自动化程度越来越高，各种参数的自动连续测定，以仪器分析为主要手段的物理测试方法广泛应用于工业分析中。各种专用分析仪器的出现使一些原本比较复杂的分析操作变得更为简便。近年来激光技术、电子计算机技术等高新技术应用于工业分析中，使分析过程的自动化、智能化程度普遍提高。未来工业分析将向高效、快速、智能的方向发展。

随着生产领域的扩展，工业分析技术作为一种基础性的应用技术，其涉及领域也在迅速扩展。除了传统工业，正逐渐在生物工程、新材料、新能源、环境工程等产业发挥重要的作用。随着其涉及领域的不断扩大，工业分析技术将更加多元化。

不断发展的分析化学

历史上的分析化学

化学家 Boyle 在 1661 年提出，人类有科学就有化学。他奠定了化学学科的基础。随后，Lavoisier 发明了天平，建立了分析测定的基础。Fresenius 于 1841 年发表专著《定性分析导论》，接着又发表另一本专著《定量分析导论》。Mohr 于 1885 年出版了第一本《分析化学》杂志。1894 年，Ostward 在出版的专著《分析化学科学基础》中认为分析化学在化学发展为一门学科的过程中起着关键作用，因为化学必有定性和定量分析工作。此书也奠定了经典分析的科学基础，发展为分析化学。这是发生在 20 世纪初的分析化学的第一次巨大变革，即分析化学从一门技术发展为一门学科。纵观这段历史发展，人们不难得出结论：人类有科技就有化学，化学是从化学分析开始的。

分析化学展望

分析化学面临的要求是不仅能确定分析对象中的元素、基团和含量，而且能回答原子的价态、分子的结构和聚集形态、固体的结晶形态、短寿命反应中间产物的状态和生命化学物理过程中的激发形态等。不但能提供空间分析的数据，而且可进行表面、内层和微空间的分析，甚至三维空间的扫描分析和时间分辨数据。尽可能快速、全面和准确地提供丰富的信息和有用的数据。显然，这是近代物理学、化学、生命科学、环境科学、能源科学、材料科学、医药卫生和工业技术中面临的且必须解决的问题。因此，现代分析化学是科技和经济建设的基础，是衡量科技发展和国力强弱的主要标志之一。科技发展和社会的需要使分析化学成为分析科学，要求分析化学家直接参与科技研究和生产。社会生产和科技主要问题的解决常基于化学测量的结果。现代分析化学的目标就是要求消耗少量材料，缩短分析时间，减小风险以获得更多的有效的化学信息。

分析化学的发展方向是高灵敏度（达原子级、分子级水平），高选择性（复杂体系），快速、自动、简便、经济，分析仪器自动化、数字化和计算机化并向智能化、信息化纵深发展。改善人口素质、防灾、防病、不断提高生活水平以及环境保护和监控是重点发展的研究领域。而生物和环境分析是现代分析化学发展的前沿领域，它们将不断推动现代分析化学的发展。

1 试样的采集和制备

学习指南

试样的采集和制备是分析工作中极为关键的第一步。本章介绍有关采样的术语、采样的目的和原则以及采样的基本程序；各种物料——固体、液体及气体的采样工具的用途及其正确的使用方法；各种物料样品的采集方法及处理方法；常用的试样分解方法。

知识目标

掌握采样的原则和目的；理解采样的常用术语；理解采样前识读被采样品的 MSDS（化学品安全技术说明书）的重要性；熟悉不同样品的采样和制样程序及常用的试样分解制备的方法。

技能目标

能确定采样单元数、采样单元位置、采样数量的采样方案；

会根据不同的物料正确选择和规范使用采样工具；

能针对不同样品的特性和工作环境，在采样时正确选择穿戴个人安全防护装备；

能正确填写采样标签、采样登记表、采样原始记录；

会根据样品的特性，正确选择适合的包装材料和贮存形式及留样的操作；

会根据不同样品的特性，合理选择酸碱、消化、熔融、灰化试样分解制备的操作。

素质目标

具备客观、公正、安全防护的科学态度；具有有序规范采样操作时完整原始记录数据溯源的意识；树立严格按照操作规程执行的规则意识和严谨的工作作风；培养语言表达、协同合作、沟通交流的能力。

1.1 采样的基本知识

基本知识

工业分析的目的是测定工业物料的平均组成。一个分析过程一般经过采样、样品的预处理、测定和结果计算等几个步骤。工业物料的数量往往以千吨、万吨计，其组成有的比较均匀，有的很不均匀。而对物料进行分析时所需的试样量是很少的（不过数克），甚至更少，对这些少量试样的分析结果必须能代表全部物料的平均组成。因此，掌握试样采集和制备的正确方法，是分析工作中至关重要的第一步。如果采集的样品由于某种原因不具备充分的代表性，那么，即使分析方法好、测定准确、计算无差错，也是毫无意义的，有时甚至会给生产和科研带来严重的后果。正确采集和制备具有代表性的样品具有非常重要的意义。

1.1.1 有关的名词术语

（1）**总体** 研究对象的全体。

（2）**采样** 从总体中取出具有代表性样品的操作。

（3）**采样单元** 限定的物料量。其界限可能是有形的，如一个容器，也可能是设想的，如物料流的某一具体时间或间隔时间。

（4）**份样** 用采样器从一个采样单元中一次取得的定量物料。

（5）**样品** 从数量较大的采样单元中取得的一个或几个采样单元，或从一个采样单元中取得的一个或几个样。

（6）**原始样品** 采集的保持其个体性质的一组样品。

（7）**实验室样品** 为送往实验室供检验或测试而制备的样品。

（8）**保存样品** 与实验室样品同时同样制备的、日后有可能用作实验室样品的样品。

（9）**代表样** 一种与被采物料有相同组成的样品，而此物料被认为是完全均匀的。

（10）**试样** 由实验室样品制备的从中抽取试料的样品。

（11）**试料** 从试样中取得的（如试样与实验室样品两者相同，则从实验室样品中取得），并用以进行检验或观测的一定量的物料。

（12）**子样** 在规定的采样点采取的规定量的物料，用于提供关于总体的信息。

（13）**总样** 合并所有的子样称为总样。

其他有关采样的名词术语，请查阅国家标准《工业用化学产品　采样　词汇》（GB/T 4650—2012）。

1.1.2 采样目的和原则

1.1.2.1 采样目的

（1）**采样的基本目的** 是从被检的总体物料中取得具有代表性的样品。通过对样品检测，得到在允许误差内的数据，从而求得被检物料的某一或某些特征的平均值。

（2）**采样的具体目的** 可分为以下几个方面，目的不同，要求各异，采样前必须明确具体的采样目的和要求。

① **技术方面** 确定原材料、半成品及成品的质量；控制生产工艺过程；鉴定未知物；确定污染的性质、程度和来源；验证物料的特性；测定物料随时间、环境的变化及鉴定物料的来源等。

② **商业方面** 确定销售价格；验证是否符合合同规定；保证产品销售质量；满足用户要求等。

③ **法律方面** 检查物料是否符合法令要求；检查生产过程中泄漏的有害物质是否超过允许极限；法庭调查；确定法律责任；进行仲裁等。

④ **安全方面** 确定物料是否安全或确定其危险程度；分析发生事故的原因；按危险程度对物料进行分类等。

1.1.2.2 采样原则

为了掌握总体物料的成分、性能、状态等特性，需要从总体物料中采得能代表总体物料的样品，通过对样品的检测来了解总体物料的情况。因此，使采得的样品**具有充分的代表性**是采样的基本原则。

1.1.3 采样的基本程序

在了解被采物料的所有信息及采样的具体目的和要求之后，分析工作者必须制订好采样方案；采样后应及时做好采样记录；根据各产品的有关规定确定保留样品的方法；确定处理废弃样品的方法。只有真正做好以上工作，才能完成采样任务。

1.1.3.1 采样方案的制订

采样方案的制订是采样工作中一个重要环节。采样方案的内容应包括确定总体物料的范围；确定采样单元和二次采样单元；确定样品数、样品量和采样部位；规定采样操作方法和采样工具；规定样品的加工方法；规定采样的安全措施等。

（1）**样品数和样品量**　在满足需要的前提下，样品数和样品量越少越好。随意增加样品数和样品量可能导致采样费用的增加和物料的损失。能给出所需信息的最少样品数和最少样品量为最佳样品数和最佳样品量。

① **样品数的确定**　一般化工产品都可用多单元物料来处理。

a. 对于总体物料的单元数小于500的，可按表1-1来确定采样单元数的选取。

表 1-1　采样单元数的选取

总体物料的单元数	选取的最少单元数	总体物料的单元数	选取的最少单元数
1～10	全部单元	182～216	18
11～49	11	217～254	19
50～64	12	255～296	20
65～81	13	297～343	21
82～101	14	344～394	22
102～125	15	395～450	23
126～151	16	451～512	24
152～181	17		

b. 对于总体物料的单元数大于500的，采样单元数可按总体单元数立方根的三倍数来确定，即

$$n=3\times\sqrt[3]{N} \tag{1-1}$$

式中　n——采样单元数；

N——物料总体单元数。

【注意】 **上式计算结果中如遇有小数时，都进为整数。**

【例 1-1】 有一批工业物料，其总体单元数为538桶，则采样单元数应为多少？

解：

$$n=3\times\sqrt[3]{538}=24.4(\text{桶})$$

将24.4进为25，即应选取25桶。

② **样品量**　一般情况下，样品量至少应满足以下需求：满足三次重复检测的需要；满足备检样品的需要；满足需做制样处理时加工处理的需要。

a. 对于均匀样品，可按既定采样方案或标准规定方法从每个采样单元中取出一定量的

样品混匀后成为样品总量。经缩分后得到分析用的试样。

b. 对于一些颗粒大小不均匀、成分混杂不齐、组成极不均匀的物料，如矿石、煤炭、土壤等，选取具有代表性的均匀试样的操作较为复杂。根据经验，这类物料的样品选取量与物料的均匀度、颗粒度、易破碎程度有关，可用下式（称为采样公式）来计算。

$$Q=Kd^2 \tag{1-2}$$

式中 Q——采取平均试样的最小量，kg；

d——物料中最大颗粒的直径，mm；

K——经验常数，一般为0.02～0.15。

【例1-2】 现有一批矿物样品，已知$K=0.1$，若此矿石最大颗粒的直径为80mm，则采样最小质量为多少？

解： 已知$K=0.1$，$d=80$mm，由$Q=Kd^2$得

$$Q=0.1\times80^2=640\ (\text{kg})$$

这样大的取样量，不适宜于直接分析，如果［例1-2］物料中的最大颗粒直径为10mm，则采样量为

$$Q=0.1\times10^2=10\ (\text{kg})$$

如物料中的最大颗粒直径为1mm，则取样量为

$$Q=0.1\times1^2=0.1\ (\text{kg})$$

从0.1kg再制成试样就容易得多了。

可见物料的颗粒直径对取样量的多少有很大的影响，在实际工作中经常将物粒中的大颗粒粉碎后再进行采样。

（2）**采样安全** 无论所采样品的性质如何，都要遵守以下规定，即采样地点要有出入安全的通道，符合要求的照明、通风条件，设置在固定装置上的采样点还要满足所取物料性质的特殊要求。

对于所采物料本身是危险品的，应遵守的一般规定，主要有以下几点。

① 在通过阀门取流体样品时，应采用具有随时限制流出总量和流速装置的采样设备，以避免阀门开位卡住时可能导致流体的大量流出；对液体和气体的采样，在任何时候都应该能用阀门安全地来切断采样点与物料或管线的联系；为预防在对液体采样时液体溢出，应当准备排溢槽和漏斗，以便安全地收集溢出物，并为采样者设置常备防溅防护板。

在任何情况下，采样者都必须确保所有被打开了的阀门和采样口按照要求重新关闭好。

② 装样品的容器应使用便于操作并尽量减少造成样品容器破损的运载工具运输。

③ 采样设备（包括所有的工具和容器）要与待采物料的性质相适应并符合使用要求。

④ 应在采样前或尽早地在容器上做出标记，标明物料的性质及其危险性。

⑤ 采样者要完全了解样品的危险性及预防措施，并接受过使用安全设施的训练。

1.1.3.2 采样记录

为方便分析工作，并为分析结果提供充分、准确的信息，采得样品后，要详细做好采样记录。采样记录包括以下内容：

（1）样品名称及样品编号；

（2）分析项目名称；

(3) 总体物料批号及数量;

(4) 生产单位;

(5) 采样点及其编号;

(6) 样品量;

(7) 气象条件;

(8) 采样日期;

(9) 保留日期;

(10) 采样人姓名。

样品盛入容器后，要及时在容器壁上贴上标签，标签内容与采样记录内容大致相同。

1.1.3.3 留样和废弃样品

一些工业物料的化学组成在运输和贮存期间，易受周围环境条件的影响而发生变化。因此，采得样品后一般应迅速处理。有的被测项目，应在采样现场检测，如不能及时检测，应采取措施予以保存，并在送到实验室后按有关规定处理。

(1) **留样** 处理后的样品的量应满足检测及备考的需要。采得的样品经处理后一般平分为两份，一份供检测用，一份留作备考。每份样品量至少应为检验需要量的三倍。留样就是留取、贮存、备考样品。留样的作用包括考察分析人员检验数据的可靠性、作对照样品即复核备考用以及对比仪器、试剂、实验方法是否存在分析误差或跟踪检验等。样品应专门存放，防止错乱。

(2) **对盛样容器的要求** 将处理后的样品盛入容器后，应及时贴上写有规定内容的标签。盛样品的容器应符合下列要求，即具有符合要求的盖、塞或阀门，在使用前必须洗净、干燥，材质必须不与样品物质起反应且不能有渗透性，对光敏性物料，盛样容器应是不透光的。

(3) **弃样** 样品的保存量（作为备考样）、保存环境、保存时间以及撤销办法等一般在产品采样方法标准或采样操作规程中都作了具体规定。备检样品贮存时间一般不超过6个月，根据实际需要和物料的特性，可以适当延长和缩短。留样必须在达到或超过贮存期后才能撤销，不可提前撤销。

对剧毒、危险样品，如爆炸性物质、不用作炸药的不稳定物质、氧化性物质、易燃物质、毒物、腐蚀性和刺激性物质、由于物理状态（特别是温度和压力）而易引起危险的物质、放射性物质等，其保存和撤销除遵守一般规定外，还必须严格遵守环保及毒物或危险物的有关规定，切不可随意撤销。

练 习

(1) 什么是子样、总样和采样单元？说明相互之间的区别。

(2) 什么是样品、试样和试料？说明相互之间的区别。

(3) 采样的具体目的包括哪几个方面？

(4) 样品量应满足哪些条件？

(5) 采样方案的基本内容包括哪些方面？

(6) 采集危险品物料的样品时，应遵守的一般规定主要有哪些？

(7) 采样记录应包括哪些内容？

(8) 留样有什么作用？

1.2 采集和处理固体样品

固体工业产品的化学组成和粒度较为均匀，杂质较少，采样方法比较简单，采样过程中除了要注意不应带进杂质以及避免引起物料变化（如吸水、氧化等）外，原则上可以在物料的任意部位进行采样。固体矿物的化学成分和粒度往往很不均匀，杂质较多，采样过程就较为烦琐、困难。现以商品煤样采取方法为例，重点介绍不均匀固体物料的采样方法。

1.2.1 采样工具

常用的采样工具有以下几种。

（1）**自动采样器** 适用于从运输皮带、链板运输机等输送状态的固体物料流中定时定量地连续采样。用盛样桶或试样瓶来收集子样。

（2）**舌形铲** 长 300mm，宽 250mm。能在采样点一次采取规定量的子样。适用于运输工具、物料堆或物料流中进行人工采样。可用于采取煤、焦炭、矿石等不均匀固体物料的样品。

（3）**取样钻** 如图 1-1 所示。钻长为 750mm，外径为 18mm，槽口宽 12mm，下端为 30°的锥形，上端装有 T 形或直形的金属（木）柄，钻体由不锈钢管或铜管制成。适用于从包装袋或桶内采取细粒状工业产品的固体物料。取样时，将取样钻由袋口一角沿对角线方向插入袋内$\frac{1}{3}\sim\frac{3}{4}$处，旋转 180°后抽出，刮出钻槽中的物料，作为一个子样。

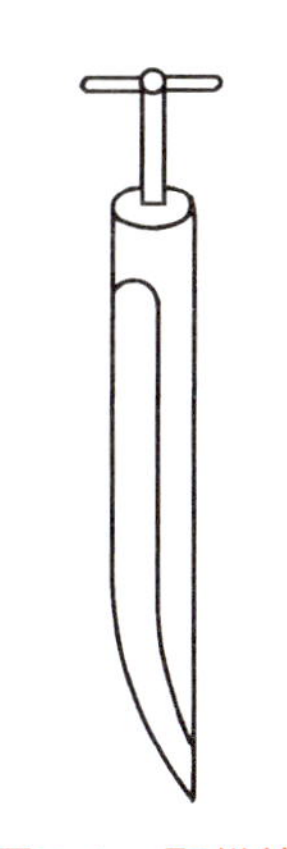

图 1-1 取样钻

（4）**双套取样管** 如图 1-2 所示。用不锈钢管或铜管制成。外管长 720mm，内径为 18mm，上面开有三个长 216mm，宽 18mm 的槽口；内管长 770mm，外径为 18mm，上面开有三个长 210mm 的槽口。内外槽口的位置能相互闭合，取样管下端呈圆锥形，内管和外管上端均装有 T 形木柄。适用于易变质（如吸湿、氧化、分解等）粉粒状物料的人工采样。采样时，将双套取样管斜插入袋（桶）内，旋开内管，将双套取样管旋转 180°，关闭内管，抽出双套取样管，将采得的物料由内管管口处转入试样瓶中，盖紧瓶塞，即得一个子样。

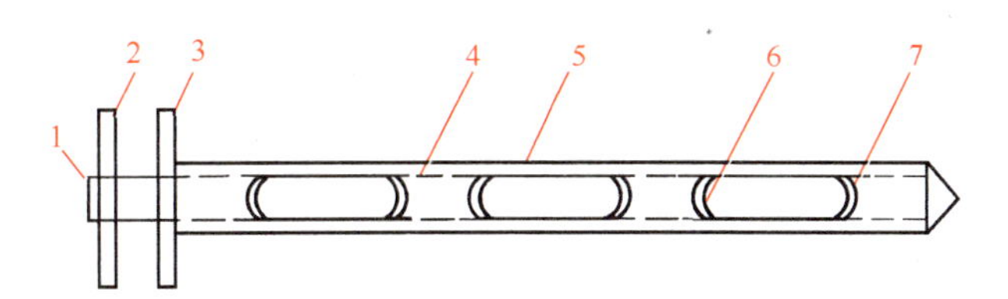

图 1-2 双套取样管

1—内管管口；2—内管木柄；3—外管木柄；4—内管；5—外管；
6—内管槽口；7—外管槽口

1.2.2 采样方法

在采样过程中，确定采样单元后，根据具体的情况确定采取的子样数目和子样质量，然后按照有关规定进行采样。对于商品煤，一般以 1000t 为一采样单元，进出口煤按品种、分国别以交货量或一天的实际运量为一采样单元。采取的子样数目和子样质量按以下情况确定。

1.2.2.1 子样数目

（1）对于 1000t 商品煤，可按表 1-2 的规定确定子样数目。

表 1-2 1000t 商品煤子样数目表

<table>
<tr><th rowspan="2">煤种</th><th colspan="2">原煤和筛选煤</th><th rowspan="2">炼焦用精煤</th><th rowspan="2">洗煤（中煤）</th></tr>
<tr><th>干基灰分≤20%</th><th>干基灰分>20%</th></tr>
<tr><td>子样数目/个</td><td>30</td><td>60</td><td>15</td><td>20</td></tr>
</table>

（2）煤量超过 1000t 的子样数目，按下式计算

$$N=n\sqrt{\frac{m}{1000}} \tag{1-3}$$

式中 N——实际应采子样数目，个；

n——表 1-2 所示的子样数目，个；

m——实际被采样煤量，t。

（3）煤量少于 1000t 时，子样数目按表 1-2 规定数目呈比例递减，但不得少于表 1-3 规定的数目。

表 1-3 不足 1000t 商品煤子样数目表　　　单位：个

<table>
<tr><th colspan="3">采样地点
煤种</th><th>煤流</th><th>火车</th><th>汽车</th><th>船舶</th><th>煤堆</th></tr>
<tr><td rowspan="2">原煤、筛选煤</td><td rowspan="2">干基灰分</td><td>>20%</td><td rowspan="4">表 1-2 规定数目的 1/3</td><td>18</td><td>18</td><td rowspan="4">表 1-2 规定数目的 1/2</td><td rowspan="4">表 1-2 规定数目的 1/2</td></tr>
<tr><td>≤20%</td><td>18</td><td>18</td></tr>
<tr><td colspan="3">精煤</td><td>6</td><td>6</td></tr>
<tr><td colspan="3">其他洗煤（包括中煤）和粒度大于 100mm 块煤</td><td>6</td><td>6</td></tr>
</table>

1.2.2.2 子样质量

商品煤每个子样的最小质量，应根据煤的最大粒度，按表 1-4 中的规定确定。人工采样时，如果一次采出的样品质量不足规定的最小质量，可以在原处再采取一次，与第一次采取的样品合并为一个子样。

表 1-4 商品煤粒度与采样量对照表

商品煤最大粒度/mm	<25	25～50	50～100	>100
每个子样的最小质量/kg	1	2	4	5

1.2.2.3 采样方法

（1）从物料流中采样　从输送状态的物料流中采样时，在首先确定子样数目和子样质量后，根据物料流量的大小及有效输送时间均匀地分布采样时间，即每隔一定的时间采取一个

子样。采样时，若使用自动采样器，应调整工作条件，使之一次横截物料流的断面采取一个子样。若用采样铲在皮带运输机上采样，采样铲必须紧贴传送皮带而不得悬空铲取样品。一个子样也可以分成两次或三次采取，但必须按从左到右的顺序进行，采样部位不得交错重复。

(2) 从运输工具中采样

① 从火车上采样　煤量在300t以上时，对于炼焦用精煤、其他洗煤及粒度大于100mm的块煤，不论车厢容量大小，均按图1-3所示，在火车车厢内沿斜线方向在1、2、3、4、5位置上按五点循环采取子样。对于原煤、筛选煤，不论车厢容量大小，均按图1-4所示，在车厢内沿斜线方向采取3个子样。斜线的始末两点距离车角应为1m，其余各点应均匀地分布在始末两点之间，各车皮的斜线方向应一致。

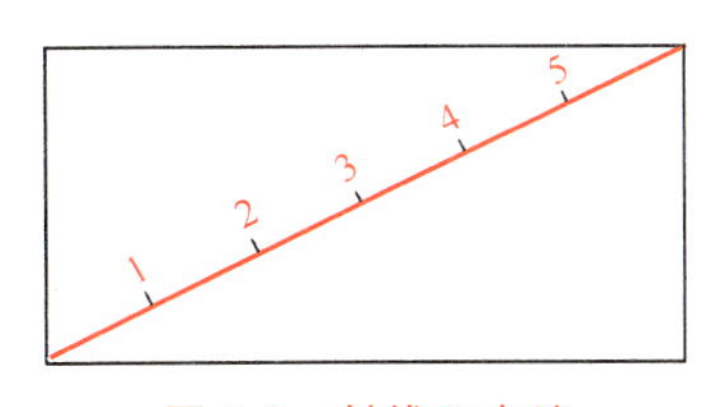

图1-3　斜线五点法

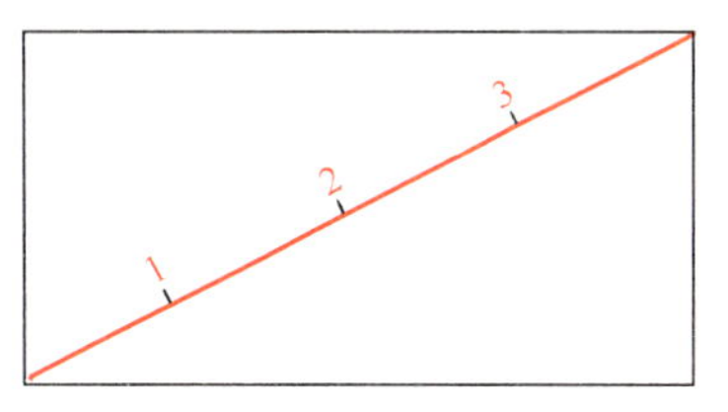

图1-4　斜线三点法

煤量不足300t时，炼焦用精煤、其他洗煤及粒度大于100mm的块煤，应采取子样的最少数目为6个，原煤、筛选煤应采取子样的最少数目为18个（表1-3）。在每辆车厢内按图1-3或图1-4斜线上采取5个或3个子样。如果装煤的车厢数等于或少于3，则多余的子样可在与图1-3或图1-4交叉的斜线上采取。

商品煤装车后，发售单位应立即从煤的表面采样，如果用户需要核对时，可以挖坑至0.4m以下采样。采样时，采样点若有粒度大于150mm的大块物料（如块煤、矸石、黄铁矿等），则不能弃去。如果大块物料超过5%时，除在该采样点按前述中规定量采取子样外，还应将该点内的大块物料采出，破碎后用四分法缩分，取出不少于5kg的物料并入该点子样内。

② 从汽车等小型车辆上采样　从小型车辆中采取固体物料时，子样的数目应按具体规定执行。对于商品煤，子样的数目应按前述中规定来确定，子样点可按沿斜线采样的原则来布置，但由于汽车等小型车辆容积较小，可装车数远远超过应采取的子样数目，所以不能从每一辆车中采取子样。一般是将采取的子样数目平均分配于所装的车中，即每隔若干车采取一个子样。例如，1000t商品煤，按规定应采取60个子样，如果汽车的载运量为4t，应装250车，则每隔大约4车采取一个子样。

③ 从大型船舶中采样　大型船舶装运的固体物料一般不在船上直接采样，而应在装卸过程中在皮带输送机输送煤流中或其他装卸工具（如汽车）上采样。按前述中规定的子样数目和子样质量来采样。

(3) 从物料堆中采样　从物料堆中采样时，子样数目应根据商品煤量按前述中的规定来确定，每个子样的最小质量按表1-4确定。采样时，应根据煤堆的不同形状，先将子样数目均匀地分布在煤堆的顶部和斜面上。如图1-5所示。最下层采样部位应距离地面0.5m。每个采样点的0.2m表层

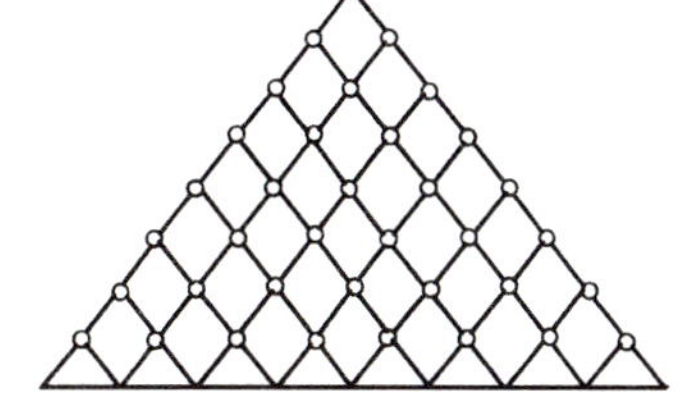
图1-5　商品煤堆子样点分布示意图

物料应除去，然后沿着和物料堆表面垂直的方向边挖边采样。

（4）固体工业产品的采样　固体化工产品一般都使用袋（桶）包装，每一袋（桶）称为一件。采样单元可按表 1-1 来确定，同时在确定子样数目后，即可用取样钻或双套取样管对每个采样单元分别进行采样。化工产品总样量一般不少于 500g，其他工业产品的总样量应足够分析用。

（5）金属或金属制品的采样　对于组成比较均匀的金属，如片状或丝状金属物料，剪取一部分即可进行分析。但对于钢锭和铸铁等金属物料，其表面和内部的组成很不均匀，取样时应先将表面清理，弃去表面物料，然后用钢钻、刨刀等机具在不同部位、不同的深度取碎屑混合均匀，作为分析试样。这在有关技术标准中有详细规定。

1.2.3　样品的处理方法

固态物料的采样量较大，其粒度和化学组成往往不均匀，不能直接用来进行分析。因此，为了从总样中取出少量的，其物理性质、化学性质及工艺特性和总样基本相似的代表样，就必须将总样进行制备处理。样品的制备一般包括破碎、筛分、掺和、缩分等几个步骤。

1.2.3.1　破碎

按规定用适当机械或人工减小样品粒度的过程称为破碎。对于大块物料，常用颚式破碎机或球磨机等进行粗碎，使样品能通过 4～6 号筛，再用圆盘粉碎机等进行中碎，使样品能通过 20 号筛。煤和焦炭之类的疏脆性物料，可进行人工破碎，一般是在表面光滑的厚钢板上，用钢辊或手锤先进行粗碎，然后用压磨锤、瓷研钵、玛瑙研钵等进行细碎，不同性质的样品要求磨细的程度不同。一般要求分析试样能通过 100～200 号筛。

1.2.3.2　筛分

按规定用适当的标准筛对样品进行分选的过程称为筛分。经过破碎的物料中，仍有大于规定粒度的物料，必须用一定规格的标准筛进行过筛，将大于规定粒度的物料筛分出来，以便继续进行破碎，直至全部通过规定的标准筛。物料的硬度不同，组成也常常不相同，所以过筛时，凡是未通过标准筛的物料，必须进一步破碎，不可抛弃，以保证所得样品能代表整个被测物料的平均组成。化验室中使用的标准筛又称为分样筛或试验筛，筛子一般用细的铜合金丝制成，其规格以“目”表示。目数越小，标准筛的孔径越大；目数越大，标准筛的孔径越小。

各种筛号即 25.4mm 长度内的孔数，其规格见表 1-5。

表 1-5　筛号（网目）及其规格

筛号（网目）	20	40	60	80	100	120	200
筛孔（即每孔的长度）/mm	0.83	0.42	0.25	0.18	0.15	0.125	0.074

1.2.3.3　掺和

按规定将样品混合均匀的过程称为**掺和**。经破碎后的样品，其粒度分布和化学组成仍不均匀，须经掺和处理。对于粉末状的物料，可用掺和器进行掺和。对于块粒状物料和少量的粉末状物料，可用堆锥法进行人工掺和。以堆锥法掺和煤样时，将已破碎、过筛的煤样用平板铁锹在光滑平坦的厚钢板上铲起堆成一个圆锥体，再交互地从煤样堆两边对角贴底逐锹铲起堆成另一圆锥体，每次铲起的煤样应分数次自然洒落在新锥顶端，使之均匀地落在新锥四周。堆掺操作重复三次后即可进行缩分。

1.2.3.4 缩分

按规定减少样品质量的过程称为**缩分**。经过破碎、筛分、掺和之后的样品，其质量仍然很大，不可能全部加工成为分析试样，必须进行数次缩分处理。在条件允许时，最好使用分样器进行缩分。分样器如图 1-6 所示。使用分样器进行缩分时，用铁锹将样品铲入分样器，将分样器沿着二分器的整个长度往复摆动，样品由两侧流出，被平分为两份。

如果没有分样器，可用四分法进行人工缩分。**四分法**是将物料堆成圆锥体，用平木板或其他工具从锥顶向下将物料压成厚度均匀的扁平体，然后通过中心按十字形切分成四个等同的扇形体，弃去其中两个相对的扇形体，留下两个扇形体，继续进行掺和及缩分操作，直至达到所需的样品量为止。四分法缩分示意图如图 1-7 所示。

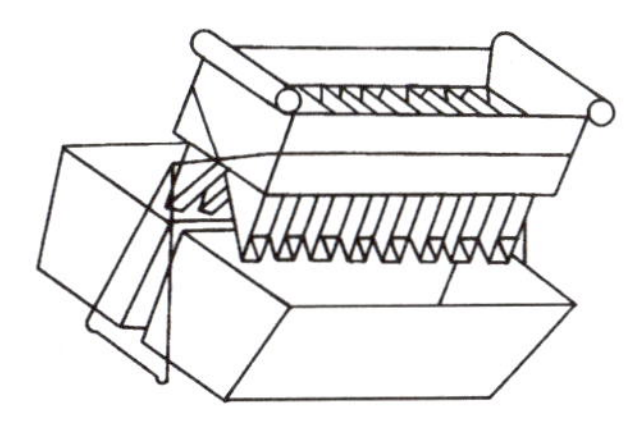

图 1-6 分样器

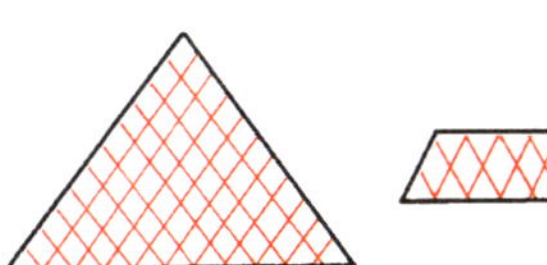
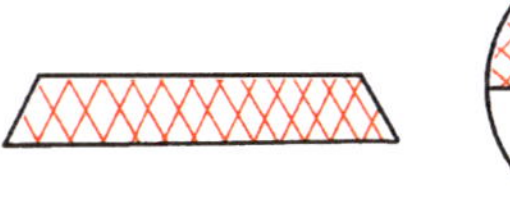
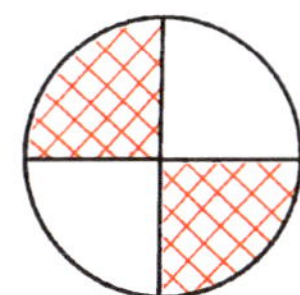

图 1-7 四分法缩分

缩分的次数不是随意的，在每次缩分时，试样的粒度与保留的试样量之间都应符合采样公式 $Q=Kd^2$，否则应进一步破碎后，再缩分。

【例 1-3】 有样品 40kg，粗碎后最大粒度为 6.0mm，问应缩分几次？如缩分后再破碎至全部通过 10 号筛，问应再缩分几次？（已知 $K=0.1$，10 号筛的筛孔直径为 2.00mm）

解：(1) 由公式 $Q=Kd^2$，当 $d=6.0\text{mm}$，$K=0.1$ 时

$$Q=0.1\times6.0^2=3.6\ (\text{kg})$$

设 $n=3$，即缩分三次，则

$$Q=40\times(1/2)^3=5\ (\text{kg})$$

大于 3.6kg。

设 $n=4$，则

$$Q=40\times(1/2)^4=2.5\ (\text{kg})$$

小于 3.6kg，所以应取 $n=3$，即应缩分三次。

(2) 破碎至通过孔径为 2.00mm 的筛子后

$$Q=0.1\times2.00^2=0.4\ (\text{kg})$$

设 $n=4$，则

$$Q=5\times(1/2)^4=0.3125\ (\text{kg})$$

小于 0.4kg。

设 $n=3$，则

$$Q=5\times(1/2)^3=0.625\ (\text{kg})$$

大于 0.4kg，所以应取 $n=3$，即应再缩分三次。

技能训练 1.1 采集和处理均匀固体样品

采集固体样品

训练目的 通过从袋装化肥和物料流中取样的训练，能正确选择和使用固体采样工具，熟悉均匀固体样品的采集方法。

训练时间 1h。

训练目标 能熟练使用固体采样工具，熟练掌握均匀固体样品的采集方法，在规定时间内完成样品的采集工作。

安全 正确使用采样工具，以免发生意外事故。

仪器 （工具）与样品

（1）**仪器**（工具）

① 舌形铁铲。

② 取样钻。

③ 双套取样管。

④ 样品瓶。

（2）**样品** 袋装化肥、磷灰石、水泥原料。

步骤

（1）**静态物料的采样**

① 按表 1-1 确定采样单元数。

② 在批量化肥中确定每个采样单元。

③ 确定采样工具。

④ 将取样钻由袋口一角，沿对角线方向插入袋内 1/3 处。

⑤ 将取样钻旋转 180°后抽出。

⑥ 将钻槽中的物料刮出转入样品瓶中，盖严瓶塞。

⑦ 瓶外贴好标签，注明样品名称、来源、采样者姓名及采样日期等。按同样的操作步骤，用双套取样管在另一批量化肥中进行采样。

（2）**流动物料的采样**

① 按有关规定确定子样数目。

② 根据物料流动情况确定采样间隔时间和采样部位。

③ 用舌形铁铲紧贴传送带一次横切物料流的断面，采取一个子样。

④ 将所采取的子样混合均匀后放入样品瓶中。

⑤ 瓶外贴好标签，注明样品名称、来源、采样者姓名及采样日期等。

技能训练 1.2 采集和处理非均匀固体样品

训练目的 通过从商品煤或矿石中取样的训练，了解标准筛和采样工具的正确使用方法以及采集非均匀固体样品的方法和操作过程。

训练时间 2h。

训练目标 能熟练使用采样工具，熟练掌握采集非均匀固体样品的方法和操作过程，在规定的时间内完成样品的采集工作。

安全 正确使用破碎机和采样工具，以免发生意外事故。

仪器 （工具）与样品

（1）**仪器**（工具）

① 舌形铲。

② 破碎机。

③ 标准筛。

④ 掺和器。

⑤ 分样器。

⑥ 厚钢板。

⑦ 手锤。

⑧ 盛样桶。

⑨ 广口瓶 500mL（带磨口玻璃塞）。

（2）**样品** 煤、矿石。

步骤

（1）根据煤量的大小按规定确定应采子样数目。

（2）按规定确定每个子样的最小质量。

（3）按煤堆的不同形状，将子样数目均匀地分布在煤堆的顶部及斜面上（上、中、下三个部位）。最下层采样部位应距离地面0.5m。

（4）将每个取样点的0.2m厚的表层除去，然后沿着物料堆垂直的方向采取一个子样，置于盛样桶中。

（5）合并所有的子样成一个总样。

（6）用破碎机将样品破碎或用手锤在厚钢板上进行人工破碎。

（7）用适当的标准筛对样品进行筛分。

（8）用掺和器或堆锥法将样品掺和。

（9）将分样器的簸箕向一侧倾斜，将样品加入分样器中。

（10）将分样器沿着二分器的整个长度往复摆动，使样品均匀地通过二分器。

（11）取任意一边的样品继续缩分至达到规定的取样量。缩分操作也可用四分法完成。

（12）将缩分后的样品装入样品瓶。样品的装入量一般不得超过样品瓶容积的3/4。

（13）瓶外贴好标签，注明样品名称、来源、采样者姓名及采样日期等。从矿石中取样按上述步骤操作。

注意事项

（1）在进行训练前应先复习相关基本知识。

（2）各种相关仪器必须洁净、干燥。

（3）原始煤样品以300kg为一个缩分单元，若超过300kg，则应将全部煤样品分成相同的几份，分别进行缩分。

练 习

（1）固体工业产品的采样方法和固体矿物的采样方法是否相同？为什么？

（2）自动采样器、舌形铲、取样钻及双套取样管分别适用于何种状态物料的取样？

(3) 怎样用取样钻、双套取样管采取化肥样品?

(4) 简述从物料流中采样的方法。

(5) 在火车车厢中采样时,子样点如何布置?什么是5点循环方式采样?

(6) 从物料堆中采样时,子样点如何布置?需要注意什么问题?

(7) 采取化肥试样时,怎样确定应采子样的数目?

(8) 为什么要对采集的固体样品进行处理?将固体样品制备成试料要经过哪几步处理?简述各步骤的目的。

(9) 采得一份石灰石样品20kg,粗碎后最大粒度为6.0mm,已知K值为0.1,问应缩分几次?如缩分后再破碎至2.0mm,应再缩分几次?

1.3 采集和处理液体样品

液体物料种类繁多,状态各异,按常温下状态可分为常温下流动态液体、稍加热即成为流动态的液体、黏稠液体、多相液体和液化气体等几类。

液体物料均具有流动性,化学组成分布均匀,故容易采集平均样品。但不同的液体物料的相对密度、挥发性、刺激性、腐蚀性等方面尚有特性差异,生产中的液体物料还有高温、常温及低温的区别,所以在采样时,不仅要注意技术要求,还必须注意人身安全。

在工作中,在对液体物料进行采样前必须进行预检,并根据检查结果制订采样方案。预检内容包括了解被采物料的容器大小、类型、数量、结构和附属设备情况,检查被采物料的容器是否受损、腐蚀、渗漏并核对标志,观察容器内物料的颜色、黏度是否正常,表面或底部是否有杂质、分层、沉淀、结块等现象,判断物料的类型和均匀性等。

1.3.1 样品的类型

(1) **部位样品** 从物料的特定部位或物料流的特定部位和时间采得的一定数量的样品。

(2) **表面样品** 在物料表面采得的样品,以获得关于此物料表面的信息。对浅容器,把表面取样勺放入被采容器中,使勺的锯齿上缘和液面保持同一水平,从锯齿间流入勺中液体为表面样品;对深贮槽,把开口的采样瓶放入容器中,使瓶口上沿刚好低于液面,流入瓶中液体为表面样品。

(3) **底部样品** 在物料的最低点采得的样品,以获得关于此物料在该部位的信息。对中小型容器,用开口采样管或带底阀的采样管或罐,从容器底部采得样品;对大型容器,则从排空口采得底部样品。

(4) **上(中、下)部样品** 在液面下相当于总体积1/6(中部一般1/2,下部5/6)的深处采得的一种部位样品。采样时,用与所采物料黏度相适应的采样管(瓶、罐)封闭后放入容器中到所需位置,打开管口(瓶塞、采样罐底阀)充满后取出。

(5) **全液位样品** 从容器内全液位采得的样品。采样时,用与被采物料黏度相适应的采样管两端开口慢慢放入液体中,使管内外液面保持同一水平,到达底部时封闭上端或下端,提出采样管,把所采得的样品放入样品瓶中;或用玻璃瓶加铅锤或者把玻璃瓶置于加重笼罐中,敞口放入容器内,降到底部后以适当速度上提,使露出液面时瓶灌满3/4。

（6）**平均样品** 把采得的一组部位样品按一定比例混合成的样品。

（7）**混合样品** 把容器中物料混匀后随机采得的样品。

1.3.2 采样工具

在对液体物料进行采样时，应根据容器情况和物料的种类来选择采样工具。常见的采样工具有以下几种。

1.3.2.1 采样勺

一般用聚乙烯塑料制成，勺把长度约为 1.5m，为了便于运输，也可以把勺把做成拨鞘式。在水池中采样时，应使用带垂直把的圆筒形采水勺。从水渠上流动的浅水中采样时，应使用半圆筒形采水勺。

1.3.2.2 采样管

其构造如图 1-8 所示。由金属长管制成，下端呈锥形，内有能与锥形管内壁密合的金属重铊，用长绳或金属丝控制重铊的升降。采取全液层样品时，提起重铊，将采样管慢慢地插入物料中直至底部，放下重铊，使下端管口闭合，提出采样管，将下端管口对准样品瓶口，提起重铊，使液体注入样品瓶内，即为一个全液层子样。

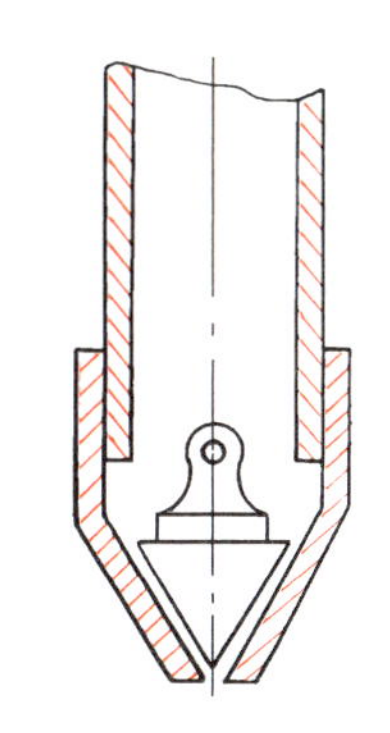

图 1-8 采样管局部构造

有时也用内径为 10～20mm 的厚壁长玻璃管作为采样管。采样时，将玻璃管下端缓慢地斜插入容器内直至底部，用拇指或塞子封闭上端管口，抽出玻璃管，将液体物料注入样品瓶中，即采得一个子样。

1.3.2.3 简易采样器

其构造如图 1-9 所示，是由底部附有重物的金属框和装在金属框内的小口采样瓶组成。金属框除用来放置、固定、保护采样瓶外，还兼作重锤用，框底附有铅块，以增加采样器重量，使其能沉入液体物料的底层。框架上有两根长绳或金属链，一根系在穿过框架上的小金属管同瓶塞相连的拉杆上，控制瓶塞的起落。另一根系住金属框，控制金属框的升降。

在一定深度的液层采样时，盖紧瓶塞，将采样器沉入液面以下预定深度，深度可由系住金属框的长绳上所标注的刻度指示。稍用力向上提取牵着瓶塞的绳子，拔出瓶塞，液体物料即进入采样瓶内。待瓶内空气被驱尽后，即停止冒出气泡时，再放下瓶塞，将采样器提离液面即可。

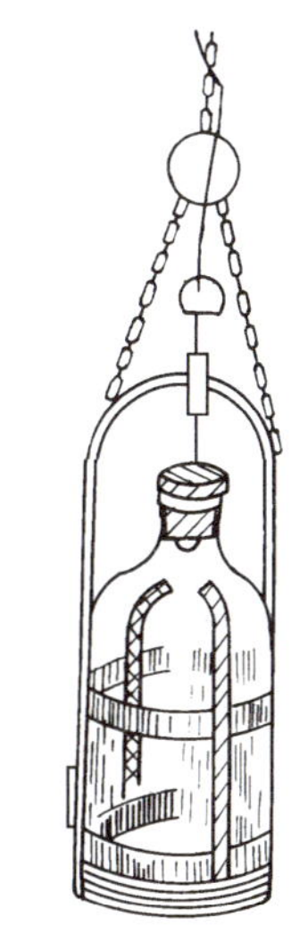

图 1-9 简易采样器

采取全液层样品时，先向上提起瓶塞，再将采样器由液面匀速地沉入物料底部，若采样器刚沉到底部时，气泡停止冒出，说明放下长绳的速度适当，已均匀地采得全液层样品，放下瓶塞，提出采样器，即完成采样。

简易采样器中的采样瓶就是样品容器，液体样品不需要再转移到别的容器中，所以适合于采取严禁转移液体的测定样品，但不适合采取液样中气体成分测定用样品，也不适用于采取易被空气氧化的成分测定样品。此外，简易采样器在液层很深、液压很大时不容易拔出塞子，故不宜采取很深的液体物料。

1.3.2.4 液态石油产品采样器

其构造如图1-10所示，是一个高156mm、内径128mm、底厚51mm、壁厚8～10mm的金属圆筒。有固定在轴“1”上能沿轴翻转90°的盖，盖上面有两个挂钩“2”及“3”，挂钩“3”上装有链条，用以升降采样器。挂钩“2”上也装有链条，用以控制盖的开闭。盖上还有一个套环，用以固定钢卷尺。

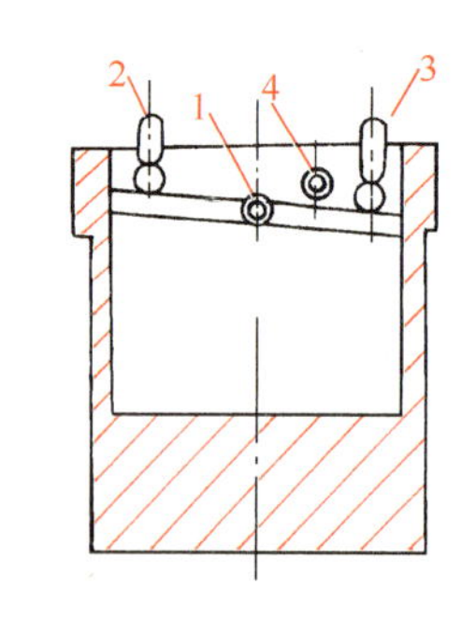

图1-10 液态石油产品采样器

1—轴；2,3—挂钩；4—套环

采样时，装好钢卷尺，放松挂钩“2”上的链条，用挂钩“3”上的链条将采样器缓缓沉入物料贮存容器中，并在钢卷尺上观测沉入的深度。待采样器到达指定深度时，放松挂钩“3”链条，拉紧挂钩“2”链条，使盖子打开，样液进入采样器内，与此同时，液面有气泡冒出。当液面停止冒气泡时，表明采样器已装满样液，放松挂钩“2”链条，使塞子关闭，用挂钩“3”链条提出采样器，将采得的一个子样倾入样品瓶中。再用同样的方法采取另一个子样。

1.3.2.5 石油液化气采样钢瓶

其构造如图1-11所示，用不锈钢制成，有单阀型、双阀型、非预留容积管型和预留容积管型等。采样时，根据样品量选用不同规格、型号的采样瓶。钢瓶须经规定压力的水压试验和规定压力的气密性试验合格后，方准使用。

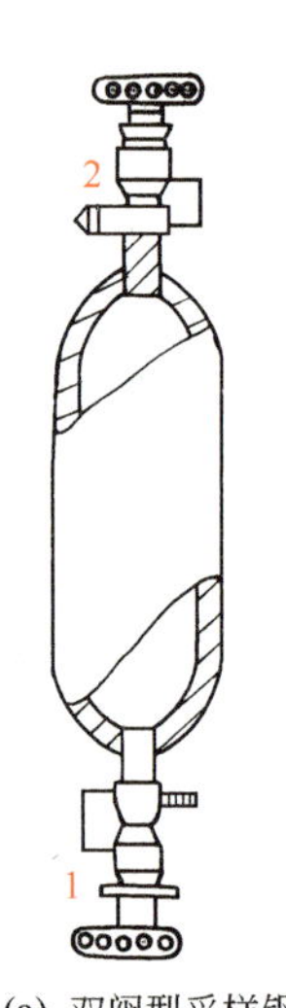

(a) 双阀型采样钢瓶

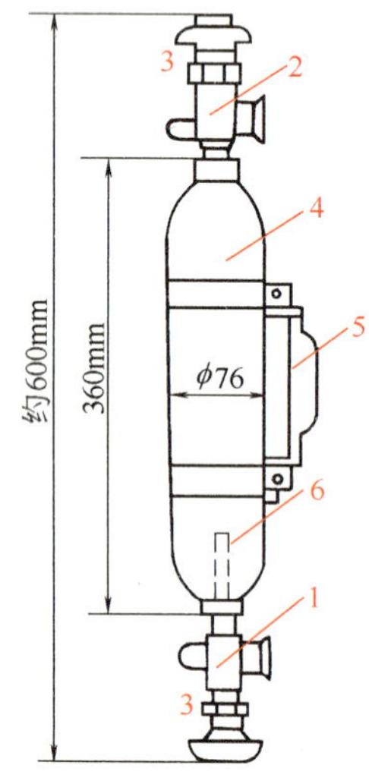

(b) 有预留容积的双阀采样钢瓶

图1-11 石油液化气采样钢瓶

1—进入阀；2—出口阀；3—安全阀；4—钢瓶主体；5—提手；6—预留容积管

1.3.2.6 金属杜瓦瓶

其构造如图1-12所示。金属杜瓦瓶隔热性能良好，一般在从贮罐中采取低温液化气体（如液氮、液氧等）样品时使用。采样时，通过贮罐上的采样点中的延伸轴阀门采取样品。金属杜瓦瓶必须经有关规定的试验合格后方准使用。

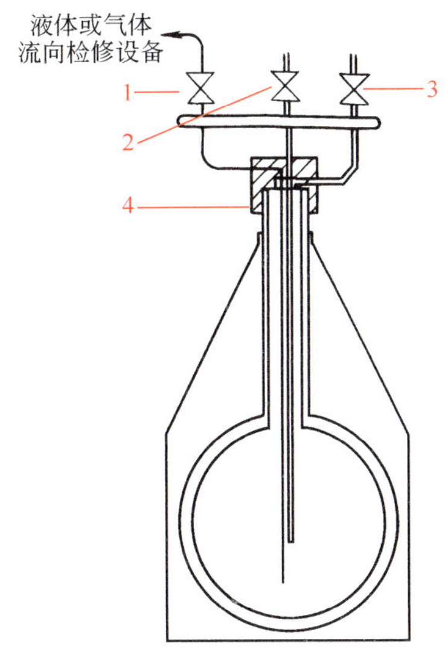

图 1-12 金属杜瓦瓶

1—排出阀；2—注入阀；
3—排气阀；4—螺旋口盖帽

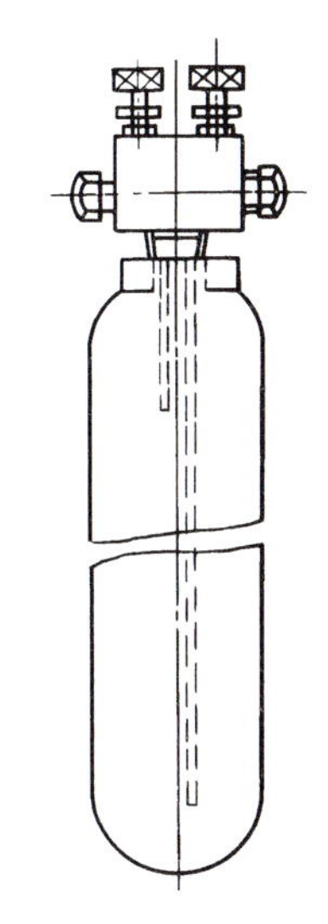

图 1-13 有毒化工液化气采样钢瓶

1.3.2.7 有毒化工液化气采样钢瓶

其构造如图 1-13 所示。它是带有一长一短双内管连通双阀门瓶头的小钢瓶，容积为 1～10L。钢瓶须经检验符合规定压力的水压试验和规定压力的气密性试验后方可使用。

1.3.3 采样方法

1.3.3.1 一般液体的采样

（1）贮运工具中采样

① 件装容器的采样　对小瓶装液体产品进行采样时，按采样方案随机采得若干瓶产品，各瓶摇匀后分别倒出等量液体，混合均匀后作为代表样品；对大瓶或大桶装液体产品进行采样时，如已事先混匀，可用采样管取混合样品，如未事先混匀，则用采样管采全液位样品或采部位样品混合成平均样品。

② 贮罐的采样　常见的贮罐有立式圆柱形贮罐和卧式圆柱形贮罐。对立式圆柱形贮罐中液体产品采样时，可从安装在贮罐侧壁上的上、中、下采样口采样。由于截面一样，采得的部位样品混合成平均样品作为代表样品。各种液面高度下的采样可按表 1-6 所示采得后混合成平均样品。当贮罐上未安装上、中、下采样口时，可先把物料混匀，再从排料口采样；还可从顶部进口放入采样瓶（罐、管），降到所需位置采取部位样品或全液位样品。

表 1-6 立式圆柱形贮罐采样部位和比例

采样时液面情况	混合样品时相应的比例		
	上	中	下
满罐时	1/3	1/3	1/3
液面未达到上采样口，但更接近上采样口	0	2/3	1/3
液面未达到上采样口，但更接近中采样口	0	1/3	2/3
液面低于中部采样口	0	0	1

对卧式圆柱形贮罐中液体产品采样时，可按表 1-7 上规定的采样液面位置采得上、中、下部位样品，并按相应比例混合成平均样品。也可以从顶部进口采得全液位样品。

贮罐采样要防止静电危险，罐顶部要安装牢固的平台和梯子，相关国标中有规定。

表 1-7　卧式圆柱形贮罐采样部位和比例

液体深度(即直径的百分数)/%	采样液位(距底直径的百分数)/%			混合样品时相应的比例/份		
	上	中	下	上	中	下
100	80	50	20	3	4	3
90	75	50	20	3	4	3
80	70	50	20	2	5	3
70		50	20		6	4
60		50	20		5	5
50		40	20		4	6
40			20			10
30			15			10
20			10			10
10			5			10

③ 槽车的采样　可从顶部进口采取上、中、下部位样品，并按一定比例混合成平均样品。由于槽车罐是卧式圆柱形或椭圆柱形，所以采样位置和混合比例可按表 1-7 所示进行；也可采全液位样品。如在顶部无法采样而物料又较为均匀时，可用采样瓶在槽车的排料口采样。

④ 从输送管道采样　可从管道出口端采样，即周期性地在管道出口端放置一个样品容器，容器上放漏斗以防外溢。采样时间间隔和流速成反比，混合体积和流速成正比。也可采用探头采样和自动管线采样器采样。

管道采样分为与流量成比例的试样和与时间成比例的试样。当流速变化大于平均流速10%时，按流量比采样，如表 1-8 所示；当流速较平稳时，按时间比采样，如表 1-9 所示。

表 1-8　与流量成比例的采样规定

输送数量/m^3	采样规定
不超过 1000	在输送开始和结束时各 1 次
在 1000～10000 之间	开始 1 次，以后每隔 1000m^3 1 次
超过 10000	开始 1 次，以后每隔 2000m^3 1 次

表 1-9　与时间成比例的采样规定

输送时间/h	采样规定
不超过 1	在输送开始和结束时各 1 次
在 1～2 之间	在输送开始、中间、结束时 1 次
在 2～24 之间	在输送开始时 1 次，以后每隔 1h 1 次
超过 24	在输送开始时 1 次，以后每隔 2h 1 次

（2）水样的采取

① 从自来水或有抽水设备的井水中取样　先将水龙头或泵打开，让水流出数分钟，使积留在水管中的杂质冲洗掉后用干净瓶收集水样。

② 从井水、泉水中采样　采样时将简易采样器沉入水面下 0.5～1m 深处，提起瓶塞，使水样流入采样瓶中，放下瓶塞，提出采样器即可。对于自喷的泉水，可在涌水口处直接采样，

对于不是自喷的泉水，必须使抽水管内的水全部被新水更替后，再在涌水口处进行采样。

③ 从河水、湖水中采样　在河水中采样时，应选择河水汇合之前的主流、支流及汇合之后的主流作为采样地点。在河流上游采样时，应选择河面窄、流速大、水体混合均匀、容易采样的部位作为采样点；对于河面宽的中等河流，应选择河流横断面上流速最大部位作为采样点；对于宽度在几十米以上的河流，除了在河流中心部位设点采样外，还要在河流的两岸增设采样点，以保证水质的均匀性。常用采样勺和简易采样器采取水样。

在湖泊中采样时，把具有代表性的湖心部位及河流进口处作为采样地点，用简易采样器在不同的深度取样。为了弄清各种成分的分布情况，应增设采样点。

从河水、湖水中采样时，应根据测定的目的和欲测水的性质选择适当的采样方法。对于采样后在短时间内易发生变化的成分，必须在现场测定，或者进行适当处理后再带回分析室。采样地点、位置、日期、时间和次数的确定除了和测定目的有关外，原则上必须考虑水质的变化、采样点水质的均一性以及采样的难易程度。

④ 生活污水的采样　生活污水成分复杂，变化很大，为使水样具有代表性，必须分多次采取后加以混合。一般是每 1h 采取一个子样，将 24h 内收集的水样混合作为代表性样品。采样后，瓶子要立刻贴好标签并涂上石蜡，尽快送往实验室分析。测定溶解氧、生物需氧量、余氯、硫化氢等项目，须于采样后立刻进行。如遇特殊情况不能立即分析，必须采用适当方法保存好。

⑤ 工业废水的采样　工业废水的采样地点分别为车间、工段以及工厂废水总排出口、废水处理设施的排出口等。工业废水中的有害物质的种类很多，若是连续地排放废水，则废水中有害物质的含量变化较小，可在 8h 内每隔 0.5～1h 采取一个子样，再混合成一个总样。如果有害物质含量变化较大，应缩短间隔时间，增加子样数目。如果是间歇地排放废水，则应在排放时采样。排放废水的流量均匀时，各子样的采取量应均匀。若排放废水的流量变化较大，子样的采取量应相应地增减。在废水排出口采样时，一般可用取样瓶或采样勺直接采取。

⑥ 自然降水的采样　降水样品通常要选点采集，50 万以下人口的城市设 2 个点，50 万以上人口的城市设 3 个点。采样点的布设应兼顾到城区、乡村或清洁对照点。采样点的设置应考虑区域的环境特点，尽量避开排放酸、碱物质和粉尘的局部污染源，应注意避开主要街道交通污染源的影响。采样点周围应无遮挡雨的高大树木或建筑物。采取雨水水样时可使用自动采样器，也可用聚乙烯塑料小桶。

每次降雨开始，立即将备用的采样工具放置在预定的采样点支架上。每次降雨取全过程雨样。若遇连续几天降雨，24h 算一次降雨。存放降水的容器以白色的聚乙烯瓶为好，不能用带颜色的塑料瓶，也不能用玻璃瓶来装，以免在存放过程中因玻璃瓶中的钾、钠、钙、镁等杂质的溶出而污染样品。

1.3.3.2 易挥发液体的采样

易挥发液体是指气体产品经过加压或降温加压转化为液体后，再经精馏、分离而制得可作为液体一样贮运和处理的各种液化气体产品，如石油化工低碳烃类液化气体、低温液化气体、有毒化工液化气体等。加压状态的液化气体样品根据贮运条件的不同，可分别从成品贮罐、装车管线、卸车管线或钢瓶中采取。易挥发液体的采样必须使用特定的采样设备和采样方法，按有关规定进行采样。不同的物料，采样设备和方法不同。下面介绍低温液化气体的采样方法。

低温液化气体样品，可使用隔热良好的金属杜瓦瓶通过延伸轴阀门从贮罐中采取。根据对样品要求的不同，可选择使用直接注入法或通过盖帽注入法。

(1) **直接注入法**　允许样品与大气接触的可使用直接注入法进行采样。首先卸下金属杜瓦瓶上的盖帽，把连接在采样口上的采样管放入金属杜瓦瓶中，充分打开延伸轴阀门，当收集到足够的液体样品后，立即关闭延伸轴阀门，取出采样管，把已经打开排气阀的螺旋口盖帽旋紧在金属杜瓦瓶上，立即送去检验。

（2）**通过盖帽注入法** 不允许样品与大气接触的可使用通过盖帽注入法进行采样。其方法是，把旋紧在金属杜瓦瓶盖帽上的所有阀门都关闭好，将注入阀连接在采样口接头上，顺序打开排气阀、注入阀和采样点上的延伸轴阀门。当所需体积的液体样品收集完毕后，关闭延伸轴阀门和注入阀，取下金属杜瓦瓶，立即送去检验。在注入样品过程中要经常检查排气阀出口是否被凝结物堵塞，以确保排气阀通畅。另外，除了为排出液体样品用于检验时关闭排气阀外，自采得液体样品后，排气阀是始终打开着的，以防金属杜瓦瓶中压力增大造成危险。

对于易挥发液体样品的采取，采样员必须熟悉有关各项安全规定，懂得各种易挥发液体的潜在危险及安全技术，采样时严防各种事故的发生；采样钢瓶必须按照有关规定进行试验合格后方准使用；采样时，采样钢瓶不能装满，通常只装至其容积的 80%；采样区应具有良好的安全环境。

1.3.3.3 高黏度液体的采样

高黏度液体是指具有流动性但又不易流动的液体，如树脂、密封胶等。由于这类产品在容器中难以混匀，最好在生产厂的交货容器罐装过程中用采样管、勺或其他适宜的采样工具从容器的各个部位采样。当必须从交货容器中采样时，根据供货量确定并随机选取适当数量的容器供采样用。如果采样产品呈均匀状态或通过搅拌能达到均匀状态时，用金属管或其他合适的采样工具从容器内不同部位采得部位样品，混合成平均样品。

采集液体样品

技能训练 1.3 采集和处理一般液体样品

训练目的 通过从大型贮罐、小型贮罐和输送管道中采样的训练，了解液体采样工具的正确使用方法和一般液体样品的采集方法及操作过程。

训练时间 1h。

训练目标 通过训练，熟悉液体采样工具的正确使用方法，熟练掌握一般液体样品的采集方法及操作过程，在规定时间内完成样品的采集工作。

安全 正确使用采样工具。防止火灾、烧伤及其他事故的发生。

在大型贮罐中采样

仪器与样品

（1）**仪器**

① 采样瓶。

② 样品瓶。

（2）**样品** 液体石油产品、液碱、硝酸、食用油。

步骤

（1）确定采样数目和采样部位。

（2）盖紧瓶塞，将简易采样器沉入液面以下 20cm 处。

（3）拔出瓶塞，液体物料进入瓶内。待瓶内空气被驱尽，即停止冒出气泡时，放下瓶塞，将采样器提出液面，即采得一个子样。

(4) 用同样方法在贮罐中部采取3个子样。

(5) 用同样方法在贮罐底部以上10cm处采取一个子样。

(6) 将采取的子样按表1-6或表1-7所示比例倒入同一样品瓶中，盖紧塞子，混合成一个平均样品。

对于均匀的样品，可采用全液层采样。对于石油产品，用液态石油产品采样器按相同步骤进行采样。

在小型贮存器中采样

仪器与样品

(1) **仪器**

① 长玻璃管　内径为20mm。

② 样品瓶。

(2) **样品**　涂料。

步骤

(1) 确定采样数目和采样部位。

(2) 将玻璃管下端缓缓地斜插入容器内直至底部。

(3) 用拇指或塞子封闭上端管口。

(4) 抽出玻璃管，将液体物料注入样品瓶中，即采得一个子样。

(5) 用相同方法在确定的各个部位采集样品。

(6) 将采取的子样转移到同一样品瓶中，盖紧塞子，混合成一个平均样品。

在输送管道中采样

仪器与样品

(1) **仪器**　样品瓶。

(2) **样品**　液碱、磷酸。

步骤

(1) 确定采样间隔时间和采样量。

(2) 开启管道上的采样阀，排去阀内原有的液体，用样品瓶接收样品。

(3) 将所有子样合并成一个总样。

技能训练1.4　采集和处理易挥发液体样品

训练目的　通过训练，了解金属杜瓦瓶的正确使用方法和易挥发液体样品的采集方法及操作过程。

训练时间　1h。

训练目标　通过训练，熟悉金属杜瓦瓶的正确使用方法，掌握易挥发液体样品的采集方法及操作过程，在规定时间内完成样品采集工作。

安全　正确使用氧气瓶和金属杜瓦瓶。

仪器与样品

(1) **仪器**　金属杜瓦瓶。

(2) **样品**　液氧、液氮、液化气。

步骤

(1) **直接注入法** 按基本知识中介绍的方法操作

① 卸下金属杜瓦瓶上的盖帽。

② 把连接在采样口上的采样管放入金属杜瓦瓶中，充分打开延伸轴的阀门。

③ 当收集到足够的液体样品后，立即关闭延伸轴的阀门。

④ 取出采样管，把已经打开排气阀的螺旋口盖旋紧，结束取样。

(2) **通过盖帽注入法** 按基本知识中介绍的方法操作

① 把旋紧在金属杜瓦瓶盖帽上的所有阀门都关闭好。

② 将注入阀连接在采样口接头上，顺序打开排气阀、注入阀和采样点上的延伸轴阀门。

③ 当所需体积的液体样品收集完毕后，关闭延伸轴阀门和注入阀，取下金属杜瓦瓶。

注意事项

① 金属杜瓦瓶必须洁净、干燥。

② 在注入样品时，要经常检查排气阀出口是否被凝结物堵塞。

③ 自采得液体样品后，排气阀应始终打开着，以防瓶中压力过大造成危险。

技能训练 1.5 采集和处理高黏度液体样品

训练目的 通过训练，了解采样工具和搅拌器的正确使用方法，了解高黏度液体样品的采集方法及操作过程。

训练时间 1h。

训练目标 通过训练，熟悉采样工具和搅拌器的正确使用方法，掌握高黏度液体样品的采集方法及操作过程，在规定的时间内完成样品采集工作。

安全 正确使用采样工具和搅拌器。

仪器与样品

(1) **仪器**

① 采样管。

② 样品瓶。

③ 搅拌器。

(2) **样品** 水玻璃、脲醛。

步骤

(1) 确定采样数目。

(2) 根据所采集的样品均匀情况和所处的状态，选择采样方法。

(3) 根据样品的性质选择采样工具。

(4) 通过搅拌使样品达到均匀状态。

(5) 用采样管在所确定的部位根据所确定的采样数目采集样品。

(6) 将所有子样合并成一个总样。

练 习

(1) 什么叫部位样品和全液位样品？

(2) 怎样用简易采样器采取一定深度液层的样品和全液层样品？

(3) 测定水中溶解氧时，为什么不能用简易采样器采取水样？

(4) 怎样用采样管和内径为 20mm 的长玻璃管采取样品？

(5) 怎样对立式圆柱形贮罐中的液体物料进行采样？

(6) 在河水及湖泊中采样时，如何选择采样点？

(7) 对工业废水进行采样时，为什么要在不同的排放点采集？采样时应注意哪些问题？

(8) 对易挥发液体进行采样时，应注意哪些基本的安全知识？

1.4 采集和处理气体样品

由于气体容易通过扩散和湍流而混合均匀，其成分的不均匀性一般都是暂时的，因此，较易于取得具有代表性的样品。但气体往往具有压力、易于渗透、易被污染和难以贮存等特点，且在生产过程中有动态、静态、常压、正压、负压、高温、常温等的区别，所以采样方法和装置都各不相同。有些气体毒性大，具有腐蚀性和刺激性，采样时应采取必要的安全措施，以保证人身安全。

在实际工作中，通常采取钢瓶中压缩或液化的气体、贮罐中的气体和管道内流动的气体。

采取的气体样品类型有**部位样品**、**混合样品**、**间断样品**和**连续样品**。最小采样量应根据分析方法、被测组分的含量大小和重复分析测定需要量来确定。依体积计量的样品，必须换算成标准状态下的体积。管道内输送的气体，采样与时间及气体的流速关系较大。

工业气体按它们在工业上的用途大致可分为气体燃料、化工原料气、废气和厂房空气等。

1.4.1 采样工具和设备

对于接触气体样品的采样设备材料应符合下列要求，即对样品不渗透、不吸收（或吸附），在采样温度下无化学活性，不起催化作用，机械性能良好，容易加工和连接等。所以，采取气体样品时，对采样设备的要求较高。

气体的采样设备包括采样器、导管、样品容器、预处理装置、调节压力和流量装置、吸气器和抽气泵等。常用的主要包括采样器、导管和样品容器。

1.4.1.1 采样器

按制造材料不同，可分为以下几种。

(1) 硅硼玻璃采样器　价廉易制，适宜于<450℃时使用。

(2) 石英采样器　适宜于<900℃时长时间使用。

(3) 不锈钢和铬铁采样器　适宜于 950℃时使用。

(4) 镍合金采样器　适宜于 1150℃在无硫气样中使用。

其他能耐高温的采样器有釉质、氧化铝瓷器、富铝红柱及重结晶的氧化铝等。

1.4.1.2 导管

分为不锈钢管、碳钢管、铜管、铝管、特制金属软管、玻璃管、聚四氟乙烯或聚乙烯等塑料管和橡胶管。采取高纯气体，应采用不锈钢管或铜管。要求不高时可采用橡胶管或塑料管。

1.4.1.3 样品容器

种类较多，常见的有吸气瓶（如图 1-14）、吸气管（如图 1-15）、真空瓶（如图 1-16）、金属钢瓶（如图 1-17）、双链球（如图 1-18）、吸附剂采样管（如图 1-19）、球胆及气袋等。

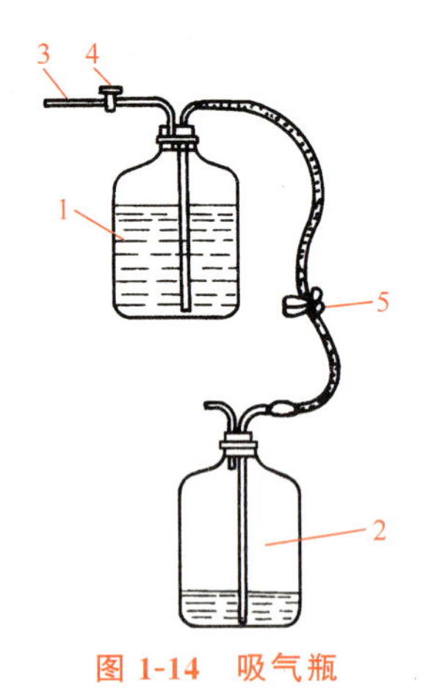

图 1-14 吸气瓶

1—气样瓶；2—封闭液瓶；
3—橡胶管；4—旋塞；5—弹簧夹

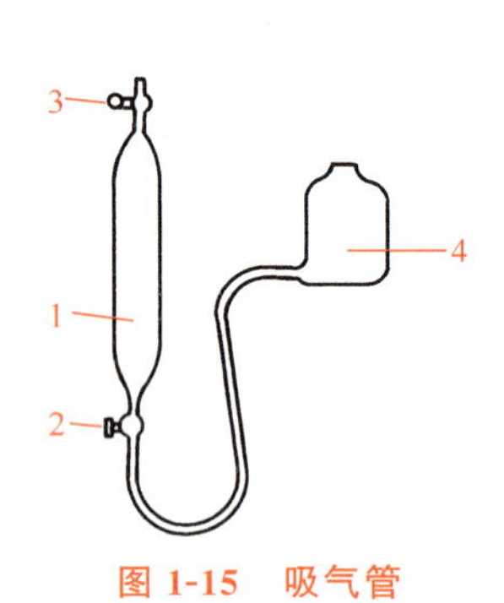

图 1-15 吸气管

1—气样管；2,3—旋塞；
4—封闭液瓶

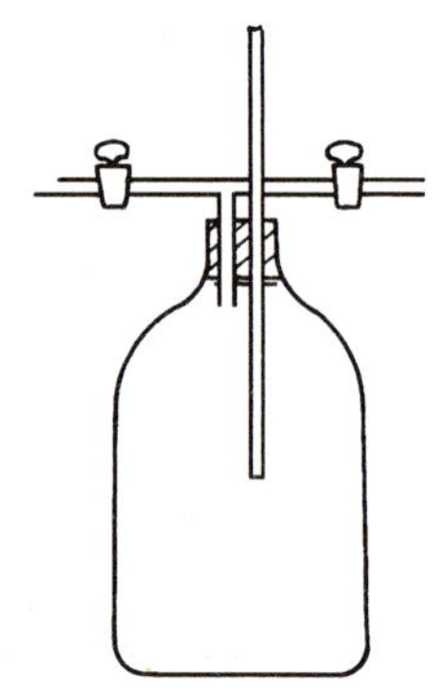

图 1-16 真空瓶

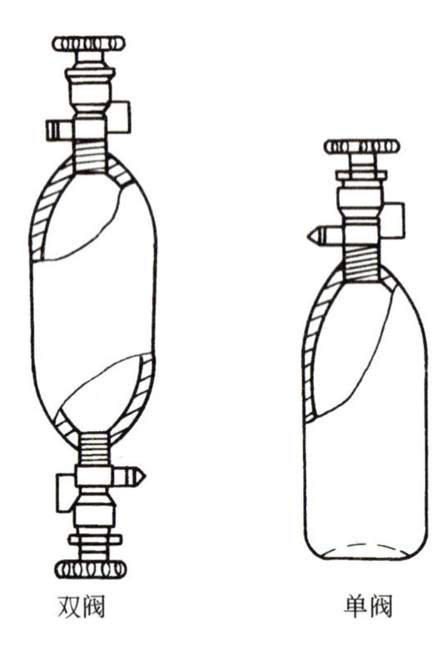

图 1-17 金属钢瓶

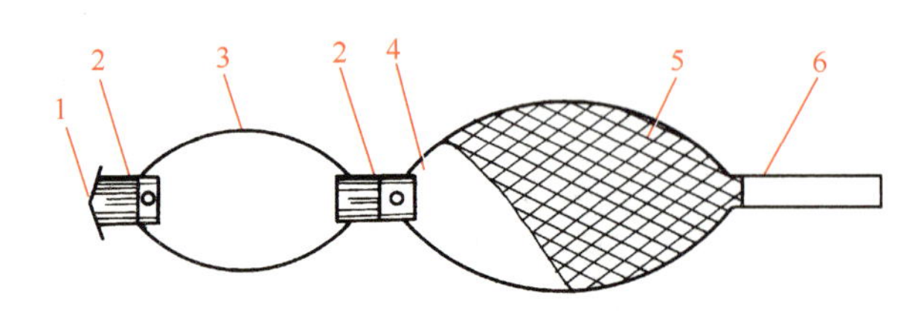

图 1-18 双链球

1—气体进口；2—止逆阀；3—吸气球；4—贮气球；5—防爆网；6—橡胶管

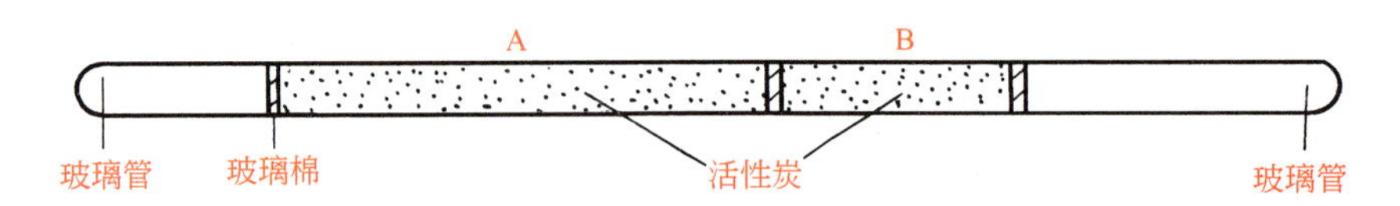

图 1-19 吸附剂采样管

长 150mm、外径 6mm，A 段装 100mg、B 段装 50mg 活性炭

1.4.2　样品的预处理

为了使样品符合某些分析仪器或分析方法的要求，需将气体样品加以处理。处理包括过滤、脱水和改变温度等步骤。

1.4.2.1　过滤

可分离灰、水分或其他有害物，但预先应确认所用干燥剂或吸附剂不会改变被测成分的组成。

分离颗粒的装置主要包括栅网、筛子或粗滤器、过滤器及各种专用的装置等。为防止过滤器堵塞，常采用滤面向下的过滤装置。

1.4.2.2　脱水

脱水方法的选择一般随给定样品而定。脱水方法有以下四种。

（1）化学干燥剂　常用的化学干燥剂有氯化钙、硫酸、过氯酸镁、无水碳酸钾和无水硫酸钙等。

（2）吸附剂　常用的有硅胶、活性氧化铝及分子筛。通常为物理吸附。

（3）冷阱　对难凝样品，可在0℃以上几度的冷凝器中缓慢通过脱去水分。

（4）渗透　用半透膜让水由一个高分压的表面移至分压非常低的表面。

1.4.2.3　改变温度

气体温度高的需加以冷却，以防止发生化学反应。为了防止有些成分凝聚，有时需要加热。

1.4.3　采样方法

1.4.3.1　常压气体的采样

气体压力等于大气压力或处于低正压、低负压状态的气体均称为常压气体。通常使用封闭液取样法对常压气体进行取样，如果用此法仍感压力不足，则可用流水抽气泵减压法取样。

（1）封闭液取样法

① 用吸气瓶取样　采取大量的气体样品时，可选用吸气瓶来取样。如图1-14所示。取样操作方法如下。

a. 向瓶“2”中注满封闭液，旋转旋塞“4”，使瓶“1”与大气相通，打开弹簧夹“5”，提高瓶“2”，使封闭液进入并充满瓶“1”，将瓶“1”空气通过旋塞“4”排到大气中。

b. 旋转旋塞“4”，使瓶“1”经旋塞“4”及橡胶管“3”和采样管相连。降低瓶“2”，气样进入瓶“1”，用弹簧夹“5”控制瓶“1”中封闭液的流出速度，使取样在一定的时间内进行至需要量，然后关闭旋塞“4”，夹紧弹簧夹“5”，从采样管上取下橡胶管“3”即可。

② 用吸气管取样　采取少量气体样品时，可选用吸气管来取样，如图1-15所示。用吸气管取样的操作方法和用吸气瓶取样的操作方法相似。

（2）流水抽气泵取样法

对于低负压状态气体，用封闭液取样法取样时，若仍感压力不足，可改用流水抽气泵减压法取样，如图1-20所示。取样操作方法如下。

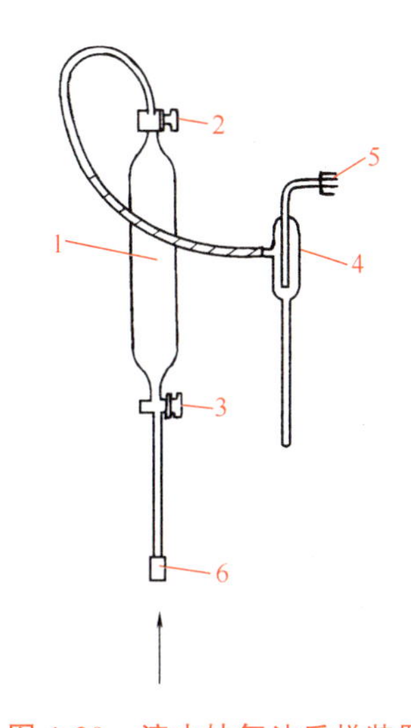

图1-20　流水抽气法采样装置

1—气样管；2，3—旋塞；4—流水真空泵；5，6—橡胶管

a. 将气样管经橡胶管“6”和采样管相连，再将流水真空泵经橡胶管“5”和自来水龙头相连。

b. 开启自来水龙头和旋塞“2”“3”，使流水抽气泵产生的负压将气体抽入气样管。

c. 隔一定时间，关闭自来水龙头及旋塞“2”“3”，将气样管从采样管上和流水抽气泵上取下即可。

(3) 用双链球取样

双链球外形结构如图 1-18 所示，常用于在大气中采取气样。当需气样量不大时，用弹簧夹将橡胶管口封闭，在采样点反复挤压吸气球，被采气体进入贮气球中；需气样量稍大时，在橡胶管上用玻璃管连接一个球胆，即可采样。在气体容器或气体管道中采样时，必须将采样管与双链球的气体进口连接起来，方可采样。

1.4.3.2 正压气体的采样

气体压力高于大气压力为正压状态气体。正压气体的采样比较简单，只需开启采样管旋塞（或采样阀），气体借助本身压力而进入取样容器。常用的取样容器有球胆、气袋等，也可以用吸气瓶、吸气管取样。如果气体压力过大，则应调整采样管上的旋塞或者在采样装置和取样容器之间加装缓冲瓶。生产中的正压气体常常与采样装置和气体分析仪器相连，直接进行分析。

1.4.3.3 负压气体的采样

气体压力低于大气压力为负压状态气体。如果气体的负压不太高，可以采用抽气泵减压法取样；若负压太高，则应用抽空容器取样法取样。抽空容器如图 1-21 所示，一般为 0.5～3L 容积的厚壁优质玻璃瓶或玻璃管，瓶和管口均有旋塞。取样前，用真空泵抽出玻璃瓶或玻璃管中的空气，直至瓶或管的内压降至 8～13kPa 以下时，关闭旋塞。取样时，用橡胶管将采样阀和抽空容器连接起来，再开启采样阀和抽空容器上的旋塞，被采气体则因抽空容器内有更高的负压而被吸入到容器中。

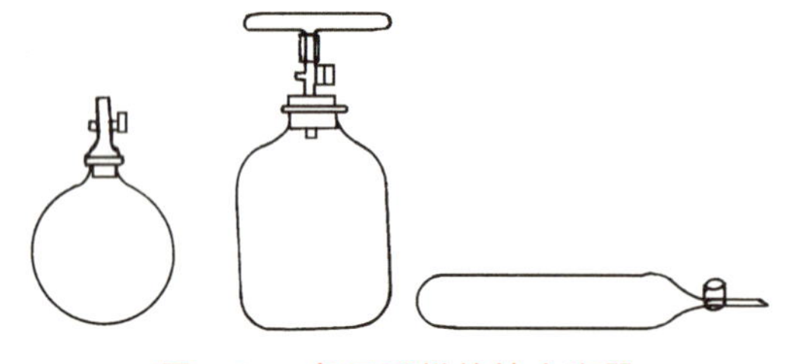

图 1-21 负压采样的抽空容器

技能训练 1.6 采集和处理气体样品

训练目的 通过对气体样品进行采集的训练，了解正确选择和使用气体采样设备的方法，了解不同压力下气体样品的采集方法和操作过程。

训练时间 2h。

训练目标 通过训练，熟悉正确选择和使用气体采样设备的方法，掌握不同压力下气体样品的采集方法和操作过程，在规定时间内完成样品的采集工作。

安全 了解气体的性质，正确使用采样工具。

常压气体的采样

采集气体样品（用气袋取样）

采集气体样品（用钢瓶取样）

仪器、试剂与样品

(1) 仪器

① 采样器。

② 采样管。

③ 吸气瓶。

(2) **试剂**

封闭液 1%HCl 的 NaCl 饱和溶液。

(3) **样品** 大气。

步骤

(1) 根据气体性质选择采样器。

(2) 按图 1-14 组装吸气瓶装置并装入适量的封闭液。

(3) 按吸气瓶取样操作方法将气样瓶中的空气排到大气中。

(4) 用橡胶管将气样瓶经旋塞与采样管（阀）连接起来。

(5) 降低封闭液瓶，用弹簧夹控制封闭液的流出速度，气样进入气样瓶。

(6) 当取样量达到所需量时，关闭旋塞，夹紧弹簧夹，从采样管（阀）上取下橡胶管。若使用吸气管取样时，按上述操作步骤亦可采取适量气体。

正压气体的采样

仪器与样品

(1) **仪器**

① 球胆。

② 橡胶管。

(2) **样品** 大气、硫酸生产气体、合成氨生产气体。

步骤

(1) 根据气体性质选择采样器。

(2) 在球胆入口处配一附有弹簧夹的橡胶管。

(3) 通过橡胶管将球胆与采样阀连接起来。

(4) 打开弹簧夹，开启采样阀，使气体进入球胆。

(5) 关闭采样阀和弹簧夹后，取下球胆，排出气体。

(6) 重复步骤 (4)、(5) 三次。

(7) 采取需要量的气样。

负压气体的采样

仪器与样品

(1) **仪器**

① 抽空容器。

② 真空泵。

③ 橡胶管。

(2) **样品** 负压气体。

步骤

(1) 根据气体的性质选择采样器。

(2) 用真空泵抽出抽空容器中的空气直至其内压降至 8～13kPa 以下，关闭旋塞。

(3) 用橡胶管将采样阀和抽空容器连接。

(4) 开启抽空容器上的旋塞和采样阀，取样。

(5) 先关闭采样阀，再关闭抽空容器上的旋塞，结束取样。

注意事项

(1) 采样前，必须充分了解气体的性质。

（2）采样前，应检查样品容器是否有破损、污染、泄漏等现象。

（3）应使用短的、孔径小的导管，以避免因采样管过长引起采样系统的时间滞后，从而导致样品失去代表性。

（4）封闭液要用样气饱和后再使用。采样时必须用样气充分冲洗气样容器。

（1）气体采样设备主要包括哪些？

（2）什么是常压气体、正压气体和负压气体？

（3）怎样用吸气瓶和吸气管采取常压气样？

（4）在什么情况下用流水抽气泵减压法采取气样？

（5）采样时为什么必须用样气充分冲洗气样容器？

（6）怎样用球胆采取正压气样？

（7）怎样采取负压气样？

1.5 常用的试样分解方法

基本知识

在分析工作中，除干法（如光谱）分析外，通常先要将试样分解，制成溶液，再进行测定。试样的分解工作是分析工作的重要步骤之一。分析工作者必须熟悉各种试样的分解方法，这对制订快速而准确的分析方法具有重要意义。由于试样的品种繁多，性质各异，所以分解方法也有所不同。无机试样的分解方法常用的有溶解法和熔融法两种，有机试样的分解方法可用消化法和灰化法。

1.5.1 试样处理的一般要求

分析工作对试样的分解一般要求有以下三点。

（1）试样分解必须完全，处理后的溶液中不得残留原试样的细屑或粉末。

（2）试样分解过程中待测组分不应挥发损失。如测定钢铁中的磷含量时，不能单独用 HCl 或 H_2SO_4 分解试样，而应当用 HCl（或 H_2SO_4）$+HNO_3$ 的混合酸，将磷氧化成 PO_4^{3-} 进行测定，以免部分磷因生成 PH_3 而挥发逸出。

（3）分解过程中不应引入被测组分和干扰物质。如测定钢铁中的磷时，不能用 H_3PO_4 来分解试样；测定硅酸盐中的钠时，不能用 Na_2CO_3 作熔剂熔融分解试样。进行超纯物质分析时，应当用超纯试剂处理试样，若用一般试剂，则可能引入含有数十倍甚至数百倍的被测组分。

1.5.2 酸、碱分解法

酸（或碱）分解法属于溶解法的一种试样分解方法。溶解法是采用适当的溶剂将试样溶解后制成溶液，这种方法比较简单、快速。常用的溶剂有水、酸、碱等。对于用水不能溶解或不完全溶解的试样，可用酸或碱溶解。

1.5.2.1 酸溶法

酸溶法是利用酸的酸性、氧化还原性及形成配合物的性质，使试样溶解，制成溶液。钢铁、合金、部分金属氧化物、硫化物、碳酸盐矿物、磷酸盐矿物等，常采用此法溶解。

常用作溶剂的酸有盐酸、硝酸、硫酸、磷酸、高氯酸、氢氟酸以及它们的混合酸等。

（1）盐酸（HCl） 盐酸是分解试样常用的强酸之一。它可以溶解金属活动顺序表中氢以前的金属、多数金属氧化物、氢氧化物、部分硫化物及碳酸盐。盐酸中的Cl^-可以和许多金属（如Fe^{3+}、Sb^{3+}等）生成稳定的配合离子（如$FeCl_4^-$、$SbCl_4^-$等），对于这些金属的矿石是很好的溶剂。Cl^-还具有弱的还原性，能与部分金属氧化物（如MnO_2、Pb_3O_4等）发生氧化还原反应，有利于一些氧化性矿物如软锰矿的溶解。此外，$HCl—H_2O_2$、$HCl—Br_2$常用于分解铜合金及硫化物矿石等。盐酸还可以作其他溶剂的辅助试剂。

（2）硝酸（HNO_3） 硝酸是一种具有强氧化性的强酸，所以硝酸溶解样品兼有酸和氧化作用，溶解能力强且快。除金、铂及某些稀有金属外，浓硝酸能溶解几乎所有的金属试样及其合金，大多数氧化物、氢氧化物和几乎所有的硫化物都能被硝酸溶解。但金属铁、铝、铬等被氧化后，在金属表面会形成一层致密的氧化物薄膜，使金属与酸隔离，不能继续作用，这种现象称为金属的钝化。为了溶解氧化物薄膜，必须加入非氧化性的酸如盐酸，才能达到溶样的目的。因此，单用硝酸只适用于溶解不产生钝化的金属，如铜、铅、锰、镉、钴、铋等金属的合金以及铜、钴、镍、钼等金属矿石。

（3）硫酸（H_2SO_4） 热浓硫酸具有强氧化性，除钡、锶、钙、铅等金属外，其他金属的硫酸盐一般都溶于水。因此用硫酸可溶解铁、钴、镍、锌等金属及其合金和铝、铍、锰、钍、钛、铀等金属的矿石。硫酸的沸点高（338℃），可在高温下分解矿石，或用以除去挥发性的酸（如HCl、HNO_3、HF）和水分，以消除这些挥发性酸的阴离子存在溶液中而对测定造成干扰。在加热蒸发过程中要注意在冒出SO_3白烟时即应停止加热，以免生成难溶于水的焦硫酸盐。

浓硫酸又是一种强脱水剂，有强烈吸收水分的能力，可以吸收有机物中的水而析出碳，以破坏有机物。碳在高温下被氧化为二氧化碳气体而逸出，所以试样中含有有机物时，可用浓硫酸除去。

（4）磷酸（H_3PO_4） 磷酸是中强酸，PO_4^{3-}具有很强的配合能力，能溶解很多其他酸不能溶解的矿石，如铬铁矿、钛铁矿、铌铁矿和金红石等。钨、钼、铁等在酸性溶液中都能与磷酸形成无色配合物，因此，常用磷酸作某些合金钢的溶剂。

在使用磷酸溶解试样时，必须注意加热溶解过程的温度不宜过高，时间不宜过长，否则会析出难溶性焦磷酸盐，并对玻璃器皿产生严重腐蚀。溶解样品后如果冷却时间过长，再用水稀释则会析出凝胶。因此，应先将试样磨碎，溶解样品时温度应低一些，时间不要太长，并不断摇动或搅拌，冒白烟时应立即停止加热，趁溶液未完全冷却即用水稀释。一般应控制温度为500～600℃，时间在5min以内。

（5）高氯酸（$HClO_4$） 高氯酸在加热情况下，尤其是接近沸点203℃时，是一种强氧化剂和脱水剂。用高氯酸分解试样时，能把铬氧化为$Cr_2O_7^{2-}$，把钨氧化为WO_4^{2-}，把钒氧化为VO_3^-，把硫氧化为SO_4^{2-}，所以常用来溶解铬矿石、不锈钢、钨铁矿石及氟矿石等。

在加热浓的高氯酸时，如遇有机物则由于剧烈的氧化作用而易发生爆炸。当试样含有有机物时，应先用浓硝酸蒸发破坏有机物，然后再加入高氯酸。蒸发高氯酸时产生的浓烟容易在通风道中凝聚，故经常使用高氯酸的通风橱和烟道，应定期用水冲洗，以免在热蒸气通过时，凝聚的高氯酸与尘埃、有机物作用，引起燃烧或爆炸。所以使用时要特别注意。

（6）氢氟酸（HF） 氢氟酸能和大多数金属发生反应，反应后金属表面生成一层难溶的金属氟化物，阻止进一步反应，因此，它常与硝酸、硫酸、高氯酸混合作为溶剂，用来分解硅铁以及含钨、铌的合金钢等。在分析工作中，氢氟酸主要用来分解硅酸盐，生成挥发性的 SiF_4，在分解硅酸盐和含硅化合物时，常与硫酸混合使用。用氢氟酸分解试样应在铂器皿或聚四氟乙烯塑料器皿中进行，并在排风柜中操作。

（7）混合酸　混合酸具有比单一酸更强的溶解能力，在分析工作中常应用混合酸溶剂。常用的混合酸有 $HCl—HNO_3$（王水）、$H_2SO_4—H_3PO_4$、$H_2SO_4—HF$、$HCl—HClO_4$、$H_2SO_4—HClO_4$ 以及 $HCl—HNO_3—HClO_4$ 等。最常用的是王水，它是 1 体积硝酸和 3 体积盐酸的混合酸，能溶解金、铂等贵金属及难溶的 HgS 等物。

加压溶解法（又称闭管法），是把试样和溶剂置于密闭容器中加热，进行试样分解，由于内部高温、高压，溶剂没有挥发损失，可以使难溶物质的分解效率提高，收到良好效果。例如用 HF 和 $HClO_4$ 的混合酸在加压条件下可分解刚玉（Al_2O_3）、钛铁矿（$FeTiO_3$）、铬铁矿（$FeCr_2O_4$）、钽铌铁矿［$FeMn(Nb·Ta)_2O_6$］等难溶试样。目前所使用加压溶解装置类似一种微型的高压锅，是双层附有旋盖的罐状容器，内层用铂或聚四氟乙烯制成，外层用不锈钢制成，溶样时将盖子旋紧后加热。

在使用上述酸作溶剂进行试样分解时，操作人员**必须注意酸的腐蚀性及毒性**等。如浓硝酸对皮肤有强烈的腐蚀作用，皮肤被灼伤后很难治愈；浓热的高氯酸对皮肤造成的灼伤疼痛且不易愈合；氢氟酸对人体有毒性和腐蚀性，皮肤被灼伤引起的溃烂也不易愈合，且向骨骼溃烂。因此，分析工作者必须按照有关规定进行操作，防止事故的发生。

1.5.2.2　碱溶法

碱溶法的溶剂主要有氢氧化钠和氢氧化钾。碱溶法常用来溶解两性金属铝、锌及其合金以及它们的氧化物、氢氧化物等。在测定铝合金中的硅时，用碱溶解使硅以 SiO_3^{2-} 形式转移到溶液中，从而避免了用酸溶解可能造成的硅以 SiH_4 形式挥发损失。

1.5.3　消化分解法

消化分解法适用于分解有机物试样，可测定有机物中的金属、硫、卤素等元素。此法常用硫酸、硝酸或混合酸分解试样，在凯氏烧瓶中加热，试样中有机物即被氧化成 CO_2 和 H_2O，金属元素则转变为硫酸盐或硝酸盐，非金属元素则转变为相应的阴离子。下面简要介绍几种混合溶剂。

（1）浓硫酸和浓硝酸的混合酸　利用这种混合酸在凯氏烧瓶中分解有机试样，可以测定试样中金、铋、钴、铜、锑等金属元素。

（2）硝酸和高氯酸的混合酸　将 67%的 HNO_3 和 76%的 $HClO_4$ 以 1∶1 的比例混合，和试样一起在催化剂存在下，在凯氏烧瓶中由室温慢慢加热将试样分解。可以测定砷、磷、硫及除汞外的其他金属元素。

（3）浓硫酸和过氧化氢　在试样中先加浓硫酸后再加适量的 30%过氧化氢，从而使试样分解。可以测定有机物中银、金、砷、铋、汞、锑、锗等金属元素。

（4）浓硫酸和重铬酸钾　利用这种混合溶剂在凯氏烧瓶中将有机试样分解，可以测定试样中的卤素。

（5）发烟硝酸和硝酸银　试样中加入发烟硝酸与硝酸银，在闭管中加热（250～300℃）5～6h，使试样分解，可以测定试样中的溴、铬、硫等元素以及测定挥发性有机金属化合物。

1.5.4　熔融分解法

当用溶剂不能溶解试样时，可用熔融分解法。**熔融分解法**是将试样与固体熔剂混合，在高温下加热，使试样中的全部组分转化成易溶于水或易溶于酸的化合物（如钠盐、钾盐、硫酸盐和氯化物等）。根据所用熔剂的化学性质的不同，可分为酸熔法和碱熔法两种。

1.5.4.1 酸熔法

酸熔法是用酸性熔剂熔融分解碱性试样。常用焦硫酸钾（$K_2S_2O_7$，熔点 419℃）和硫酸氢钾（$KHSO_4$，熔点 219℃）作熔剂，后者经灼烧后也生成 $K_2S_2O_7$，所以两者的作用是一样的。这类熔剂在 300℃以上可与一些难溶于酸的碱或中性氧化物作用，生成可溶性的硫酸盐。如分解金红石（TiO_2）的反应为：

$$2KHSO_4 \xrightarrow{\text{灼烧}} K_2S_2O_7 + H_2O$$

$$TiO_2 + 2K_2S_2O_7 \longrightarrow Ti(SO_4)_2 + 2K_2SO_4$$

这种方法常用于分解铁、铝、钛、锆、铌、钽的氧化物类矿石，以及中性耐火材料（如铝砂）和碱性耐火材料（如镁砂）等。

用 $K_2S_2O_7$ 熔融分解试样时，温度不宜过高，时间不宜过长，以免 SO_3 大量挥发和硫酸盐分解为难溶性氧化物。熔融物冷却后用水溶解时应加入少量酸，以免有些元素发生水解而产生沉淀。熔融操作可在瓷坩埚中进行。

近年来采用铵盐混合熔剂进行熔样取得了较好的成果。该法熔解能力强，分解速度快，试样在 2～3min 内可分解出相应的无水酸，在高温下具有极强的熔解能力。一些铵盐的热分解反应如下：

$$NH_4F \xrightarrow{\text{约 }110℃} NH_3\uparrow + HF\uparrow$$

$$5NH_4NO_3 \xrightarrow{>190℃} 4N_2\uparrow + 9H_2O\uparrow + 2HNO_3$$

$$NH_4Cl \xrightarrow{330℃} NH_3\uparrow + HCl\uparrow$$

$$(NH_4)_2SO_4 \xrightarrow{350℃} 2NH_3\uparrow + H_2SO_4$$

对于不同试样可以选用不同质量比例的混合铵。例如，对含锌试样，$NH_4Cl : NH_4NO_3 : (NH_4)S_2O_8 = 1.5 : 1 : 0.5$；对硅酸盐试样，$NH_4Cl : NH_4NO_3 : (NH_4)_2SO_4 : NH_4F = 1 : 1 : 1 : 3$。因此用此法熔样一般采用瓷坩埚，对于硅酸盐试样则采用镍坩埚。

1.5.4.2 碱熔法

碱熔法是用碱性熔剂熔融分解酸性试样。如酸性矿渣、酸性炉渣及酸性不溶试样均可采用碱熔法进行分解，使它们转化为易溶于酸的氧化物或碳酸盐。常用的碱性熔剂有 Na_2CO_3（熔点 850℃）、K_2CO_3（熔点 891℃）、NaOH（熔点 318℃）、Na_2O_2（熔点 460℃）以及它们的混合物等。这些熔剂除具碱性外，在高温下均可起氧化作用，可以把一些元素氧化成高价，从而增强了分解作用。

（1）碳酸钠或碳酸钾　Na_2CO_3 和 K_2CO_3 常用来分解硅酸盐和硫酸盐等。如分解长石（$Al_2O_3 \cdot 2SiO_2$）和重晶石（$BaSO_4$）的反应为：

$$Al_2O_3 \cdot 2SiO_2 + 3Na_2CO_3 \xrightarrow{\text{熔融}} 2NaAlO_2 + 2Na_2SiO_3 + 3CO_2\uparrow$$

$$BaSO_4 + Na_2CO_3 \xrightarrow{\text{熔融}} BaCO_3 + Na_2SO_4$$

在熔融时常将 Na_2CO_3 与 K_2CO_3 混合使用，可使熔点降低到 700℃左右。为了增强氧化性，有时也常用 Na_2CO_3 和 KNO_3 混合熔剂，以分解含硫、锰、砷、铬等的矿样。常用的混合熔剂还有 Na_2CO_3+S，用来分解含砷、锑、锡等的矿样，将它们转化为可熔性硫代酸盐。如锡石的分解反应为：

$$2SnO_2+2Na_2CO_3+9S \longrightarrow 2Na_2SnS_3+3SO_2\uparrow+2CO_2\uparrow$$

用 Na_2CO_3 或 K_2CO_2 熔剂熔融分解试样时，可在铂器皿中进行，但含硫的矿样用混合熔剂熔融时会腐蚀铂器皿，故不宜使用铂器皿。

（2）过氧化钠　Na_2O_2 常用来分解含 As、Sb、Cr、Mo、V 和 Sn 等的矿石及其合金。Na_2O_2 是强氧化剂，能把矿样中大部分元素氧化成高价状态，故能分解许多难溶的矿石，如铬铁矿、硅铁矿、辉钼矿、黑钨矿、锡石等。如铬铁矿的分解反应为：

$$2FeO\cdot Cr_2O_3+7Na_2O_2 \longrightarrow 2NaFeO_2+4Na_2CrO_4+2Na_2O$$

熔块用水处理后，溶出 Na_2CrO_4，同时 $NaFeO_2$ 水解生成 $Fe(OH)_3$ 沉淀，过滤后用 Na_2CrO_4 溶液和 $Fe(OH)_3$ 沉淀分别测定铬和铁的含量。

有时为了减缓氧化作用的剧烈程度，常将 Na_2O_2 与 Na_2CO_3 混合使用。用 Na_2O_2 作熔剂熔融分解试样时，有机物不应存在，否则极易发生爆炸事故。由于 Na_2O_2 对瓷坩埚腐蚀严重，故常使用铁坩埚在 600℃左右进行熔融操作，也可以用刚玉坩埚或镍坩埚熔样。

（3）氢氧化钠或氢氧化钾　NaOH 和 KOH 都是低熔点的强碱性熔剂，常用于铝土矿、硅酸盐等的分解。在分解难溶矿物时，可用 NaOH 与少量的 Na_2O_2 混合，或将 NaOH 与少量的 KNO_3 混合，作为氧化性的碱性熔剂。用 NaOH 或 KOH 熔融分解试样时，常在铁、银、镍坩埚中进行。

（4）半熔混合剂　此法是将试样与熔剂混合，小心加热至熔结（半熔物收缩成整块），而不是全熔，故称为半熔融法或称烧结法。常用的半熔混合剂（亦称埃什卡熔剂）为 2 份 MgO+3 份 Na_2CO_3；1 份 MgO+2 份 Na_2CO_3；1 份 ZnO+2 份 Na_2CO_3。

这种混合熔剂广泛地用于分解铁矿石及煤中的硫。分解过程中，由于 MgO、ZnO 的熔点高，故可以预防 Na_2CO_3 在灼烧时熔合，保持松散状态，使矿石氧化得更快更完全，反应产生的气体容易逸出。此法不易损坏坩埚，所以可在普通瓷坩埚中进行熔融，不需要贵重器皿。

由于熔融法是在高温下进行，而且熔剂具有极大的化学活性，所以要注意正确选用坩埚材料。熔融时不仅要保证坩埚不受损坏，而且还要保证分析的准确度。表 1-10 列出了常用熔剂及可供选择的坩埚材料。

表 1-10　常用熔剂及可供选择的坩埚材料

熔剂名称	坩埚材料						
	铂	铁	镍	银	瓷	刚玉	石英
过氧化钠	−	+	+	−	−	+	−
氢氧化钠（或氢氧化钾）	−	+	+	+	−	−	−
碳酸钠	+	+	+	−	−	+	−
碳酸钠+过氧化钠（1∶5）	−	+	+	+	−	+	−
碳酸钠+碳酸钾	+	+	+	−	−	+	−
碳酸钠+硫（1∶1）	−	−	−	−	+	+	+
碳酸钠+硼砂（3∶2）	+	−	−	−	+	+	+
氢氧化钠+硝酸钾（12∶1）	−	+	+	+	−	−	−
焦硫酸钾（或硫酸氢钾）	+	−	−	−	+	−	+
氯化铵+硝酸铵（1∶1）	−	−	−	−	+	−	+
碳酸钠+氧化镁（1∶2）	+	+	+	−	+	+	+
碳酸钠+氧化锌（1∶2）	−	−	−	−	+	+	+
氟氢酸钾+焦硫酸钾（1∶10）	+	−	−	−	−	−	−

注："+"表示可以选用，"−"表示不能选用。

1.5.5 灰化分解法

灰化分解法适用于分解有机物试样，测定有机物中的无机元素。此法主要有定温灰化法、氧瓶燃烧法、燃烧法及低温灰化法等几种。

(1) 定温灰化法　定温灰化法是将试样置于蒸发皿中或坩埚内，在空气中一定温度范围(500～550℃) 内加热分解、灰化，所得残渣用适当溶剂溶解后进行测定。此法常用于测定有机物和生物试样中的多种金属元素，如锑、铬、铁、钠、锶、锌等。

(2) 氧瓶燃烧法　氧瓶燃烧法是在充满氧气的密闭瓶内引燃有机物，瓶内用适当的吸收剂吸收其燃烧产物，然后用适当的方法测定。此法广泛用于测定有机物中卤素、硫、磷、硼等元素。

(3) 燃烧法　燃烧法是在氧气流存在下，试样在燃烧管中燃烧，用 Na_2SO_3 和 Na_2CO_3 的混合溶液作吸收液吸收燃烧产物，然后用适当的方法测定。此法主要用于测定有机物中的卤素和硫等元素。

(4) 低温灰化法　低温灰化法是在低温灰化装置 (<100℃) 中借助高频激发的氧气将有机试样氧化分解。此法可以测定有机物中多种无机元素，如银、砷、镉、钴、铬、铜、铁、汞、碘、锰、钠、镍、铅及铂等。

技能训练 1.7　酸、碱分解法处理样品

训练目的　通过酸溶解法分解磷矿试样及碱溶解法分解铝合金试样的训练，了解正确选择酸溶剂、碱溶剂及有关仪器设备的使用方法，熟悉酸、碱分解法处理样品的操作过程。

训练时间　1.5h。

训练目标　通过训练，熟悉正确选择酸溶剂、碱溶剂及有关仪器设备的使用方法，熟悉酸、碱分解法处理样品的操作过程，在规定的时间内完成样品的分解。

安全　酸、碱溶剂及加热设备的安全使用。

酸分解法处理样品

酸分解法处理样品

仪器、试剂与试样

(1) **仪器**

① 烧杯　250mL。

② 表面皿。

③ 容量瓶　250mL。

④ 电热板。

(2) **试剂**

① 浓盐酸。

② 浓硝酸。

(3) **试样**　磷矿。

步骤

(1) 准确称取 1～1.5g 试样，置于 250mL 烧杯中。

(2) 用少量水润湿试样。

(3) 加入 20～25mL 浓盐酸和 7～9mL 浓硝酸，盖上表面皿，混匀。

（4）在电热板上缓慢加热，然后煮沸 30min。

（5）取下烧杯，冷却至室温。

（6）定量转入 250mL 容量瓶中，用水稀释至刻度，摇匀。

碱分解法处理样品

碱分解法处理样品

仪器、试剂与试样

（1）**仪器**

① 塑料杯　250mL。

② 容量瓶　250mL。

③ 电热恒温水浴锅。

（2）**试剂**

① NaOH（固）。

② H_2O_2　$\rho=300g\cdot L^{-1}$。

（3）**试样**　铝、铝合金。

步骤

（1）准确称取 0.25g 试样置于 250mL 塑料杯中。

（2）加入 4g 固体 NaOH 和 15mL 水。

（3）置于沸水浴中加热溶解，直到试样全溶。

（4）加入 10 滴 30%的 H_2O_2 溶液，继续加热煮沸 1min，以除去过量的 H_2O_2。

（5）用流水冷却后，将溶液移入 250mL 容量瓶中，加水稀释至刻度，摇匀。

技能训练 1.8　消化分解法处理样品

训练目的　通过消化分解法处理食品试样的训练，了解正确选择氧化剂的方法，熟悉消化法处理样品的操作过程。

训练时间　1.5h。

训练目标　通过训练，熟悉正确选择氧化剂的方法，熟练掌握消化法处理样品的操作过程，在规定时间内完成试样的分解。

安全　浓酸的安全使用，防止爆炸。

仪器、试剂与试样

（1）**仪器**

① 凯氏烧瓶　500mL。

② 电炉。

③ 沸石。

（2）**试剂**

① 浓 H_2SO_4。

② 浓 HNO_3。

（3）**试样**　固形食品（粮食、粉条等）。

步骤

（1）称取搅拌均匀的试样 20g 于 500mL 的凯氏烧瓶中。

（2）加入数粒沸石，加入浓硫酸、浓硝酸各 10mL。

（3）小火加热，至剧烈作用停止后，加大火力。

（4）不断沿瓶壁滴加浓硝酸至溶液透明不再转黑为止。

(5) 继续加热数分钟至浓白烟逸出，冷却。

(6) 加入 10mL 水，继续加热至冒白烟止，冷却，备用。

注意事项

每当消化溶液颜色变深时，立即添加硝酸，否则溶液难以消化完全。

技能训练 1.9 熔融分解法处理样品

训练目的 通过熔融法处理钛铁矿样品的训练，了解正确选择熔剂的方法，熟悉熔融法处理样品的操作过程。

训练时间 1.5h。

训练目标 通过训练，掌握正确选择熔剂的方法，熟练掌握熔融法处理样品的操作过程，在规定时间内完成样品的分解。

安全 熔剂的安全使用，防止烫伤。

仪器、试剂与试样

(1) **仪器**

① 瓷坩埚。

② 坩埚钳。

③ 马弗炉 带有温度控制器。

④ 烧杯 100mL。

(2) **试剂** 焦硫酸钾。

(3) **试样** 钛铁矿或其他矿石。

步骤

(1) 准确称取钛铁矿试样 0.2g，置于瓷坩埚中。

(2) 加入焦硫酸钾 8～10g，盖上坩埚盖，稍留缝隙。

(3) 将坩埚放入 400～500℃的马弗炉中。

(4) 逐渐升温至 700～750℃，熔融 10～15min。

(5) 取出坩埚，冷却后小心转移至烧杯中。

注意事项

使用焦硫酸钾熔融分解试样时，温度不宜过高，时间也不宜过长，以免 SO_3 大量挥发，使硫酸盐分解为难溶的氧化物。

技能训练 1.10 灰化分解法处理样品

训练目的 通过灰化分解法处理婴幼儿配方食品和乳粉试样的训练，学会正确选择样品的处理方法，了解灰化分解法处理样品的操作过程。

训练时间 1.5h。

训练目标 通过训练，熟练掌握灰化分解法处理样品的操作过程，在规定时间内完成试样的分解。

安全 用电设备的安全使用，防止烫伤。

仪器、试剂与试样

（1）**仪器**

① 瓷坩埚。

② 坩埚钳。

③ 电炉。

④ 高温炉。

⑤ 容量瓶　50mL。

（2）**试剂**

① 硝酸　（1＋1）。

② 盐酸　（1＋4）。

③ 去离子水。

（3）**试样**　婴幼儿配方食品，乳粉。

步骤

（1）精确称取 5.0000g 试样置于瓷坩埚中，在电炉上微火炭化至不放烟。

（2）将坩埚移入高温炉中升温至 490℃，使试样灰化成白色灰烬。

（3）若有黑色炭粒，冷却后，滴加少许（1＋1）硝酸湿润，在电炉上小火蒸干后，再移入 490℃高温炉中继续灰化成白色灰烬。

（4）取出坩埚，冷却至室温。

（5）加入（1＋4）盐酸 5mL，在电炉上加热使灰烬充分溶解。

（6）冷却至室温后，将溶液移入 50mL 的容量瓶中，用去离子水定容，摇匀，备用。

练　习

（1）试样处理的一般要求有哪几方面？

（2）用酸、碱溶解法分解试样时，常用的溶剂分别有哪些？

（3）简述 HCl、HNO_3、H_2SO_4、NaOH 等溶剂在分解试样中的作用。在使用这些溶剂对试样进行分解时，需注意哪些问题？

（4）什么叫熔融法？常用的熔剂有哪些？这些熔剂常用于哪些矿物试样的分解？

（5）下列情况使用的溶（熔）剂和坩埚是否适当？为什么？若不正确应改用什么溶（熔）剂和坩埚？①分解金红石（TiO_2）时，用碳酸钠作为熔剂；②以过氧化钠为熔剂时，采用瓷坩埚；③测定钢铁中的磷时，用硫酸作为溶剂。

1.6 采样安全

在有些情况下进行采样时，采样者有受到人身伤害的危险，也可能造成危及他人安全的危险条件。无论所采样品的性质如何，都要遵守下面采样操作的规定：采样地点要有出入安全的通道，符合要求的照明、通风条件。采样者要完全了解样品的危险性及预防措施，并受过使用安全设施的训练，包括灭火器、防护眼镜和防护服等。

1.6.1　高温、高压物料采样的安全

高温物料采样主要是防止溅伤眼睛。对于很热的物质，必须遮挡其对面部和颈部的热辐

射，也要避免对眼睛的热辐射。应戴上不易吸收被处理物质的手套以防止溅到手上。要有围裙，靴子必须结实，并有适当的保护措施，防止溅出的物质进入靴内。

高压物料采样由于物质的压力而造成的危险应增加预防措施，流体的采样可在大气压下或在系统压力下完成。采样设备应包括适当的装置，使高压系统出口有安全的流速，而出口的孔径应保证流体流出的速度不致造成伤害。

当在系统压力下采样时，所用的样品容器应由胜任的工作人员经常定期检查，验证容器的使用压力是否和标记的容器上的压力相符合，并在压力容器检定有效周期内，容器必须专用。容器与采样点的接头应适合于该系统，采样者应使用合适的工具把容器连接在采样点上，并且在采样之前应检查连接的可靠性。样品容器装入液体时，必须留下适当的空间，在任何情况下，空间必须不小于在可能遇到的最高温度时总体积的5%。

1.6.2 有毒有害物料采样的安全

若对毒物进行采样，采样者一旦感到不适时，应立即向主管人报告。样品应防止受热或震荡。样品容器必须装在专门设计的动载工具中方可运输，该运载工具能保证在样品容器发生破裂和泄漏时不造成样品外漏。任何泄漏都应报告，以便及时采取措施。

禁止在毒物附近吸烟或饮食。禁止使用无防护的灯及可能发生火花的设备，严禁烤火(明火)。必须戴防护眼镜、穿防护服。必须知道报警系统和灭火设备的位置。当存在引起呼吸中毒的毒物时，要提供劳动保护，可使用通入新鲜空气的面罩或用装有适当吸附剂的防毒面具。

应有合适的冲洗设施供采样者在安置好样品容器之后和离开现场以前使用。还要提供适当的设施供采样后清洗全部采样设备使用。并备有紧急救护时的设施和物品。

AI在工业分析技术领域的应用

1956年首次提出了“人工智能”这一术语。人工智能（artificial intelligence）英文缩写为AI。是新一轮科技革命和产业变革的重要驱动力量，是研究、开发用于模拟、延伸和扩展人的智能的理论、方法、技术及应用系统的一门新的技术科学。我国高度重视人工智能发展，2024年3月《政府工作报告》提出“人工智能+”行动的概念，推动人工智能赋能新型工业化，加快形成新质生产力。

在工业分析技术领域，AI技术的应用正日益深入，不仅提高了科研效率，还极大地推动了新方法和新应用的发展。以下是一些具体的应用场景：

(1) 光谱分析：AI技术，特别是机器学习和深度学习算法，被用于解析复杂的光谱数据，如红外光谱、质谱和核磁共振波谱。这些算法能够帮助识别和量化样品中的成分，甚至能够预测分子的结构和性质。

(2) 色谱分析：在色谱分析中，AI能够帮助优化分离条件，提高分辨率和检测限。此外，通过深度学习模型，可以自动识别和定量色谱图中的峰，从而实现快速而准确的数据分析。

(3) 质谱解析：质谱数据具有高维度和高复杂性，AI技术在此领域的应用包括质谱去噪、基线校正、峰检测以及肽和蛋白质的鉴定。深度学习模型能够在没有明确规则的情况下，从质谱数据中提取有用的信息。

（4）化学成像：AI技术在化学成像领域也显示出巨大潜力，例如在红外成像和荧光寿命成像中，AI算法能够提高图像质量、增强特征识别，甚至在单分子水平上进行化学识别。

（5）材料科学中的化学分析：在材料科学领域，AI技术被用于预测新材料的性质和反应，这对于设计新的催化剂、电池材料和药物分子具有重要价值。

（6）环境监测：AI技术结合传感器技术，在环境监测领域中用于实时监测和分析空气中的污染物，水质的变化，以及土壤中的化学物质。

（7）药物发现：在药物化学领域，AI帮助科学家筛选潜在的药物候选分子，预测它们的生物活性，从而加速新药的研发过程。

（8）化学教育：AI技术也被用于开发智能教学辅助工具和模拟实验平台，提供个性化学习体验，帮助学生更好地理解化学概念和实验技术。

（9）实验优化：AI算法能够协助研究人员设计和优化实验方案，减少实验的时间和成本，同时提高实验结果的可靠性。

（10）数据分析和解释：AI在数据分析和解释方面发挥关键作用，特别是在处理大数据集时，能够识别模式、趋势和异常，为科研人员提供深入的洞察。

总之，AI为分析技术领域带来了革命性的变革，使得数据处理更加高效，结果分析更加精确，研究进程大大加快，同时也为解决传统化学分析中的复杂问题提供了新的途径。随着AI技术的不断发展和完善，其在分析技术中的应用将更加广泛和深入。

2

物质分离技术

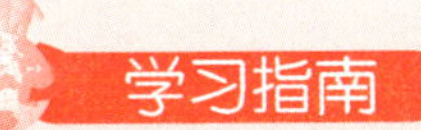

在实际分析工作中，遇到的样品往往含有多种组分。进行测定时若彼此发生干扰，不仅影响分析结果的准确度，甚至无法进行测定，因此有必要对样品进行分离处理。

知识目标

掌握纸色谱、薄层色谱、萃取分离和离子交换法的基本概念和分离原理；熟悉基本分离条件的选择；熟悉常用定性、定量分析的方法；了解物质分离技术的应用。

技能目标

会正确选择分离条件；

能熟练规范地完成实验准备和分离操作；

会查阅所用化学品的 MSDS 并规范使用、回收和处理试剂；

能按要求准确地进行数据记录和处理。

素质目标

坚守实验安全和个体防护底线；树立生态环境意识；提升诚信、规范、严谨的职业素养；培养检索、阅读、独立思考、提问探究、反思总结等学习能力；培养良好的团队协作意识和健康的职业心态。

2.1 纸色谱分离法

2.1.1 基本原理

纸色谱法适用于少量试样中微量成分或性质相似的物质的分离和鉴定，是一种微量分离方法。纸色谱在有机分析、生物化学、植物、医药分析中应用较广。

纸色谱又称纸上色谱，它是在滤纸上进行的色谱分析法。滤纸被看作惰性载体，滤纸纤维素中吸附着的水分或其他溶剂，在色谱分离过程中是不流动的，称为**固定相**，在色谱分离过程中沿着滤纸流动的溶剂或混合溶剂是**流动相**，又称**展开剂**。展开时，溶剂在滤纸上流动，试样中各组分在两相中不断地分配，即发生一系列连续不断的抽提作用，根据各物质在两相中的分配系数不同，达到分离的目的。

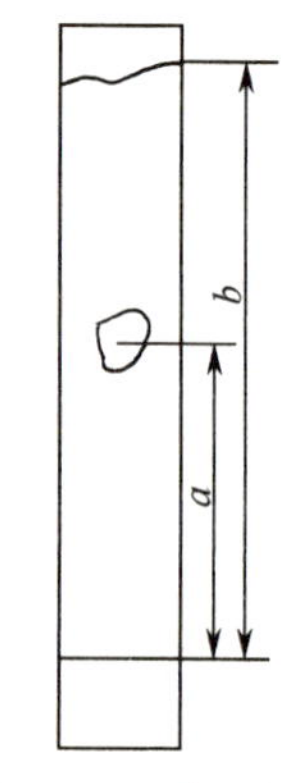

图 2-1 纸色谱图谱

试样经色谱后，可得到如图 2-1 所示的纸色谱图谱。常用比移值 R_f 来表示各组分在色谱中的位置。

$$R_f=\frac{a}{b}$$

式中 R_f——某组分的比移值；

a——斑点中心到原点的距离；

b——溶剂前缘到原点的距离。

R_f 值在 0～1 之间，相差越大，分离效果越好。R_f 值最大等于 1，即该组分随展开剂上升至溶剂的前缘，表示溶质不进入固定相。R_f 值最小等于 0，即该组分不随展开剂移动，仍在原点位置。每种物质在一定的色谱条件下都有它特定的 R_f 值，因此 R_f 值的大小也就成为各种物质定性分析的依据，从各物质 R_f 值间的差值大小即可判断彼此能否被分离。而物质的 R_f 值相差越大就越容易分离；如果斑点比较集中，则 R_f 值相差 0.02 以上时，即可相互分离。

2.1.2 色谱条件的选择

2.1.2.1 纸的选择

选择质地厚薄均匀、纯净、疏松度适当、强度较大、平整的色谱滤纸（通常用新华一号滤纸）。

2.1.2.2 流动相（展开剂）的选择

根据被分离物质的不同，选用合适的流动相（展开剂）。展开剂应对被分离物质有一定的溶解度，溶解度太大，被分离物质会随展开剂跑到前沿；溶解度太小，则会留在原点附近，使分离效果不好。

选择流动相（展开剂）应注意下列几点。

（1）能溶于水的化合物　以吸附在滤纸纤维素中的水作为固定相，由于吸附水有部分是以氢键缔合形式与纤维素的羟基结合在一起，在一般条件下难以脱去，因而纸色谱不但可用与水不相混溶的溶剂作流动相，而且也可以用丙醇、乙醇、丙酮等与水混溶的溶剂作流动相。

（2）难溶于水的极性化合物　以非水极性溶剂（如甲酰胺、*N*,*N*-二甲基甲酰胺等）作固定相，以不能与固定相混合的非极性溶剂（如环己烷、苯、四氯化碳、氯仿等）作展开剂。

（3）对不溶于水的非极性化合物　以非极性溶剂（如液体石蜡、α-溴萘等）作固定相，以极性溶剂（如水、含水乙醇、含水酸等）作展开剂。

2.1.3 定性、定量分析的方法

2.1.3.1 点样

先用铅笔在距纸条一端 2～3cm 处画一直线（起始线），在线的中间画上“×”，表示点

样位置，即原点。用内径约 0.5mm 的毛细管吸取试样溶液，轻轻与“×”号处接触，使点样斑点的直径为 0.2～0.5cm。如果试液浓度较小，点样之后放在红外线灯下或用热吹风机使其干燥，再在原位置上进行第 2 次或第 3 次点样。点样之后，要等干燥后再进行展开。

2.1.3.2 展开

展开方法中应用较广的是上行展开法。展开剂放在密闭容器的底部，将滤纸点试液的一端浸入展开剂中，注意不要把原点浸入。由于滤纸毛细管的作用，展开剂不断上升，与点在滤纸上的试样相遇，使试样中欲分离组分溶解在展开剂中随之上升，在两相间一次又一次地发生分配过程。经一定时间后，取出滤纸，立即用铅笔画出溶剂的前沿位置。

2.1.3.3 显色

试样在滤纸上展开以后，如各个组分是有色的，在滤纸上可以看到各个色斑；如为无色，可根据物质的特色喷洒适宜的显色剂进行显色。配制显色剂时，尽量选择挥发性大的溶剂，以免喷在滤纸上之后引起斑点扩散、移动或变形。显色之后，立即用铅笔画出各斑点的位置，以免褪色或变色后不易寻找。

2.1.3.4 定性分析

在一定的操作条件下，每种物质都有一定的 R_f 值，测定 R_f 值与手册对照。但应注意，手册中的数据是在一定条件下测得的，仅供参考。最好是在同一张色谱纸上用标准品进行对照试验，比较它们的 R_f 值是否一致。

当一个未知物在纸上不能直接鉴定时，可分离后剪下，再用适当的方法鉴定。

2.1.3.5 定量测定

在相同条件下制得一系列标准色，与待测斑点颜色相比较，测定其含量。也可将斑点剪下，用适当溶剂溶解后再用其他方法测定。

纸色谱分离操作

技能训练 2.1 纸色谱分离操作

训练目的 通过分离混合液中 Cu^{2+}、Fe^{2+}、Co^{2+}、Ni^{2+} 的操作，学会选择和使用色谱纸、色谱缸、展开剂等，熟悉纸色谱的操作技术。

训练时间 4h。

训练目标 通过训练，能正确选择和使用色谱纸和展开剂，熟练掌握纸色谱操作技术，并在 4h 内完成测定任务。

安全 正确使用易挥发有机试剂。

仪器、试剂与试样

（1）仪器

① 色谱筒。

② 微量注射器 50μL。

③ 电吹风机。

④ 喷雾器（见图 2-2）。

（2）试剂

① 氨水。

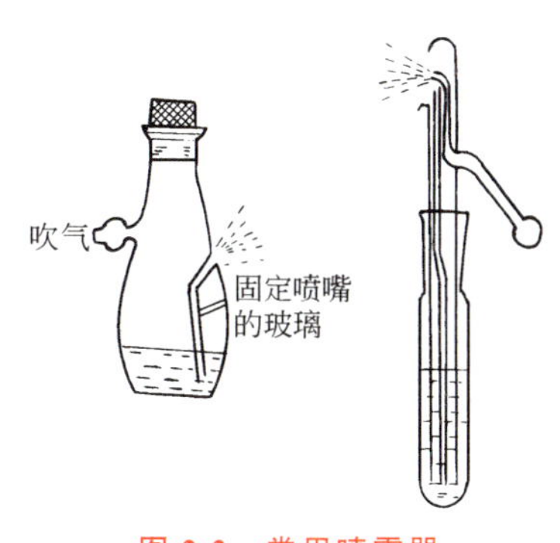

图 2-2 常用喷雾器

② 显色剂（二硫代乙二酰胺溶液）。

③ 展开剂　丙酮：浓盐酸：水=90：5：5。

（3）**试样**　含有 Cu^{2+}、Fe^{2+}、Co^{2+}、Ni^{2+} 的混合液。

测定步骤

（1）用剪刀将滤纸剪成长 25cm、宽约 2cm 的纸条。于距纸的一端 2cm 处，用铅笔画一条直线。

（2）在直线的中心处用微量注射器点 10μL 试样液，样点的直径应小于等于 5mm，用电吹风机将样点吹干。若样品溶液过稀，可在样点干燥后重复点样，必要时可反复数次。

（3）晾干后，将滤纸悬挂在盛有 10mL 展开剂（丙酮：浓盐酸：水=90：5：5）的色谱筒中，滤纸浸入展开剂约 0.5～1cm，盖上色谱筒盖（见图 2-3）。

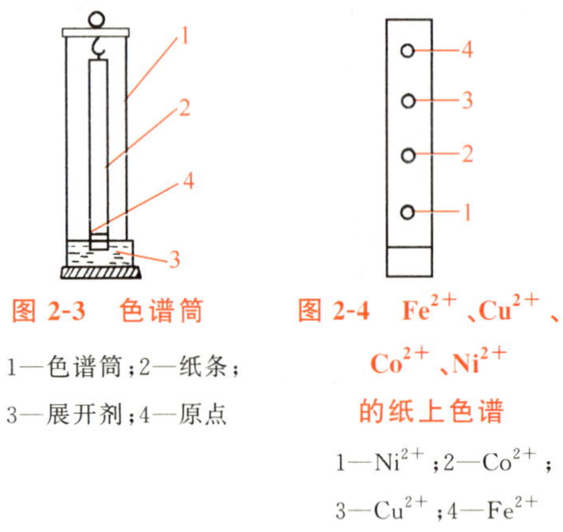

图 2-3　色谱筒

1—色谱筒；2—纸条；3—展开剂；4—原点

图 2-4　Fe^{2+}、Cu^{2+}、Co^{2+}、Ni^{2+} 的纸上色谱

1—Ni^{2+}；2—Co^{2+}；3—Cu^{2+}；4—Fe^{2+}

（4）待溶液前沿离试液原点 20cm 处（约 1h），取出滤纸并放入盛有氨水的色谱筒中熏 5min。取出晾干，用二硫代乙二酰胺溶液喷洒显色，可观察斑点颜色。

（5）用铅笔画出斑点的轮廓，量出原点至斑点中心的距离和原点至溶剂前沿的距离，计算各元素的 R_f 值。Fe^{2+} 斑点显黄色，移动最快，其 $R_f=1.0$；Cu^{2+} 斑点显绿色，居第二位，其 $R_f=0.7$；Co^{2+} 斑点显深黄色，居第三位，其 $R_f=0.46$；Ni^{2+} 斑点为蓝色，位居最后，其 $R_f=0.17$（见图 2-4）。

注意事项

（1）不要用手指直接接触色谱部分的滤纸，以防手上油脂污染滤纸。

（2）滤纸条必须剪得平整。

（3）滤纸周围必须为溶剂蒸气所饱和。随溶剂蒸气压的大小和色谱容器大小的不同，使容器中饱和地充满溶剂蒸气的时间可以由几分钟至数小时。

练　习

（1）什么是 R_f 值？它在分析上有何应用？

（2）混合液中存在 A、B 两种物质，用纸色谱分离法，它们的比移值分别为 0.45 和 0.63，欲使分离后斑点中心之间相隔 2cm，问色谱纸应截多长为好？

2.2　薄层色谱分离法

基本知识

薄层色谱又称薄板色谱，是将吸附剂（固定相）涂于玻璃或聚酯片上，以展开剂作流动相的色层分离法。

2.2.1 基本原理

薄层色谱法是把固定相吸附剂铺在玻璃板上铺成均匀的薄层，色谱就在玻璃板上的薄层进行。把试液点在色谱板的一端，离边缘有一定距离，试样中各组分被吸附剂所吸附。把色谱板放入色谱缸中，使点有试样的一端浸入流动相展开剂中。由于薄层的毛细管作用，展开剂将沿着吸附剂薄层渐渐上升，遇到点着的试样时，试样就溶解在展开剂中，随着展开剂沿着薄层上升。于是试样中的各组分就沿着薄层在固定相和流动相之间不断发生解吸、吸附、再解吸、再吸附的过程。经过一段时间的展开，试样中吸附能力最弱的组分最容易被解吸，它将随展开剂在薄层中移动最大的距离；吸附能力较强的组分将在薄层中移动较短的距离。于是试样中的各种组分将按其吸附能力强弱的不同而被分离开。

试样中各个组分在薄层中的位置同样也用 R_f 来表示。和纸色谱一样，在相同条件下进行色谱时，某一组分的 R_f 值是一定的，因此可根据 R_f 值进行定性。由于影响 R_f 值的因素很多，例如吸附剂的种类，粒度的活化程度，展开剂的组成和配比，色谱缸的形状和大小，色谱分离时的温度等。要严格控制一致是困难的，因此文献上查的 R_f 值只供参考。

薄层色谱法是在纸色谱的基础上发展起来，和它们相比具有如下优点：

(1) **快速**　只需 10～60min；

(2) **分离效率高**　可使性质相似的化合物如同系物，异构体等分离；

(3) **灵敏度高**　可检出 0.01μg（10^{-8}g）的物质；

(4) **显色方法多**　色谱分离后可以用各种方法显色；

(5) **应用范围广**　它可以进行定性和定量测定。适用于医药、食品、染料等产品中微量组分的测定。

2.2.2 色谱分离条件的选择

在薄层色谱分离法中，为了获得良好的分离，必须选择适当的吸附剂和展开剂。

2.2.2.1 吸附剂的选择

吸附剂必须具有适当的吸附能力，而与溶剂、展开剂及欲分离的试样又不会发生任何化学反应。吸附剂都做成细粉状，一般以 200～300 目较为合适。

吸附剂种类较多，有硅胶、氧化铝、纤维素和聚酰胺等。应用最多的是氧化铝和硅胶。

用吸附剂制色谱板时，一般将板制成软板和硬板两种。软板（又称干板）是直接用吸附剂铺成的板。硬板是在吸附剂中加入一定量的黏合剂（煅石膏、淀粉等），按一定比例加入水制成的板。这种板可以增大板的机械强度。制成的硬板在使用前应于 105～110℃烘干活化，去除水分，增强其吸附能力。根据活化后含水量的不同，其活性可分为五个等级，如表 2-1 所示。Ⅰ级活度最大，Ⅴ级活度最小，这两种都很少使用，使用最多的是Ⅱ～Ⅲ级或Ⅲ～Ⅳ级。一般制成的板在 110℃活化 30min 后活度可达Ⅱ～Ⅳ级。

表 2-1　吸附剂活度级

吸附剂	含水量/%	活度级	吸附剂	含水量/%	活度级
硅胶	0	Ⅰ	氧化铝	0	Ⅰ
	5	Ⅱ		3	Ⅱ
	15	Ⅲ		6	Ⅲ
	25	Ⅳ		10	Ⅳ
	38	Ⅴ		15	Ⅴ

2.2.2.2 展开剂的选择

（1）对于吸附色谱，主要根据极性的不同来选择流动相展开剂。常见的官能团按其极性增强次序排列为：烷烃<烯烃<醚类<硝基化合物<二甲胺<酯类<酮类<醛类<胺类<酰胺<醇类<酚类<羧酸类。

（2）除要考虑展开剂的极性外，也要考虑被分离组分的极性和吸附剂的活性。这三者是相互关联相互制约的。在选择展开剂时，一般先用单一的溶剂，然后再用两种混合溶剂，这要根据分离效果而定。一般说来，类似结构的同系物，往往可以用相同组成的展开剂。例如在中性氧化铝薄层上分离氨基蒽醌、甲基氨基蒽醌、氨基氯蒽醌的各种异构体时，都可用环己烷∶丙酮（3∶1）混合剂作展开剂。

（3）分配色谱是基于试样中各组分在展开剂中溶解度的不同，或者更严格地讲是基于各组分在固定相和流动相中分配系数的不同达到分离的目的。分配系数大的能达到很好的分离。也要考虑展开剂是否易挥发，黏度是否较小。易挥发的展开剂在展开后能很快挥发逸去，不影响定性和定量的测定。黏度小的展开剂一般展开速度较快。另外，也要选择纯度比较高的展开剂，一般可用分析纯或化学纯。试剂含有杂质如含水、含氧酸等都会使溶剂的极性发生明显的改变，影响分离。

2.2.3 定性、定量分析的方法

2.2.3.1 定性分析

显色后可以根据各个斑点在薄层上的位置计算出 R_f 值，然后与文献记载的 R_f 值比较以鉴定物质。但是薄层色谱 R_f 值的影响因素很多，重现性较差，文献上查到的 R_f 值只能供参考。

R_f 值受到下列因素的影响：吸附剂的性质和质量（粒度、纯度等）与展开剂中的杂质如水分等，当用同一种吸附剂和展开剂时，被测物质的 R_f 值受到薄层厚度、含水量（活度）、点样量、展开方式、色谱缸的大小、形状和缸内展开剂蒸气的饱和度、展开的距离等因素的影响。为了解决 R_f 值重现性差的问题，应用待测化合物的纯品作对照，在两种或者两种以上展开剂中同时展开，若未知物的 R_f 值与已知纯品的 R_f 值都相同，即可肯定两者为同一物。

2.2.3.2 定量分析

定量方法与纸色谱相似。一是在展开后直接在薄层上进行测定，另一是将欲测定的物质自薄层上洗脱后再选择适当的方法测定。前一种方法是用眼睛观察或用仪器测量薄层上斑点的面积、颜色深浅或荧光强度，从而确定化合物的量。

洗脱法一般比目视法准确，又不需要特殊仪器。展开后用对照法或非破坏性显色剂确定斑点位置，用小刀将斑点连同吸附剂一起刮入玻璃漏斗中，置于抽滤装置上，用适当的溶剂将被测物洗脱。由于试样量很少，一般的化学方法较难于定量。多采用比色法或分光光度法测定，以空白洗脱液为参比溶液。

洗脱时，一般选用被测物有较大溶解度的溶剂浸泡，多次洗涤以达定量洗脱。一些物质吸附性较强而不易洗脱时，要用极性较大的洗脱液，或直接于吸附剂中加入显色剂，使其定量反应，然后离心分离，再进行比色测定。

2.2.3.3 应用

（1）痕量组分的检测。用薄层色谱法检测痕量组分既简便又灵敏。例如，3,4-苯并芘是致癌物质，在多环芳烃中含量很低。可将试样用环己酮萃取，并浓缩到几毫升。点在含有

2%咖啡因的硅胶 G 板上，用异辛烷-氯仿（1+2）展开后，置紫外灯下观察，板上呈现紫色至橘黄色斑点。将斑点刮下，用适当的方法进行测定。

（2）同系物或异构体分离。用一般的分离方法很难将同系物或同分异构体分开，但用薄层色谱可将它们分开。例如，C_3～C_{10} 的二元酸混合物在硅胶 G 板上，以苯-甲醇-乙酸（45+8+4）展开 10cm，就可以完全分离。

（3）无机离子的分离。薄层色谱法不仅能用于有机物质的分离和检测，而且也能用于无机离子的分离。例如硫化铵组阳离子的分离，将试液点在硅胶 G 板上，以丙酮-浓盐酸-己二酮（100+1+0.5）作展开剂，展开 10cm 后，用氨熏，再以 0.5%8-羟基喹啉的 60%乙醇溶液喷雾显色，得到各组分的 R_f 顺序为 Fe>Zn>Co>Mn>Cr>Ni>Al。

薄层色谱法在产品质量控制分析，纯试剂的制备及未知物质的剖析等方面应用也十分广泛。

技能训练 2.2　薄层色谱分离操作

薄层色谱分离操作

训练目的　通过分离对硝基苯胺与邻硝基苯胺，学会使用玻璃板、色谱缸、毛细管或微量注射器等工具正确制板和点样，熟悉薄层色谱的操作技术。

训练时间　4h。

训练目标　通过训练，能正确制板，熟练掌握薄层色谱操作技术，并在 4h 内完成分离任务。

安全　正确使用易挥发或有毒试剂。

仪器、试剂与试样

（1）**仪器**

① 玻璃板　100mm×150mm。

② 烘箱。

③ 微量注射器　50μL。

④ 不锈钢刀。

⑤ 721 型分光光度计。

⑥ 离心机。

⑦ 离心试管及玻璃棒。

⑧ 容量瓶　10mL，50mL。

（2）**试剂**

① 硅胶 G。

② 羧甲基纤维素钠（CMC）溶液　0.5%。

③ 展开剂　苯：乙酸乙酯=7：1。

（3）**试样**

① 标准样　准确称取 0.15～0.20g 邻硝基苯胺于 50mL 容量瓶中，以甲醇作溶剂，稀释至刻度。

② 混合样　准确称取对硝基苯胺、邻硝基苯胺各 0.15～0.20g 置于 50mL 容量瓶中，以甲醇作溶剂，稀释至刻度。

测定步骤

（1）**制板**　取3g硅胶G和9mL 0.5%羧甲基纤维素钠（CMC）于研钵中，研匀至提起呈细丝状，然后将其铺在100mm×150mm的玻璃板上，风干后[1]，于105～110℃烘箱内活化30min，稍冷，置于干燥皿中备用。

（2）**点样**　用微量注射器吸取20μL标准样，在距底边约20mm处点样（样点越小越好，可用洗耳球边点边吹，加速溶剂挥发），再用另一支微量注射器吸取20μL混合样，在距底边约20mm处同一条线上不同点点样。

（3）**展开**　在色谱缸内放入10mm高的展开剂，盖上色谱缸盖，让展开剂在色谱缸内饱和10min；然后将点好样的薄层板倾斜放入色谱缸中（见图2-5或图2-6），密闭、展层；当混合样斑点明显分离后，取出薄层板，风干。

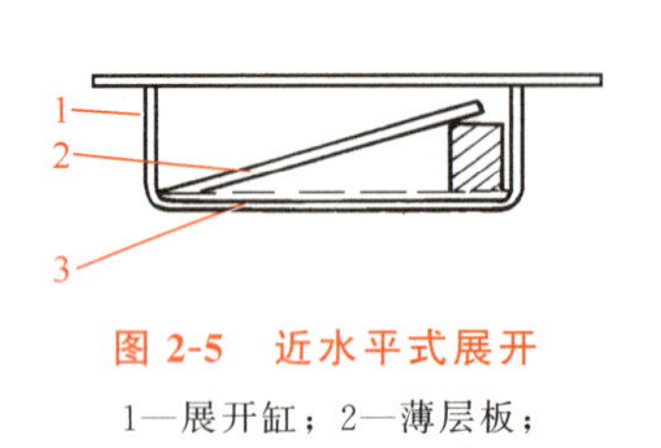

图2-5　近水平式展开

1—展开缸；2—薄层板；
3—展开剂

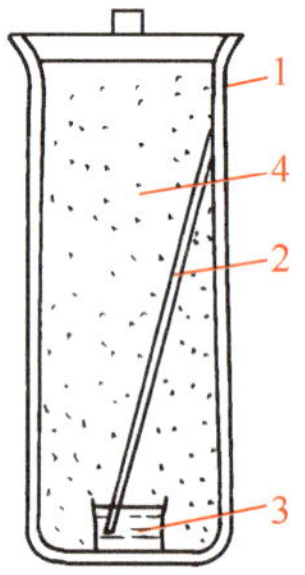

图2-6　直立式展开

1—展开缸；2—薄层板；
3—小皿盛开剂；4—展开剂蒸气

（4）**洗脱**

方法A　离心洗脱

用不锈钢刀将展层后的斑点从薄层板上分别刮于称量纸上，再分别转入离心试管中，同时取一空白点；用甲醇作溶剂，离心洗脱[2]，吸取上层溶液于10mL容量瓶中定容。

方法B　抽滤洗脱法

用不锈钢刀将展层后的斑点从薄层板上分别刮起，并削成粉末；分别倒入G_4漏斗中，漏斗下接10mL比色管，比色管装入吸滤瓶中，加少量甲醇于G_4漏斗中，使试样溶解，并将其抽入比色管中，最后以甲醇稀释至刻度。

（5）**比色**　用721型分光光度计分别测出它们的吸光度A值（波长选400nm，用空白溶液作参比液）。

结果处理

邻硝基苯胺的含量按下式计算：

$$\rho=\frac{A}{A_1}\times\rho_1$$

式中　ρ——混合样中邻硝基苯胺的浓度，$mg\cdot mL^{-1}$；

ρ_1——标准样中邻硝基苯胺的浓度，$mg\cdot mL^{-1}$；

---

[1] 若室内气温低于10℃，风干时，薄层板上的硅胶会结冰；在此情况下，可用红外灯照射薄层板以代替风干。

[2] 采用离心法洗脱时甲醇每次用量1～2mL即可，注意不能使总体积超出10mL。

A——混合样中邻硝基苯胺的吸光度；

A_1——标准样中邻硝基苯胺的吸光度。

练 习

（1）为什么要用薄层板上的硅胶做空白试验而不直接用甲醇？

（2）为什么纸色谱和薄层色谱点样时样点越小分离效果越好？

（3）乙胺样品在硅胶板 A 上用丁醇：乙醇：水＝4：1：5 展开，得 R_f 值为 0.37，相同样品用同一展开剂在硅胶板 B 上展开得 R_f 值为 0.65。问哪一块硅胶板的活性大？为什么？

（4）解释薄层色谱分离混合物时产生斑点拖尾的原因。

2.3 萃取分离法

萃取分离法是根据物质在两种互不混溶的溶剂中分配特性不同进行分离的方法。

2.3.1 基本原理

2.3.1.1 萃取过程的本质

根据“相似相溶”的原则，离子型或有极性的无机化合物，易溶于极性强的水溶液中，而难溶于非极性或弱极性的有机溶剂中，这种性质称为物质的亲水性。例如 $ZnCl_2$、$CuSO_4$ 等都能与水分子结合成水化离子溶于水。许多有机化合物如烷烃、芳香烃等属于共价型化合物，无极性或极性很弱，难溶于水而易溶于非极性或弱极性的有机溶剂中，这种性质称为物质的疏水性。

无机离子大都是亲水性的，在用有机溶剂萃取前，先向溶液中加入某种试剂，使待萃取的离子转为疏水性的物质，然后再进行萃取，这种能将待萃取离子由亲水性转化为疏水性的试剂，称为萃取剂。例如，Ni^{2+} 在水溶液中以水化离子 $Ni(H_2O)_6^{2+}$ 形式存在。在 pH＝9 的碱性溶液中加入丁二酮肟，与 Ni^{2+} 生成不带电荷、难溶于水的丁二酮肟镍，易被有机溶剂如 $CHCl_3$ 萃取。这种能溶解疏水性物质的有机试剂，称为萃取溶剂。

显然，萃取过程的本质是将待分离组分由亲水性物质转为疏水性物质，进入有机溶剂中的过程。有时由于分析测试的需要，把已进入有机溶剂中的化合物，在一定条件下再转为亲水性物质，重新回到水溶液中，这一过程称为反萃取。

2.3.1.2 分配定律

当用有机溶剂从水溶液中萃取溶质 A 时，如果物质 A 在两相中存在的型体相同，平衡时物质 A 在两相中的浓度比值，在温度一定时为一常数，这就是分配定律。该常数称为分配系数，用 K_D 表示。

$$K_D=\frac{[A]_{有}}{[A]_{水}}$$

分配系数 K_D 越大，说明物质在有机相的溶解度越大，物质越容易被萃取。分配定律对于物质在液体与液体、气体与液体、液体与固体等任何两相间的分配都适用。

分配系数 K_D 只适用于体系比较简单的情况。在实际萃取过程中，由于萃取体系可能伴随着离解、缔合和配位等多种化学作用，使物质在两相中可能以多种型体形式存在。在这种情况下，不能再用 K_D 值来表示萃取过程的平衡问题。如用 CCl_4 萃取 I_2 时，在水相中 I_2 以 I_2 及 I_3^- 两种型体存在，而在有机相中只有 I_2 一种型体存在，如果用 $K_D=\frac{[I_2]_{有}}{[I_2]_{水}}$ 来表示萃取的实际效果，显然是不符合实际的。这时应当用分配比（D）表示。

$$D=\frac{c_{有}}{c_{水}}=\frac{物质在有机相的总浓度}{物质在水相的总浓度}$$

对 CCl_4 萃取 I_2 的分配比 D 应为：

$$D=\frac{[I_2]_{有}}{[I_2]_{水}+[I_3^-]_{水}}$$

当物质在两相中均以同一型体的简单体系存在时，低浓度，$D=K_D$；体系复杂、浓度大时，D 与 K_D 相差较大。

分配比 D 的大小与萃取条件、萃取体系及物质性质有关。例如，用苯萃取水中的苯甲酸（苯甲酸以 HB 表示），当苯甲酸在两相中达到分配平衡时，苯甲酸在水溶液中的总浓度应等于它在水溶液中各型体之和。

$$c_{HB(水)}=[HB]_{水}+[B^-]_{水}$$

则
$$D=\frac{c_{HB(苯)}}{c_{HB(水)}}=\frac{[HB]_{苯}}{[HB]_{水}+[B^-]_{水}}=\frac{K_D}{1+K_a/[H^+]}$$

可见分配比随着溶液中的酸度变化而变化。当溶液中 $[H^+]$ 增大时，D 也增大，此时苯甲酸基本以 HB 分子形式存在，易被苯萃取。反之，苯甲酸以 B^- 形式留在水溶液中。因而，在实际工作中可以利用改变萃取的条件，使分配比按所需的方向进行，以达到定量分离的目的。

2.3.1.3 萃取效率

萃取效率又称萃取百分率，指物质在有机相中的总物质的量占两相中的总物质的量的百分率，以 E 表示。

$$E=\frac{c_{有}V_{有}}{c_{有}V_{有}+c_{水}V_{水}}\times 100\%$$

式中，$c_{有}$、$c_{水}$ 表示物质在有机相和水相中物质的量浓度；$V_{有}$、$V_{水}$ 表示有机相和水相的体积。若将上式分子、分母同时除以 $c_{水}V_{有}$，再经整理，则得到 E 与 D 的关系式：

$$E=\frac{D}{D+\frac{V_{水}}{V_{有}}}\times 100\%$$

由上式可以看出，萃取效率的大小与分配比 D 和体积比 $V_{水}/V_{有}$ 有关。D 越大，体积比越小，则 E 值越大，也就说明物质进入有机相中的量越多，萃取越完全。

当等体积（$V_{有}=V_{水}$）一次萃取时，上式可写成：

$$E=\frac{D}{D+1}\times 100\%$$

此式说明，对于等体积一次萃取时，E 只与 D 值有关。当 $D=1000$ 时，$E=99.9\%$，可以认为一次萃取完全；当 $D=100$ 时，$E=99.5\%$，一次萃取不能满足定量要求，需要萃取两次；若 $D=10$ 时，$E=90\%$，则需要连续萃取数次，方能满足定量要求。因此，对于 D 值不大的物质，常采用连续萃取的方式提高萃取效率，以达到完全萃取分离的目的。连续萃取效率的计算公式可按下述方法导出。

设体积为 $V_水$ 的水溶液中含有待萃取物质的质量为 m_0，用体积为 $V_有$ 的有机溶剂萃取一次，水相中剩余的待萃取物质的质量为 m_1，此时进入有机相中的该物质的质量则为 (m_0-m_1)。其分配比 D 为

$$D=\frac{c_有}{c_水}=\frac{\dfrac{m_0-m_1}{V_有}}{\dfrac{m_1}{V_水}}$$

整理得

$$m_1=m_0\left(\frac{V_水}{DV_有+V_水}\right)$$

同理，若用体积为 $V_有$ 的有机溶剂连续萃取两次至 n 次，则留在水相中的待萃取物质的质量分别为 $m_2 \sim m_n$。则有

$$m_2=m_1\left(\frac{V_水}{DV_有+V_水}\right)=m_0\left(\frac{V_水}{DV_有+V_水}\right)^2$$

$$\vdots$$

$$\vdots$$

$$m_n=m_0\left(\frac{V_水}{DV_有+V_水}\right)^n$$

萃取效率 E 则为

$$E=\frac{m_0-m_0\left(\dfrac{V_水}{DV_有+V_水}\right)^n}{m_0}\times 100\%$$

或

$$E=\left[1-\left(\frac{V_水}{DV_有+V_水}\right)^n\right]\times 100\%$$

上式就是连续萃取时计算萃取效率的公式。

2.3.2 萃取条件的选择

2.3.2.1 萃取溶剂的选择

一般来讲，与水不相溶的有机试剂，均可作为萃取溶剂。如苯、环己烷、戊醇、氯仿、四氯化碳、醚、酮、酯、胺等都是萃取分离中常用的萃取溶剂。在选择萃取溶剂时应考虑如下几个条件：

（1）选择对萃取组分有较大分配比，而对杂质有较小的分配比的溶剂；

（2）选择与待萃取液的密度有较大差别的溶剂，有利于分层；

（3）选择化学稳定性强的溶剂，即在萃取过程中，萃取溶剂不受待萃取液的酸、碱或氧化等因素影响；

（4）尽量选择毒性小、可燃性及爆炸性较差的溶剂。

2.3.2.2 萃取体系和萃取剂

根据所形成的可萃取物质的不同，可把萃取体系分为以下两类。

（1）**螯合萃取体系** 这类萃取体系在分析化学中应用最为广泛。它是利用萃取剂与金属离子作用形成难溶于水、易溶于有机溶剂的螯合物进行萃取分离。所用的萃取剂一般是有机弱酸，也是螯合剂。例如，8-羟基喹啉在不同酸度下，可与多种金属离子作用，生成难溶于水而易被氯仿或四氯化碳萃取的螯合物。这里8-羟基喹啉是萃取剂。常用的萃取剂还有双硫腙（又称打萨腙，$S{=}C\begin{cases}NHNHC_6H_5\\N{=}NC_6H_5\end{cases}$），可与 Ag^+、Bi^{3+}、Cd^{2+}、Hg^{2+}、Cu^{2+}、Co^{2+}、Mn^{2+}、Ni^{2+}、Pb^{2+} 等离子形成螯合物，易被 CCl_4 萃取；乙酰基丙酮（$CH_3{-}\underset{\|}{\overset{}{C}}{-}CH_2{-}\underset{\|}{C}{-}CH_3$，两个C上为 $=O$），可与 Al^{3+}、Cr^{3+}、Cu^{2+}、Fe^{3+}、Co^{2+}、Ca^{2+}、Be^{2+} 等离子形成螯合物，易被 $CHCl_3$、CCl_4 萃取；二乙基胺二硫代甲酸钠［$(C_6H_5)_2NC\begin{cases}{=}S\\SNa\end{cases}$，简称DDTC］，可与 Ag^+、Hg^{2+}、Cu^{2+}、Cd^{2+}、Co^{2+}、Ni^{2+}、Fe^{3+}、Mn^{2+} 等离子形成螯合物，易被 CCl_4 或乙酸乙酯萃取。

（2）**离子缔合萃取体系** 这类萃取体系是利用萃取剂在水溶液中离解出来的大体积离子，通过静电引力与待分离的离子结合成电中性的离子缔合物。这种离子缔合物具有显著的疏水性，易被有机溶剂萃取，从而达到分离的目的。例如，氯化四苯胂 $(C_6H_5)_4AsCl$ 在水溶液中离解成大体积的阳离子，可与 MnO_4^-、IO_4^-、$HgCl_4^{2-}$、$SnCl_6^{2-}$、$CdCl_4^{2-}$ 和 $ZnCl_4^{2-}$ 等阴离子缔合成难溶于水的缔合物，易被 $CHCl_3$ 萃取。这里氯化四苯胂是萃取剂。常用的萃取剂还有氯化三苯基甲基胂 $(C_6H_5)_3CH_3AsCl$，能与 $Fe(SCN)_6^{3-}$、$Co(SCN)_4^{2-}$、$Cu(SCN)_4^{2-}$ 等配离子作用生成缔合物，可被邻二氯苯萃取；甲基紫染料的阳离子与 $SbCl_6^-$ 作用生成的缔合物可被苯、甲苯等萃取。

近年来在二元配合物的基础上发展了三元配合物的萃取体系。这种体系具有选择性好、萃取效率高等优点，已被应用于萃取分离中。例如对 Ag^+ 的萃取，首先向含 Ag^+ 的溶液中加入1,10-邻二氮杂菲，使之形成配阳离子，然后再与溴邻苯三酚红的阴离子进一步缔合成三元配合物，易被有机溶剂萃取。又如 B^{3+}-F^--亚甲蓝、Fe^{3+}-Br^--丁基罗丹明B和 Ti^{3+}-Cl^--结晶紫等形成的三元配合物均易被有机溶剂萃取。

2.3.3 萃取分离操作方法

2.3.3.1 仪器装置

常用的萃取器皿是分液漏斗，常见的有圆球形、梨形和圆筒形三种，如图2-7所示。

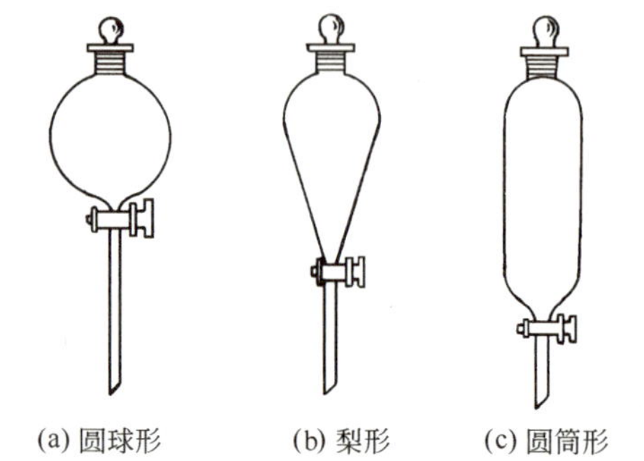

图2-7 分液漏斗

分液漏斗从圆球形到长的梨形，其漏斗越长，振摇后两相分层所需时间越长。因此，当两相密度相近时，采用圆球形分液漏斗较合适。一般常用梨形分液漏斗。

无论选用何种形状的分液漏斗，加入全部液体的总体积不得超过其容量的3/4。

2.3.3.2 操作方法

(1) 如图2-8、图2-9装置，将含有机化合物的溶液和萃取溶剂（一般为溶液体积的1/3)，依次自上口倒入分液漏斗中，装入量约占分液漏斗体积的1/3，塞上玻璃塞。

【注意】 此塞子不能涂凡士林，塞好后可再旋紧一下，玻璃塞上如有侧槽必须将其与漏斗上端口径小孔错开！

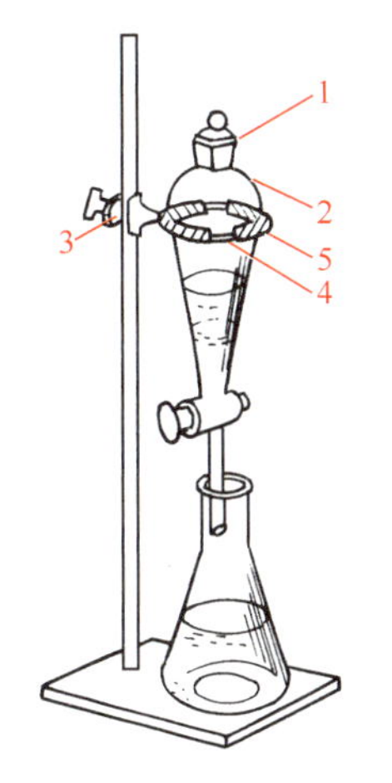

图2-8 分液漏斗的支架装置（一）

1—小孔；2—玻璃塞上的侧槽；3—持夹；4—铁圈；5—缠扎物

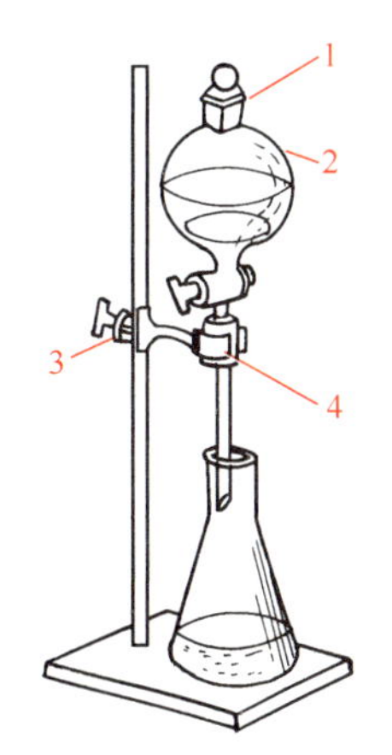

图2-9 分液漏斗的支架装置（二）

1—小孔；2—玻璃塞上的侧槽；3—持夹；4—单爪夹

(2) 取下漏斗，用右手握住漏斗上口径，并用手掌顶住塞子，左手握住漏斗活塞处，用拇指和食指压紧活塞，并能将其自由地旋转如图2-10所示。

(3) 将漏斗稍斜后（下部支管朝上)，由外向里或由里向外振摇，以使两液相之间的接触面增加，提高萃取效率。在开始时摇晃要慢，每摇几次以后，就要将漏斗上口向下倾斜，下部支管朝向斜上方的无人处，左手仍握住活塞支管处，食指、拇指两指慢慢打开活塞，使过量的蒸气逸出，这个过程称为“放气”如图2-11所示。 这对低沸点溶剂如乙醚或者酸性溶液用碳

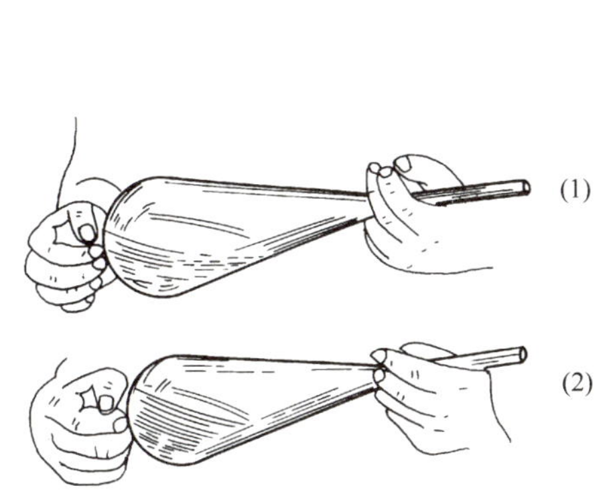

图2-10 分液漏斗的使用

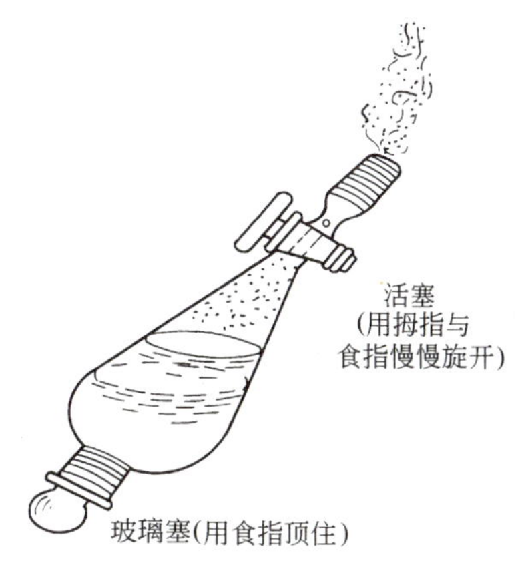

图2-11 解除漏斗内超压的操作示意图

酸氢钠或碳酸钠水溶液萃取放出二氧化碳来说尤为重要，否则漏斗内压力将大大超过正常值，玻璃塞或活塞就可能被冲脱使漏斗内液体损失。待压力减小后，关闭活塞。振摇和放气重复几次，至漏斗内超压很小，再剧烈振摇 2～3min，最后将漏斗仍按图 2-8、图 2-9 静置。

(4) 移开玻璃塞或旋转带侧槽的玻璃塞使侧槽对准上口径的小孔。待两相液体分层明显，界面清晰时，缓缓旋转活塞，放出下层液体，收集在大小适当的小口容器（如锥形瓶）中，下层液体接近放完时要放慢速度，放完后要迅速关闭活塞。

(5) 取下漏斗，打开玻璃塞，将上层液体由上口倒出，收集在另一容器中，一般宜用小口容器，大小也应当事先选择好。

(6) 萃取次数一般为 3～5 次，在完成每次萃取后一定不要丢弃任何一层液体，以便一旦搞错还有挽回的机会。如要确认何层为所需液体，可参照溶剂的密度，也可将两层液体取出少许，试验其在两种溶剂中的溶解性质。

2.3.3.3 注意事项

(1) 萃取过程中可能会产生两种问题。第一，萃取时剧烈的摇晃会产生乳化现象，使两相界面不清，难以分离。引起这种现象往往是存在浓碱溶液，或溶液中存在少量轻质沉淀，或两液相的相对密度相差较小，或加入少量电解质（如氯化钠），或加入少量稀酸（对碱性溶液而言），或加热破乳，还可以滴加乙醇。第二，在界面上出现未知组成的泡沫状的固态物质，遇此问题可在分层前过滤除去，即在接收液体的瓶上置一漏斗，漏斗中松松地放少量脱脂棉，将液体过滤，见图 2-12。

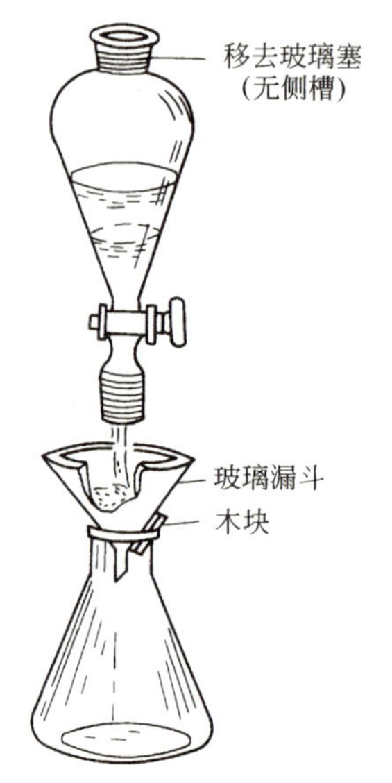

图 2-12　除去泡沫状固态物的装置

(2) 若萃取溶剂为易生成过氧化物的化合物（如醚类）且萃取后为进一步纯化需蒸去此溶剂，则在使用前，应检查溶剂中是否含过氧化物，如含有，应除去后方可使用。

(3) 若使用低沸点、易燃的溶剂，操作时附近的火都应熄灭，并且当实验室中操作者很多时，要注意排风，保持空气流通。

(4) 上层液一定要从分液漏斗上口倒出，切不可从下面活塞放出，以免被残留在漏斗颈下的第一种液体所沾污。

(5) 分液时一定要尽可能分离干净，有时在两相间可能出现的一些絮状物应与弃去的液体层放在一起。

(6) 以下任一操作环节都可能造成实验失败：

① 分液漏斗不配套或活塞润滑脂未涂好造成漏液或无法操作；

② 对溶剂和溶液体积估计不准，使分液漏斗装得过满，摇晃时不能充分接触，妨碍该化合物对溶剂的分配过程，降低萃取效果；

③ 忘了把玻璃活塞关好就将溶液倒入，待发现后已部分流失；

④ 振摇时，上口气孔未封闭，致使溶液漏出，或者不经常开启活塞放气，使漏斗内压力增大，溶液自玻璃塞缝隙渗出，甚至冲掉塞子，溶液漏失，漏斗损坏，严重时会产生爆炸事故；

⑤ 静置时间不够，两液分层不清晰时分出下层，不但没有达到萃取目的，反而使杂质混入；

⑥ 放气时，尾气不要对着人，以免有害气体对人的伤害。

技能训练 2.3 萃取分离操作

训练目的 通过从植物中提取和分离天然色素的实验，掌握分液漏斗使用的方法和萃取操作。

训练时间 4h。

训练目标 通过训练，熟练使用分液漏斗和萃取操作技术，并在4h内完成分离任务。

实验原理

绿色植物的茎、叶中含有胡萝卜素等色素。植物色素中的胡萝卜素 $C_{40}H_{56}$ 有三种异构体，即 α-、β-和 γ-胡萝卜素，其中 β-体含量较多，也最重要。β-体具有维生素A的生理活性，其结构是两分子的维生素A在链端失去两分子水结合而成的，在生物体内 β-体受酶催化氢化即形成维生素A，目前 β-体亦可工业生产，可作为维生素A使用。同时也作为食品工业中的色素，叶黄素 $C_{40}H_{56}O_2$ 最早从蛋黄中析离。叶绿素有两个异构体，叶绿素 a($C_{55}H_{72}MgN_4O_5$) 和叶绿素 b($C_{55}H_{70}MgN_4O_5$)，它们都是吡咯衍生物与金属镁的配合物，是植物光合作用所必需的催化剂。

仪器、试剂与试样

(1) **仪器**

① 分液漏斗 250mL。

② 玻璃板 10cm×4cm。

③ 研钵。

④ 锥形瓶 250mL。

(2) **试剂**

① 正丁醇。

② 苯。

③ 乙醇 φ(乙醇)=95%。

④ 硅胶G。

⑤ 石油醚。

⑥ 中性氧化铝。

⑦ 丙酮。

⑧ 1%羧甲基纤维素钠水溶液。

(3) **试样** 绿色植物叶 5g。

测定步骤

(1) 色素的提取

① 取5g新鲜的绿色植物叶子在研钵中捣烂，用30mL(2+1)的石油醚-乙醇分几次浸取。

② 把浸取液过滤，滤液转移到分液漏斗中，加等体积的水洗涤一次，洗涤时要轻轻振荡，以防止乳化，弃去下层的水-乙醇层。

③ 石油醚层再用等体积的水洗两次，以除去乙醇和其他水溶性物质。

④ 有机相用无水硫酸钠干燥后转移到另一锥形瓶中保存，取一半做柱色谱分离，其余留作薄层色谱分析。

（2）色素的分离

① 柱色谱分离　用 25mL 酸式滴定管，20g 中性氧化铝装柱。先用（9＋1）石油醚-丙酮脱洗，当第一个橙黄色带流出，换一接收瓶接收，它是胡萝卜素，约用洗脱剂 50mL（若流速慢，可用水泵稍减压）。换用（7＋3）石油醚-丙酮洗脱，当第二个棕黄色带流出时，换一接收瓶接收，它是叶黄素，约用洗脱剂 200mL。再换用（3＋1＋1）正丁醇-乙醇-水洗脱，分别接收叶绿素 a（蓝绿色）和叶绿素 b（黄绿色），约用洗脱剂 30mL。

② 薄层色谱分析　在 10cm×4cm 的硅胶板上，分离后的胡萝卜素点样用（9＋1）石油醚-丙酮展开，可出现 1～3 个黄色斑点。分离后的叶黄素点样，用（7＋3）石油醚-丙酮展开，一般可呈现 1～4 个点。取 4 块板，一边点色素提取液点。另一边分别点柱层分离后的 4 个试液，用（8＋2）苯-丙酮展开，或用石油醚展开，观察斑点的位置并排列出胡萝卜素，叶绿素和叶黄素的 R_f 值大小的次序。

含 Hg^{2+} 的水溶液（1mg/mL）10.00mL，用双硫腙四氯化碳溶液萃取。已知 Hg^{2+} 在两相中的分配比 $D=30$，计算用萃取液 9.00mL 一次全量萃取和每次用 3.00mL 三次萃取的萃取效率。通过计算结果，试问用相同量的有机溶剂采用少量多次萃取和一次萃取的萃取效率哪个高？

2.4　离子交换分离法

离子交换分离法是利用离子交换树脂与溶液中离子发生交换反应进行分离的方法。这种方法分离效率高，不仅能用于带相反电荷离子的分离，也能用于带相同电荷或性质相近离子的分离，还可以用于富集微量组分及高纯物质的制备。在工业生产及分析研究上应用相当广泛。

2.4.1　离子交换树脂的分类

根据活性基团的不同，可分为两大类。

2.4.1.1　阳离子交换树脂

在离子交换反应中能交换阳离子的树脂称为阳离子交换树脂。这类树脂都含有酸性活性基团，如$-SO_3H$、$-CH_2SO_3H$、$-PO_3H_2$、$-COOH$、$-OH$ 等基团。含有这些活性基团的树脂，在水溶液中浸泡溶胀后都能离解产生 H^+，根据活性基团离解产生 H^+ 能力不同，可分为强酸性和弱酸性阳离子交换树脂。活性基团酸性强弱顺序如下：

$$R-SO_3H > R-CH_2SO_3H > R-\underset{\underset{O}{\|}}{P}\begin{matrix}\diagup OH\\ \diagdown OH\end{matrix} > R-COOH > R-OH$$

强酸性阳离子交换树脂具有很好的化学稳定性和较强的耐磨性、具有较快的交换反应速率及较大的交换容量，不受外界酸度的影响，在酸性、碱性和中性溶液中都可以使用。因此，在分析化学上应用最多。

弱酸性阳离子交换树脂的交换能力受外界酸度影响较大，在使用上受到一定的限制。如羧基—COOH 必须在 pH>4，酚羟基—OH 必须在 pH>9.5 时才能与离子进行交换。多数情况下是在弱碱性条件下用于分离强碱性物质，如碱性氨基酸的分离。

2.4.1.2 阴离子交换树脂

在离子交换反应中，能交换阴离子的树脂称为阴离子交换树脂。这类树脂都含有碱性活性基团如季胺基—$N(CH_3)_3^+Cl^-$（强碱性）和伯胺基—NH_2、仲胺基—$NH(CH_3)$及叔胺基 N—$(CH_3)_2$（弱碱性）。强碱性阴离子交换树脂与强酸性阳离子交换树脂相似，在酸性、碱性和中性溶液中都能使用，且对氧化剂和某些有机溶剂都比较稳定。因此，强碱性阴离子交换树脂也是一种最常用的树脂。弱碱性阴离子交换树脂的交换能力受溶液酸度的影响较大，在碱性溶液中无交换能力。这类树脂只用于强酸性阴离子的交换反应。

另外还有螯合型离子交换树脂，即树脂上的活性基团是螯合剂。这类树脂的交换反应选择性较高。例如含氨羧基—CH_2N—$(CH_2COOH)_2$—的树脂对 Cu^{2+}、Co^{2+}、Ni^{2+} 有很高的选择性。

2.4.2 离子交换分离操作方法

2.4.2.1 装柱

根据需要，选好树脂的类型和颗粒大小后，先用 HCl 浸泡，以除去其中的杂质。再用水漂洗，以除去 HCl。此时若是阳离子交换树脂，则已处理成 H^+ 型；若是阴离子交换树脂，已处理成 Cl^- 型，如果需要特殊的形式，可以用不同的溶液处理。例如用 NaCl 处理 H^+ 型的阳离子交换树脂，则 H^+ 型转化成 Na^+ 型；用 NaOH 或 Na_2SO_4 处理 Cl^- 型的阴离子交换树脂，则 Cl^- 型转化为 OH^- 型或 SO_4^{2-} 型。离子交换树脂经制备成需要的形式后，浸泡在蒸馏水中备用。

离子交换柱的形状如图 2-13 所示，其中（a）可用滴定管代替，（b）装置中曲管顶端高出树脂 h（厘米），可防止树脂干枯。

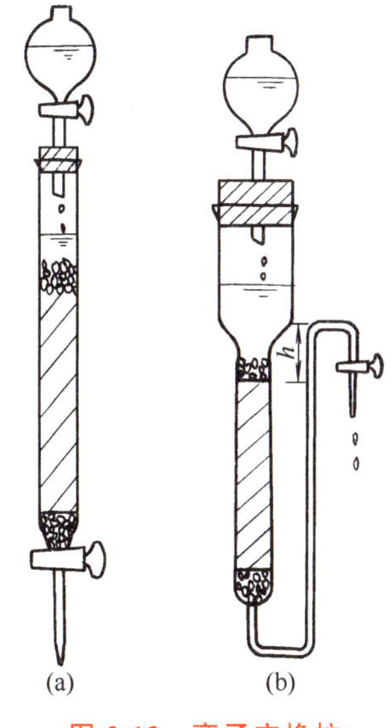

图 2-13 离子交换柱

将润湿的玻璃棉塞在交换柱下端，以防止树脂流出。然后在交换柱中充满水的情况下，将处理好的树脂加入交换柱中。在装柱时候，应该防止树脂层中夹有气泡。最后在树脂层的上面盖一层玻璃棉，以防止加入溶液时把树脂层冲动。

在装柱和以后的操作过程中，必须使树脂层始终保持在液面以下，否则因树脂层干涸而混入气泡。如发生这种情况，应将树脂取出，重新装柱。

2.4.2.2 交换

在一定的条件下，将试液自上而下地通过交换柱，使待交换离子留在柱内的树脂上。

2.4.2.3 洗涤

在交换步骤完成后，通常用洗涤液将树脂上层残留的试液洗下去，同时把树脂交换出来的离子洗掉。洗涤液可以是水，也可以是不含试样的“空白溶液”。

2.4.2.4 洗脱和再生

用适当的洗脱液在一定的条件下，将已交换的离子从树脂上洗脱下来。选择洗脱液的原则是洗脱液离子的亲和力应大于已交换离子的亲和力，常用 3～4mol·L^{-1} HCl 溶液作洗脱液。

2.4.3 离子交换分离在分离和测定上的应用

2.4.3.1 制备去离子水

自来水中含有许多种杂质离子，若将自来水依次通过阳离子交换树脂柱和阴离子交换树脂柱，就可以除去水中的阳离子和阴离子得到去离子水。用这种方法制备纯水，方法简便、快速，应用相当广泛。

2.4.3.2 离子的分离

根据离子亲和力的差别，选用适当的洗脱剂可将性质相近的离子分离。例如用强酸性阳离子交换树脂柱分离 K^+、Na^+、Li^+ 等离子。由于在树脂上三种离子的亲和力大小顺序是 $K^+>Na^+>Li^+$，当用 $c(HCl)=0.1mol \cdot L^{-1}$ HCl 溶液淋洗时，最先洗脱下来的是 Li^+，其次是 Na^+，最后是 K^+。又如测定氟化物时，若试液中有 Fe^{3+}、Al^{3+} 存在，Fe^{3+}、Al^{3+} 能与 F^- 形成稳定的配合物影响分析结果。若将试液先通过阳离子交换树脂就可以除去 Fe^{3+} 和 Al^{3+}，在流出试液中测定 F^-。

2.4.3.3 痕量组分的富集

用离子交换法富集痕量组分是比较简便有效的方法。例如天然水中 K^+、Na^+、Ca^{2+}、SO_4^{2-} 等离子的测定，可取数升水样，让它们通过阳离子交换树脂，再通过阴离子交换树脂。然后用少量的稀盐酸溶液把交换树脂上的阳离子洗脱下来，另用少量的稀氨水将阴离子洗脱下来。这样，流出液中离子的浓度可增大数十倍至百倍，然后选择适当的方法进行测定。

2.4.3.4 硝酸钠（钾）纯度的测定

硝酸钠（钾）溶液通过 H^+ 型离子交换树脂柱，钠（钾）离子与树脂中氢离子进行交换，生成硝酸，用碱标准滴定溶液滴定，可计算硝酸钠（钾）的纯度。反应为：

$$R{-}SO_3H+NaNO_3 = R{-}SO_3Na+HNO_3$$
$$HNO_3+NaOH = NaNO_3+H_2O$$

技能训练 2.4 离子交换分离操作

训练目的 通过制取去离子水，学会填充、使用离子交换柱，正确选择和使用离子交换树脂。

训练时间 4h。

训练目标 通过训练，正确填充、使用离子交换柱，熟练掌握离子交换树脂的选择和使用，掌握水质检验的方法（化学鉴定和电导率测定），并在 4h 内完成试验。

实验原理 自来水中含有 H^+、K^+、Ca^{2+}、Mg^{2+}、Na^+ 等阳离子及 OH^-、Cl^-、SO_4^{2-} 等阴离子，在分析中常使用去离子水，利用离子交换法即可除去水中的阴、阳离子，反应如下：

$$2RSO_3H(\text{强酸性树脂})+Ca^{2+} \xrightarrow{\text{交换}} (RSO_3)_2Ca+2H^+ \quad \text{除去阳离子}$$

$$RN^+(CH_3)_3OH^-(\text{强碱性树脂})+Cl^- \xrightarrow{\text{交换}} RN(CH_3)_3Cl+OH^- \quad \text{除去阴离子}$$

本实验采用联合式的交换操作除去自来水中的阴、阳离子，用电导率仪检验去离子水的纯度。

仪器与试剂

(1) 仪器

① 离子交换柱 可用100mL酸式滴定管代替。

② 烧杯 500mL。

③ 量杯 10mL。

④ 电导率仪。

(2) 试剂

① 氢氧化钠溶液 $c(NaOH)=1mol \cdot L^{-1}$。

② 盐酸溶液 $c(HCl)=1mol \cdot L^{-1}$。

③ 氨性缓冲溶液 pH=10。

④ 硝酸银溶液 $\rho=10g \cdot L^{-1}$。

⑤ 铬黑T指示液 $\rho=5g \cdot L^{-1}$。

⑥ 精密pH试纸。

⑦ 聚苯乙烯强酸性阳离子交换树脂 001×7(732)，聚苯乙烯强碱性阴离子交换树脂201×7(717)。

测定步骤

(1) 阳离子交换树脂处理和装柱 取001×7强酸性阳离子交换树脂50g于250mL烧杯中，先用饱和食盐水浸泡18h以上，用自来水漂洗，然后用纯水洗净，再用$1mol \cdot L^{-1}$氢氧化钠溶液中浸泡（温度控制在40～70℃），并不时搅拌。4h后倾出上层清液，用蒸馏水洗至中性。在离子交换柱（或100mL滴定管）下端铺一层玻璃棉（或用砂芯玻片），将洗涤后的树脂带水装填入交换柱中，待树脂沉下后，在其表面再盖以少量玻璃棉，用$1mol \cdot L^{-1}$盐酸以$0.8 \sim 1.2mL \cdot min^{-1}$的流速进行动态处理，直到流出溶液酸度与流入溶液酸度相等为止（用酸碱滴定法测定流出液和流入液酸度），再用蒸馏水以$25 \sim 30mL \cdot min^{-1}$的流速洗涤到流出液中无$Cl^-$（用硝酸银检验），柱中树脂应浸在蒸馏水中，水面高出树脂层1～1.5cm。此时，阳离子交换树脂已被处理成H^+型。

(2) 阴离子交换树脂的处理和装柱 取预处理过的强碱性阴离子交换树脂50g于250mL烧杯中，先用饱和食盐水浸泡18h以上，用自来水漂洗，然后用纯水洗净，再用$1mol \cdot L^{-1}HCl$浸泡（40～70℃），并不时搅拌，4h后滤出树脂，用水洗到中性。用与装填阳离子交换树脂相同的方法装入柱中，并用$1mol \cdot L^{-1}$氢氧化钠以$0.8 \sim 1.2mL \cdot min^{-1}$的流速进行动态处理，直到流出的溶液的碱度与流入溶液的碱度相等为止（用酸碱滴定法测定）。再用蒸馏水以$25 \sim 30mL \cdot min^{-1}$的流速洗涤到中性，保持柱水面高出树脂层1～1.5cm。此时阴离子交换树脂已被处理成OH^-型。

(3) 混合柱的制备 取17g 001×7树脂按上述步骤一进行处理成H^+型树脂和34g 201×7树脂按上述步骤(2)进行处理成OH^-型树脂。将已处理好H^+型树脂和OH^-型树脂混合后，带水装入柱中，并保持水面高出树脂层1～1.5cm。

(4) 纯水制备 取500mL自来水，注入已处理好的H^+型树脂柱中，保持流经树脂的流速为$6 \sim 7mL \cdot min^{-1}$，将流出液盛于500mL烧杯中（保持柱水面高出树脂1～1.5cm左右），将从H^+型柱流出液再按相同方法分别流过OH^-型柱和混合柱，用干净500mL烧杯盛流出液，此流出液为去离子水。

（5）纯水检验

① 电导率的测定　用电导率仪测定水样的电导率，25℃电导率应≤5μS·cm^{-1}。

② pH 值的测定　用精密试纸测定，若 pH 值在 5.0～7.5 之间为合格。

③ Ca^{2+}、Mg^{2+}、Zn^{2+}、Cu^{2+}、Pb^{2+}、Fe^{3+} 的定性检验　取水样 10mL 加入氨性缓冲溶液（pH=10）2mL，5g·L^{-1} 的铬黑 T 指示剂 2 滴，摇匀。溶液呈蓝色，表示水合格，如果呈紫红色则表示不合格。

④ Cl^{-} 的定性检验　取水样 10mL，加入硝酸数滴，10g·L^{-1} 硝酸银溶液 2～3 滴，摇匀。溶液无白色浑浊表明水合格。如有白色浑浊则表明水不合格。

注意事项

（1）装树脂时，应尽可能使树脂紧密，不留气泡，否则必须重装。

（2）从柱子上端洗脱下来的离子，通过柱下部未交换的树脂层时，又可以再度被交换。

（3）若洗脱速度过快，洗脱效率会降低，因此进行洗脱时需要加大洗脱剂的体积。

练　习

（1）用离子交换法制备纯水时，为什么在阳离子柱和阴离子柱后面还要安装一根混合树脂柱？

（2）写出 Na^{+}、Ca^{2+}、La^{3+}、Li^{+}、Ba^{2+} 和 Th^{4+} 在强酸性阳离子交换树脂上的交换次序。

（3）比较下述各离子在强酸性阳离子交换树脂上的交换次序。

K^{+}、Na^{+}、Li^{+}、Ca^{2+}、Sr^{2+}、Ba^{2+}、NH_4^{+}、Rb^{+}、Cs^{+}、Mg^{2+}。

2.5 膜分离技术

2.5.1 膜的定义、作用

2.5.1.1 膜的定义

广义的“**膜**”是指分隔两相界面，并以特定的形式限制和传递各种化学物质。它可以是均相的或非均相的；对称型的或非对称型的；固体的或液体的；中性的或荷电性的。其厚度可以从几微米（甚至到 0.1μm）到几毫米。

2.5.1.2 膜的作用

膜的作用是在膜分离过程中以选择性透过膜为分离介质，当膜两侧存在某种推动力（如压力差、浓度差、电位差等）时，原料侧组分选择性地透过膜，以达到分离、提纯的目的。通常膜原料侧称膜上游，透过侧称膜下游。不同的膜过程使用的膜不同，推动力也不同，表 2-2 列出了 8 种已工业应用膜过程的基本特性。

2.5.2 膜技术的发展概况及趋势

2.5.2.1 膜技术的发展历史

1948 年 Abble Nelkt 首创了 Osmosis 一词，用来描述水通过半透膜的渗透现象，由此开始了对膜过程的研究。但到 20 世纪早期，膜技术尚未有工业应用，也未形成产品。自 50 年代膜技术进入工业应用以后，每 10 年就有一种新的膜技术得到工业应用。50 年代微滤膜

表 2-2 已工业应用膜过程的基本特性

过程	分离目的	透过组分	截留组分	透过组分在料液中含量	推动力	传递机理	膜类型	进料和透过物的物态	简图
微滤 MF	溶液脱粒子气体脱粒子	溶液、气体	0.02～10μm粒子	大量溶剂及少量小分子溶质和大分子溶质	压力差约100kPa	筛分	多孔膜	液体或气体	进料 滤液(水)
超滤 UF	溶液脱大分子、大分子溶液脱小分子、大分子分级	小分子溶液	1～20nm大分子溶质	大量溶剂、少量小分子溶质	压力差100～1000kPa	筛分	非对称膜	液体	进料 浓缩液 滤液
反渗透 RO	溶剂脱溶质、含小分子溶质溶液浓缩	溶剂，可被电渗析截流组分	0.1～1nm小分子溶质	大量溶剂	压力差1000～10000kPa	优先吸附毛细管流动溶解-扩散	非对称膜或复合膜	液体	进料 溶质(盐) 溶剂(水)
渗析 D	大分子溶质溶液脱小分子、小分子溶质溶液脱大分子	小分子溶质或较小的溶质	>0.02μm截留血液渗析中>0.005μm截留	较少组分或溶剂	浓度差	筛分微孔膜内的受阻扩散	非对称膜或离子交换膜	液体	进料 扩散液 净化液 接受液

续表

过程	分离目的	透过组分	截留组分	透过组分在料液中含量	推动力	传递机理	膜类型	进料和透过物的物态	简图
电渗析 ED	溶液脱小离子、小离子溶质的浓缩、小离子的分级	小离子组分	同名离子、大离子和水	少量离子组分少量水	电化学势电-渗透	反离子经离子交换膜的迁移	离子交换膜	液体	非电解质 产品(溶剂) 正极 负极 阴离子交换膜 进料 阳离子交换膜
气体分离 GS	气体混合物分离、富集或特殊组分脱除	气体、较小组分或膜中易溶组分	较大组分（除非膜中溶解度高）	二者都有	压力差 1000～10000kPa 浓度差（分压差）	溶解-扩散	均质膜、复合膜、非对称膜	气体	进气 残余气 渗透气
渗透蒸发 PVAP	挥发性液体混合物分离	膜内易溶解组分或易挥发组分	不易溶解组分或较大、较难挥发物	少量组分	分压差浓度差	溶解-扩散	均质膜、复合膜、非对称膜	料液为液体透过物为气态	进料 溶质或溶剂 溶剂或溶质
乳化液膜（促进传递）ELM(ET)	液体混合物或气体混合物分离、富集、特殊组分脱除	在液膜相中有高溶解度的组分或能反应组分	在液膜中难溶解组分	少量组分在有机混合物分离中也可是大量的组分	浓度差 pH 差	促进传递和溶解扩散传递	液膜	通常都为液体，也可为气体	内相 膜相 外相

和离子交换膜率先进入工业应用，60年代反渗透进入工业应用，70年代为超滤，80年代是气体膜分离，90年代为渗透汽化。此外，以膜为基础的其他分离过程，如膜溶剂萃取、膜气体吸收、膜蒸馏、膜反应器及膜分离与其他分离过程结合的集成膜过程，也正日益得到重视和发展。膜技术的应用已从早期的水处理进入化工和石油化工领域。

合成膜及膜分离装置已发展为重要的产业，1988年世界合成膜的销售量为12亿美元，1990年达22亿美元，目前已达30亿～70亿美元，并以每年14%～30%的速度在增长。但从技术发展的阶段看，膜技术现在仍处于诱导期，预计21世纪将进入全面发展期，它将对工业技术的改造起着深远的影响。

2.5.2.2 几种主要膜技术的发展概况

微滤在20世纪30年代硝酸纤维素滤膜已有商品，此后20年内这一早期制造微滤膜的技术被推广应用于其他聚合物，特别是醋酸纤维素。20世纪60年代后微滤膜的研究主要是开发新品种，控制膜的孔径分布，扩大应用范围。近年以聚四氟乙烯和聚偏氟乙烯制成的微滤膜在美、德、日已商品化，该类膜具有耐溶剂、耐高温、化学性质稳定等优点，广泛应用于微电子、医学、食品、化工等领域，如美国的Fluoropore系列、Mitex系列微孔膜在－100～260℃时性能均稳定。德国TE系列微孔膜也由聚四氟乙烯制成，因用聚酯纤维作支撑，最高使用温度为135℃。全世界微滤膜的销售量在所有合成膜中居第一位。

超滤从20世纪70年代进入工业应用后发展迅速，已成为应用领域最广的膜技术。为了提高超滤膜的抗污染性、热稳定性和化学稳定性，一方面开发了耐热、耐溶剂的高分子膜，如日本的聚醚砜超滤膜DOS-40有优异的耐热性，以聚酰亚胺树脂pi-2080所制的超滤膜有极好的耐溶剂性。另一方面无机超滤膜的开发应用得到迅速发展。日本已开发了孔径为5～50nm的陶瓷超滤膜，能截留分子量为2万的组分，并已开发成功直径为1～2mm，壁厚200～400μm的陶瓷中空纤维超滤膜，特别适合生物制品的分离提纯。

离子交换膜和电渗析技术主要用于苦咸水脱盐，近年该技术已趋成熟，市场容量也近饱和，目前有把研究重点转移到水分解技术的趋势，以双极性膜为基础的水分解过程目前研究非常活跃，应用潜力也很大。20世纪80年代新型全氟离子膜在氯碱工业成功推出后，在氯碱工业引起了深刻变化。离子膜法比传统的隔膜法节约总能耗30%，节约装置投资费20%，1990年世界上已有34个国家的近140套离子膜电解装置投产。到2000年全世界将有1/3以上氯碱生产转向膜法。据报道，Du Pont公司用于氯碱生产的Nafion膜的使用寿命可达4年。

反渗透技术出现于20世纪50年代，但当时膜的通量太小，未能用于工业生产。60年代初Loeb-Sourirajan用相转化法制成了具有极薄活性表皮层和多孔支撑层的非对称醋酸纤维素膜，渗透速率比以前的反渗透膜大10倍以上。70年代J. E. Cadotte等研制出界面聚合的NS-100反渗透复合膜，1972年他们又研制出就地聚合的NS-200复合膜，为复合反渗透膜的开发奠定了基础。1980年J. E. Cadotte等研制了FT-30复合膜，该膜有优异的渗透选择性，耐游离氯性能也优于其他复合膜。与此同时，日本的东丽公司开发了PEC-100复合膜，其特点是高脱除率、耐温性好。近年来超低压反渗透膜或称纳滤膜得到了各国的重视，发展很快，该类膜可在＜1MPa下进行操作，一般对单价离子的截留率＜20%，对二价离子及分子量大于200的有机化合物截留率可达到90%～99%，主要用于水的软化和废水处理。比较有名的纳滤膜为Film Tec公司从NS-300转化来的NF-40、NF-50和日本电工开发的NTR-7250，东丽的UTC-20、UTC-60等。

在各种性能优异反渗透膜开发的同时，Du Pont 开发了卷式膜组件，Dow 开发了中空纤维组件，使反渗透技术进入了大规模的工业应用，世界最大的反渗透脱盐制淡水厂，处理量达 $4\times10^6 m^3/d$。在 20 世纪 80 年代反渗透、超滤、微滤、电渗析都已建立了大规模的工业生产装置。

2.5.2.3 我国膜技术发展概况

在我国，膜技术的发展是从 1958 年离子交换膜的研究开始的。20 世纪 60 年代是其开创阶段，1965 年开始了对反渗透的探索，1967 年开始的全国海水淡化会战对我国膜科技的进步起了奠基作用。20 世纪 70 年代进入四大液体膜过程的开发阶段，电渗析、反渗透、超滤、微滤用膜及组件相继开发，80 年代进入推广应用阶段。

20 世纪 70 年代后期，我国开始复合膜的研制，1977～1978 年间聚砜超滤膜的研制成功为复合膜研制提供了基膜，所研制的复合膜主要为 NS-100 和 NS-200，1985 年开始了仿 PEC-1000 和 FT-30 的研究，试验所制得的 FT-30 以小于 500mg/L 盐水为进料，在 1.0～1.5MPa 操作压力下，脱盐率大于 90%，水通量为 $0.5\sim1.2m^3/(m^2\cdot d)$，性能达到和接近国外同类商品膜的水平。复合膜的研制目前尚处于仿制和少量改进阶段，品种少且尚未进入工业化生产。

我国超滤和微滤技术近 20 年来发展很快，目前已有 20 多个单位和 30 多个厂家从事超滤膜的研究和生产，年产值达数百万元。我国超滤膜的品种与国外先进国家相比差距不大，但膜的质量（如孔径分布、截留率等）及产品的系列化和标准化方面尚有较大差距，今后需加强高精度系列滤膜的研制，无机和专用超滤膜的研制及膜的表面改性。微滤技术随着应用领域的拓宽，开发过滤精度达 0.01μm 的高档次精密滤材已成为当务之急。

我国离子交换膜、电渗析器的产量及应用都在世界上名列前茅，制造电渗析器的厂家已发展到 30 余家，生产各种离子交换膜的工厂也有 10 余个，离子交换膜的销售量占全国用膜量的 90%，异相离子交换膜的需求量仍每年稳步上升。氯碱工业用膜已由国家纳入科研规划，正在组织攻关。

将膜过程用于气体混合物分离的研究，我国始于 1982 年，在非对称膜和复合膜的制备、工业用膜分离器的研制及膜分离过程的应用开发方面都已达到一定水平，由中科院大连化物所研制的高性能中空纤维氮氢膜分离器和装置已成功用于合成氨厂弛放气回收氢，加压卷式膜法富氧装置首创用于工业玻璃熔炉的局部助燃。在膜材料的开发上也有新的进展，中科院化学所研制的从六氟二酐（6FDT）-二氨基二苯（甲）酮（DABP）和 6FDA-二甲基二苯甲烷二胺（DMMDA）得到的聚酰亚胺膜，H_2 的渗透系数和 H_2/CH_2 分离系数相应大于 40Barrer 和 150，CO_2 的渗透系数和 CO_2/CH_4 的分离系数均大于 16Barrer 和 60。在氧氮分离膜方面，他们采用六氟丁基丙烯酸甲酯（HFBM）和甲基丙烯酸甲酯（MMA）对聚三甲基硅丙炔（PTMSP）进行改性，提高了膜的稳定性和分离系数。

我国对渗透化膜技术的研究始于 1984 年，主要研究体系是恒沸乙醇脱水，大多研究尚未进入工业应用阶段，1995 年 6 月年产 80t 无水乙醇的中试装置在巨化集团公司通过鉴定，使我国渗透汽化技术走向工业应用，取得了突破性的进展。此外，液膜、各种膜基平衡过程、膜蒸馏等新膜过程的研究也开展得非常活跃。

2.5.3 膜分离技术应用领域

膜分离技术目前已普遍用于化工、电子、轻工、纺织、冶金、食品、石油化工等领域，不同膜过程在这些应用中所占的百分比为：微滤 35.71%；反渗透 13.04%；超滤 19.10%；

电渗析 3.42%；气体分离 9.32%；血液透析 17.70%；其他 1.71%。

反渗透、超滤、微滤、电渗析为4大已开发应用的膜分离技术，这些膜过程的装置、流程设计都相对较成熟，已有大规模的工业应用和市场。其中反渗透、超滤、微滤相当于过滤技术，用以分离含溶解的溶质或悬浮微粒的液体。其中溶剂/小溶质透过膜，溶质/大分子被膜截留。

电渗析用的是荷电膜，在电场力的推动下，用以从水溶液中脱除离子，主要用于苦咸水的脱盐。

气体分离和渗透汽化是两种处于开发应用中的膜技术。其中气体分离的研究、应用更成熟。已有工业规模的气体分离体系有空气中氧、氮分离，合成氨厂氮、氩、甲烷混合气中氢的分离，以及天然气中二氧化碳与甲烷的分离等。渗透汽化是这些膜过程中唯一有相变的过程，在组件和过程设计中均有其特殊的地方。渗透汽化膜技术主要用于有机物-水、有机物-有机物分离，是最有希望取代某些高能耗的精馏技术的膜过程。

固相微萃取技术简介

试样预处理占试样分析工作量的60%～70%，它是整个分析过程的关键。目前用于试样预处理的方法很多，如液液萃取、气液萃取、膜萃取、固相萃取等，但都是各有长处及存在一定缺点，只能适用于一定的范围。1990年Pawliszyn等提出了一种新的固相萃取技术——固相微萃取（solid phase microextraction，SPME）。它是一种基于气固吸附（吸收）和液固吸附（吸收）平衡的富集方法，利用分析物对活性固体表面（熔融石英纤维表面的涂层）有一定的吸附（吸收）亲和力而达到被分离富集的目的。自1994年SPME装置商品化以来，该技术取得了较快的发展，除了主要与气相色谱（GC）联用外，还可与高效液相色谱（HPLC）、毛细管电泳（CE）以及紫外分光光度（UV）等多种分离技术联用。SPME应用于分析水、土壤、空气等环境样品，以及血、尿等生物样品和食品、药物等各个方面。

SPME装置如图2-14、图2-15所示，是在一支约1cm长的熔融石英纤维上涂覆一层厚度为30～100μm高聚物固定相，如聚甲基硅氧烷或聚丙烯酸酯。纤维与形如注射器装置的不锈钢柱塞相连，收缩在不锈钢针头中。压柱塞从针头中抵出纤维并与试样溶液或顶空接触，使分析物被吸附（吸收）而分配到涂覆层内。富集在纤维上的分析物在气相色谱仪进样口通过热解吸（解脱）到色谱柱中。在HPLC的情况下，借助SPME-HPLC的接口将吸附在纤维上的分析物传送至分析柱。SPME的特点是集取样、萃取、富集、进样于一身。一般的试样预处理方法只能完成其中的一两步，而SPME根据自身的特点，集多步为一体，简化了试样预处理过程。SPME易于操作，是试样与固相涂层直接作用，几乎不消耗溶剂，

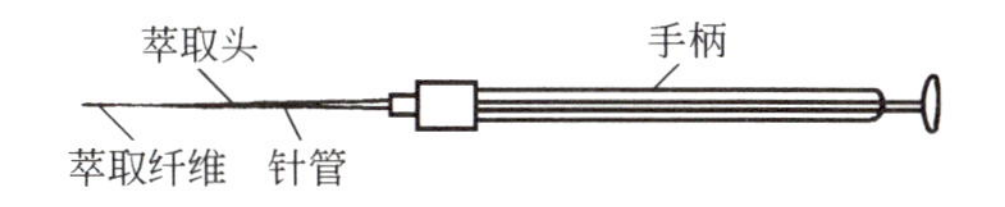

图2-14 SPME的装置简图

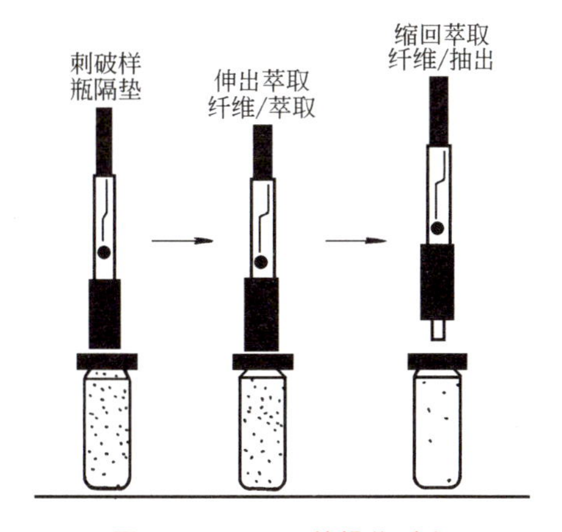

图2-15 SPME的操作过程

降低了成本，保护了环境。SPME的速度取决于分析物分配平衡所需的时间，一般在2～30min内即可达到平衡。该技术适用于微量或痕量组分的富集。

在大多数情况下，SPME与GC联用，随着SPME/HPLC接口商品化，与液相色谱联用技术应用的研究也逐渐增多。应用最多的水样测定，如水中多环芳烃、杀虫剂、有机物和表面活性剂以及无机物的测定。其他还有如测定药片中可溶维生素、食品中抗氧化剂和防腐剂以及尿中苯二氮杂唑。可以看出，SPME-HPLC的应用范围开始由单一环境样品向食品、药品乃至生物体液方面发展。

超临界流体技术的应用

超临界流体（supercritical fluid，SCF）技术中的SCF是指温度和压力均高于临界点的流体，如二氧化碳、氨、乙烯、丙烷、丙烯、水等。高于临界温度和临界压力而接近临界点的状态称为超临界状态。处于超临界状态时，气液两相性质非常相近，以至无法分辨，所以称之为SCF。

（1）在食品生产方面的应用　可以用超临界二氧化碳从葵花籽、红花籽、花生、小麦胚芽、可可豆中提取油脂，这种方法比传统的压榨法的回收率高，而且不存在溶剂法的溶剂分离问题。

（2）在医药保健品方面的应用　在抗生素药品生产中，传统方法常使用丙酮、甲醇等有机溶剂，但要将溶剂完全除去，又不是要变质非常困难。若采用SCFE法则完全可符合要求。另外，用SCFE法从银杏叶中提取的银杏黄酮，从鱼的内脏、骨头等提取的多烯不饱和脂肪酸（DHA，EPA），从沙棘籽提取的沙棘油，从蛋黄中提取的卵磷脂等对心脑血管疾病具有独特的疗效。

（3）天然香精香料的提取　用SCFE法萃取香料不仅可以有效地提取芳香组分，而且还可以提高产品纯度，能保持其天然香味，如从桂花、茉莉花、菊花、梅花、米兰花、玫瑰花中提取花香精，从胡椒、肉桂、薄荷提取香辛料，从芹菜籽、生姜、芫荽籽、茴香、砂仁、八角、孜然等原料中提取精油，不仅可以用作调味香料，而且一些精油还具有较高的药用价值。啤酒花是啤酒酿造中不可缺少的添加物，具有独特的香气、清爽度和苦味。传统方法生产的啤酒花浸膏可能含少量的香精油，破坏了啤酒的风味，而且残存的有机溶剂对人体有害。超临界萃取技术为啤酒花浸膏的生产开辟了广阔的前景。

（4）在化工方面的应用　在美国超临界技术还用来制备液体燃料。以甲苯为萃取剂，在p_c为10.1MPa（100atm），T_c为400～440℃条件下进行萃取，在SCF溶剂分子的扩散作用下，促进煤有机质发生深度的热分解，能使1/3的有机质转化为液体产物。此外，从煤炭中还可以萃取硫等化工产品。

美国研制成功用超临界二氧化碳，既作反应剂又作萃取剂的新型乙酸制造工艺。俄罗斯、德国还把SCFE法用于油料脱沥青技术。此外，超临界萃取还可以用于提取茶叶中的茶多酚；提取银杏黄酮、内酯；提取桂花精和米糠油。

二氧化碳超临界流体萃取概述

二氧化碳是一种常见气体，但是大气中过多的二氧化碳会造成“温室效应”，因此充分利用二氧化碳具有重要意义。传统的二氧化碳利用技术主要是用于生产干冰（灭火用）或作为食品添加剂等。国内外正在致力于发展一种新型的二氧化碳利用技术——CO_2 超临界萃取技术。运用该技术可生产高附加值的产品，可提取过去用化学方法无法提取的物质，且廉价、无毒、安全、高效；适用于化工、医药、食品等工业。

超临界 CO_2 成为目前最常用的萃取剂，它具有以下特点：

(1) CO_2 临界温度为 31.1℃，临界压力为 7.2MPa，临界条件容易达到；

(2) CO_2 化学性质不活泼，无色无味无毒，安全性好；

(3) 价格便宜，纯度高，容易获得。

因此，CO_2 特别适合天然产物有效成分的提取。

二氧化碳在温度高于临界温度 T_c=31.26℃、压力高于临界压力 p_c=7.2MPa 的状态下，性质会发生变化，其密度近于液体，黏度近于气体，扩散系数为液体的 100 倍，因而具有惊人的溶解能力。用它可溶解多种物质，然后提取其中的有效成分，具有广泛的应用前景。

传统的提取物质中有效成分的方法，如水蒸气蒸馏法、减压蒸馏法、溶剂萃取法等，其工艺复杂、产品纯度不高，而且易残留有害物质。超临界流体萃取是一种新型的分离技术，它是利用流体在超临界状态时具有密度大、黏度小、扩散系数大等优良的传质特性而成功开发的。它具有提取率高、产品纯度好、流程简单、能耗低等优点。CO_2-SFE 技术由于温度低，且系统密闭，可大量保存对热不稳定及易氧化的挥发性成分，为中药挥发性成分的提取分离提供了目前最先进的方法。用超临界 CO_2 萃取法可以从许多种植物中提取其有效成分，而这些成分过去用化学方法是提取不出来的。这项技术除了用在化工、医药等行业外，还可应用在烟草、香料、食品等方面。如食品生产中可以用来去除咖啡、茶叶中的咖啡因，可提取大蒜素、胚芽油、沙棘油、植物油以及医用品。可见这项技术在未来具有广阔的发展前景。

分子蒸馏技术概述

分子蒸馏是一种在高真空下操作的蒸馏方法，这时蒸气分子的平均自由程大于蒸发表面与冷凝表面之间的距离，从而可利用料液中各组分蒸发速率的差异，对液体混合物进行分离。

其工作原理是靠不同物质分子运动平均自由程的差别实现分离。当液体混合物沿加热板流动并被加热，轻、重分子会逸出液面而进入气相，由于轻、重分子的自由程不同，若能恰当地设置一块冷凝板，轻分子达到冷凝板可被冷凝排出，而重分子达不到冷凝板则沿混合液排出。

分子蒸馏具有多项优点：

(1) 蒸馏温度低，可在远低于物料沸点的温度下进行操作，只要存在温度差就能达到分离目的。

(2) 蒸馏真空度高，物料不易氧化受损。

(3) 蒸馏液膜薄，传热效率高。

(4) 物料受热时间短，减少了物料热分解的机会。

(5) 分离程度更高，能分离常规不易分开的物质。

(6) 没有沸腾鼓泡现象。

(7) 无毒、无害、无污染、无残留，可得到纯净安全的产物，且操作工艺简单，设备少。

（8）产品耗能小，整个分离过热损失少，内部阻力远比常规蒸馏小，可大大节省能耗。

然而，分子蒸馏设备价格昂贵，其装置必须保证体系压力达到高真空度，对材料密封要求较高，且蒸发面和冷凝面之间的距离要适中，设备加工难度大，造价高。

分子蒸馏技术特别适用于高沸点、热敏性及易氧化物质的分离提纯。例如在对鱼油进行提纯时，它可以有效地去除其中的杂质和异味成分。一套完整的分子蒸馏设备主要包括：分子蒸发器、脱气系统、进料系统、加热系统、冷却真空系统和控制系统等。分子蒸发器的种类主要有降膜式、刮膜式、离心式三种。

泡沫分离技术概述

泡沫分离根据表面吸附的原理，利用通气鼓泡在液相中形成的气泡为载体，对液相中的溶质或颗粒进行分离，因此也称为泡沫吸附分离，是近十几年发展起来的新型分离技术之一。

该技术的方法分为泡沫分离法、泡沫浮选法（如矿物浮选、粗离子浮选、细粒子浮选、沉淀浮选、离子浮选、分子浮选等）以及吸附胶体浮选，还有非泡沫分离中的鼓泡分离法、萃取浮选法等。

泡沫分离技术具有一些优点，例如设备简单，易于放大；操作简单，能耗低；可连续和间歇操作；能在生物下游加工过程的初期使用，处理体积庞大的稀料液；可直接用于处理含有细胞或细胞碎片的料液；操作条件设计合理时，可获得很高的分离效率。

它的应用范围较广，如分离细胞（可从待分离基质中分离出全细胞，包括大肠杆菌、酵母细胞、小球藻、衣藻等）；分离富集蛋白质体系，包括糖-蛋白质混合体系、蛋白质二元及多元体系、蛋白-酶体系等；分离皂苷有效成分（人参皂苷和三七皂苷等中药皂苷类有效组分的富集分离都可使用该技术）；在污水处理、矿物浮选、金属特别是稀有金属的回收检测等方面也有应用。

不过泡沫分离技术也存在一些缺点，其影响因素较多，如溶液的pH值、表面活性剂浓度、温度、气流速度、离子强度等，此外，泡沫的性质、层高、排沫方式、搅拌等也是影响泡沫分离的因素。

信息技术在物质分离中的应用

信息技术（information technology，简称IT）是指用于管理和处理信息所采用的各种技术的总称。信息技术涵盖了非常广泛的领域和技术，在物质分离方面具有广泛的应用前景。

一、计算机模拟与建模

通过计算机模拟和建模技术，可以对物质分离过程进行虚拟实验和预测。例如，在色谱分离中，可以利用数学模型来模拟不同物质在色谱柱中的迁移和分离情况，从而优化色谱柱的设计和操作条件。

举例来说，在石油化工行业中，通过对精馏塔的建模和模拟，能够提前预测不同组分的分离效果，为实际生产提供指导，减少实验次数和成本。

二、传感器与监测系统

先进的传感器技术能够实时监测物质分离过程中的各种参数，如温度、压力、流量、浓度等。这些数据可以被及时传输到控制系统，实现对分离过程的精确控制。

例如，在膜分离过程中，使用压力传感器和浓度传感器来监测膜两侧的压力差和物质浓度变化，以便及时调整操作参数，保证分离效果和膜的使用寿命。

三、自动化控制系统

信息技术使得物质分离过程实现自动化控制。基于传感器收集的数据和预设的控制算法，系统能够自动调整操作参数，如进料速度、温度、压力等，以达到最佳的分离效果。

比如，在制药行业的结晶分离过程中，自动化控制系统可以根据晶体生长的情况自动调节搅拌速度和冷却速度，确保得到高质量的晶体产品。

四、数据分析与优化

大量的试验和生产数据可以通过信息技术进行收集、整理和分析。利用数据分析算法，可以挖掘出隐藏在数据中的规律和关系，从而对分离过程进行优化和改进。

例如，通过对多个批次的物质分离数据进行分析，发现某些操作条件的微小变化对分离效果的显著影响，进而针对性地调整工艺参数，提高分离效率和产品质量。

信息技术的不断发展和应用为物质分离领域带来了巨大的进步和创新，提高了分离效率、降低了成本、保证了产品质量，并为开发更先进的分离技术提供了有力的支持。

3 物理常数及物理性能的测定

学习指南

物理常数是有机化合物的重要物理特性，它包括熔点、沸点、沸程、密度、比旋光度、黏度、闪点、折射率等。物理常数是有机化合物的特性常数。在工业生产中，原料、中间体和产品是否符合质量要求，常以物理常数作为质量检验的重要控制指标之一。本章将重点介绍在工业分析中较常用的物理常数（如熔点、沸点与沸程、密度、闪点、黏度、比旋光度、折射率）的基本概念、测定原理及有关计算。

知识目标

掌握常用物理常数的基本概念和测定原理；熟悉相应的仪器设备；理解相关实验数据校正的意义；理解常用物理常数测定的应用；了解现代物理常数测定仪。

技能目标

会正确组装和使用仪器；

能按要求熟练规范地完成物理常数的测定操作；

会查阅相关标准和所用化学品的 MSDS，并规范使用、回收和处理试剂；

能独立严谨地完成校正计算等数据处理。

素质目标

坚守实验安全和个体防护底线；树立生态环境意识；提升诚信、规范、严谨的职业素养；培养检索、阅读、独立思考、提问探究、反思总结等学习能力；培养良好的团队协作意识和健康的职业心态。

3.1 测定熔点

基本知识

3.1.1 概述

固态物质受热时，从固态转变成液态的过程，称为**熔化**。在标准大气压（101325Pa）

压力下，固态与液态处于平衡状态时的温度，就是该物质的**熔点**。物质开始熔化至全部熔化的温度范围，叫作**熔点范围**或**熔距**。纯物质固、液两态之间的变化是非常敏感的，自初熔至全熔，温度变化不超过 0.5～1℃。混有杂质时，熔点下降，并且熔距变宽。因此，通过测定熔点，可以初步判断该化合物的纯度。

3.1.2 熔点的测定

测定熔点常用的方法有毛细管法和显微熔点法等。毛细管熔点测定法是最常用的基本方法。它具有操作方便，装置简单的特点，因此目前实验室中仍然广泛应用这种方法。

3.1.2.1 测定原理

将试样研细装入毛细管，置于加热浴中逐渐加热，观察毛细管中试样的熔化情况。当试样出现明显的局部液化现象时的温度为初熔点，试样全部熔化时的温度为终熔点。

加热升温，使载热体温度上升，通过载热体将热量传递给试样，当温度上升至接近试样熔点时，控制升温速率，观察试样的熔化情况，当试样开始熔化时，记录初熔温度，当试样完全熔化时，记录终熔温度。

3.1.2.2 测定仪器

常用的毛细管熔点测定装置有双浴式和提勒管式两种，见图 3-1。

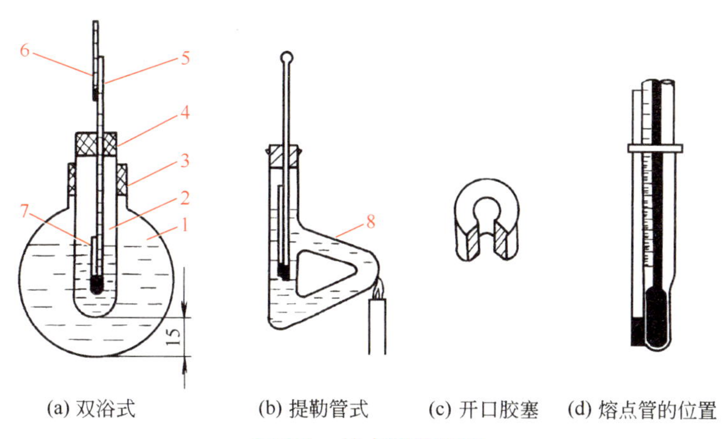

(a) 双浴式　(b) 提勒管式　(c) 开口胶塞　(d) 熔点管的位置

图 3-1 熔点测定装置

1—圆底烧瓶；2—试管；3,4—开口胶塞；5—测量温度计；6—辅助温度计；7—毛细管；8—提勒管

(1) **毛细管**（熔点管）：用中性硬质玻璃制成的毛细管，一端熔封，内径 0.9～1.1mm，壁厚 0.10～0.15mm，长度约 100mm。

(2) **温度计**：测量温度计（主温度计）单球内标式，分度值为 0.1℃，并具有适当的量程。

辅助温度计　分度值为 1℃，并具有适当的量程。

(3) **热浴**

提勒管热浴　提勒管的支管有利于载热体受热时在支管内产生对流循环，使得整个管内的载热体能保持相当均匀的温度分布。

双浴式热浴　采用双载热体加热，具有加热均匀，容易控制加热速度的优点，是目前一般实验室测定熔点常用的装置。

3.1.2.3 载热体的选择

应选用沸点高于被测物全熔温度，而且性能稳定，清澈透明、黏度小的液体作为载热体（传热体）。常用的载热体见表 3-1。

表 3-1　常用的载热体

载热体	使用温度范围	载热体	使用温度范围
浓硫酸	220℃以下	液体石蜡	230℃以下
磷酸	300℃以下	固体石蜡	270～280℃以下
7份浓硫酸、3份硫酸钾混合	220～320℃	有机硅油	350℃以下
6份浓硫酸、4份硫酸钾混合	365℃以下	熔融氯化锌	360～600℃
甘油	230℃以下		

有机硅油是无色透明、热稳定性较好的液体。具有对一般化学试剂稳定、无腐蚀性、闪点高、不易着火以及黏度变化不大等优点，故被广泛使用。

3.1.3　熔点的校正

熔点测定值是通过温度计直接读取的，温度读数的准确与否，是影响熔点测定准确度的关键因素。在测定熔点时，必须对熔点测定值进行温度校正。

3.1.3.1　温度计示值校正

用于测定的温度计，使用前必须用标准温度计进行示值误差的校正。方法是：将测定温度计和标准温度计的水银球对齐并列放入同一热浴中，缓慢升温，每隔一定读数同时记录两支温度计的数值，做出升温校正曲线；然后缓慢降温，制得降温校正曲线。若两条曲线重合，说明校正过程正确，此曲线即为温度计校正曲线，如图 3-2 所示。在此曲线上可以查得测定温度计的示值校正值 Δt_1，对温度计示值进行校正。

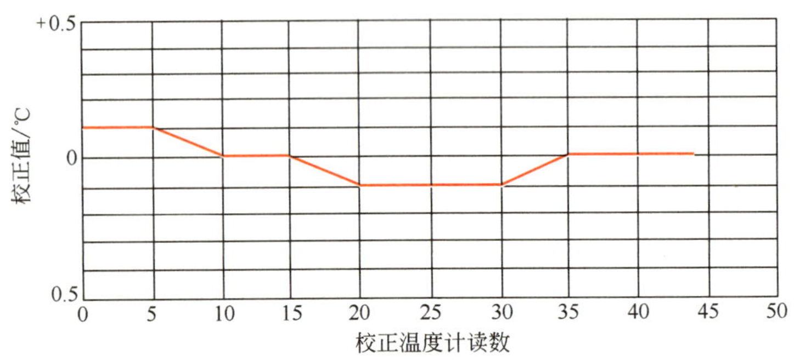

图 3-2　温度计校正曲线

3.1.3.2　温度计水银柱外露段校正

在测定熔点时，若使用的是全浸式温度计，那么露在载热体表面上的一段水银柱，由于受空气冷却影响，所示出的数值一定比实际上应该具有的数值为低。这种误差在测定 100℃以下的熔点时是不大的，但是在测定 200℃以上的熔点时，误差可能会达到 3～6℃，对于这种由温度计水银柱外露段所引起的误差的校正值可用下式来计算：

$$\Delta t_2 = 0.00016(t_1 - t_2)h$$

式中　0.00016——玻璃与水银膨胀系数的差值；

t_1——主温度计读数；

t_2——水银柱外露段的平均温度，由辅助温度计读出（辅助温度计的水银球应位于主温度计水银柱外露段的中部）；

h——主温度计水银柱外露段的高度（用度数表示）。

校正后的熔点 t 应为：

$$t = t_1 + \Delta t_1 + \Delta t_2$$

技能训练 3.1 测定熔点

训练目的 通过训练，学会组装和使用毛细管法测定熔点的装置，熟悉毛细管法测定熔点的操作方法。

训练时间 2h。

训练目标 通过训练，学会正确组装和使用毛细管法测定熔点的装置，熟练掌握毛细管法测定熔点的操作方法，在2h内完成测定，并按要求进行熔点校正。

安全 正确使用有机载热体，安全使用易燃有机物。

仪器、试剂与试样

熔点的测定

(1) **仪器**

① 圆底烧瓶 250mL，或提勒管。

② 内标式单球温度计 分度值为0.1℃。

③ 辅助温度计 分度值为1℃。

④ 试管。

⑤ 熔点管（毛细管） 内径1mm，壁厚0.15mm，长100mm。

⑥ 玻璃管 长800mm，直径8～10mm。

⑦ 酒精灯或电炉。

⑧ 表面皿。

(2) **试剂** 硅油或液体石蜡。

(3) **试样** 苯甲酸等。

测定步骤

(1) 按图3-1安装装置，将其固定于铁架台上，并加入载热体。

(2) 将样品研成尽可能细的粉末，放在清洁、干燥的表面皿上，将毛细管开口端插入粉末中，取一支长约800mm的干燥玻璃管，直立于玻璃板上，将装有试样的熔点管在其中投入数次，直到熔点管内样品紧缩至2～3mm高。将装好样品的熔点管按图3-1所示附在内标式单球温度计上（使试样层面与内标式单球温度计的水银球中部在同一高度）。

(3) 用酒精灯或电炉加热，控制升温速度不超过5℃·min^{-1}，观察毛细管中试样的熔化情况，记录试样完全熔化时的温度，作为试样的粗熔点。

(4) 另取一支毛细管，按上述方法填装好试样，待热浴冷却至粗熔点下20℃时，放于测定装置中。将辅助温度计附于内标式温度计上，使其水银球位于内标式温度计水银柱外露段的中部。

(5) 加热升温，使温度缓缓上升至低于粗熔点10℃，控制升温速度为（1±0.1)℃·min^{-1}，当试样出现明显的局部液化现象时的温度即为初熔温度，当试样完全熔化时的温度即为终熔温度。记录初熔和终熔时的温度值。

结果计算

根据下式对熔点测定值进行校正：

$$t=t_1+\Delta t_1+\Delta t_2$$

$$\Delta t_2=0.00016(t_1-t_2)h$$

式中 t——试样的准确熔点,℃;

t_1——熔点的测定值,℃;

t_2——辅助温度计的读数,℃;

Δt_1——内标式温度计示值校正值,℃;

Δt_2——内标式温度计水银柱外露段校正值,℃;

h——内标式温度计水银柱外露段的高度,以温度值为单位计量,℃。

注意事项

(1) 测定用的毛细管内壁要清洁、干燥,否则测出的熔点会偏低,并使熔距变宽,在熔封毛细管时应注意不要将底部熔结太厚,但要密封。

(2) 装样前试样一定要研细,装入的试样量不能过多,否则熔距会增大或结果偏高。试样一定要装紧,疏松会使测定结果偏低。

(3) 在测定过程中要控制好升温速度,不宜过快或过慢。升温太快往往会使测出的熔点偏高。升温速度愈慢,温度计读数愈精确,但对于易分解和易脱水的试样,升温速度太慢,会使熔点偏低。

(1) 测定熔点时为什么温度计外露段要进行校正?

(2) 用毛细管法测定熔点时应注意哪些事项?选择载热体的依据是什么?

(3) 将已测过熔点的毛细管冷却,待样品固化后能否再用作第二次测定?为什么?

(4) 测定苯甲酸的熔点为 121.9℃,辅助温度计的读数是 45.0℃,主温度计刚露出塞外的刻度值为 90.0℃,求校正后的熔点。

3.2 测定沸点、沸程

基本知识

3.2.1 概述

液体温度升高时,它的蒸气压也随之增加,当液体的蒸气压与大气压力相等时,开始沸腾。通常**沸点**是指大气压力为 101325Pa 时液体沸腾的温度。沸点是检验液体有机化合物纯度的标志,纯物质在一定的压力下有恒定的沸点,但应注意,有时几种化合物由于形成恒沸物,也会有固定的沸点。例如,乙醇 95.6%和水 4.4%混合,形成沸点为 78.2℃的恒沸混合物。

在工业生产中,对于有机试剂、化工和石油产品,沸程是其质量控制的主要指标之一。**沸程**是液体在规定条件下(101325Pa,0℃)蒸馏,第一滴馏出物从冷凝管末端落下的瞬间温度(初馏点)至蒸馏瓶底最后一滴液体蒸发瞬间的温度(终馏点)间隔。实际应用中习惯不要求蒸干,而是规定从一个初馏点到终馏点的温度范围,在此范围内,馏出物的体积应不小于产品标准的规定,例如 98%。对于纯化合物,其沸程一般不超过 1～2℃,若含有杂质则沸程会增大。由于形成共沸物,有时沸程小的,不一定就是纯物质。

3.2.2 沸点的测定

3.2.2.1 测定原理

当液体温度升高时,其蒸气压随之增加,当液体的蒸气压与大气压力相等时,开始沸腾。在标准状态下（101325Pa，0℃）液体的沸腾温度即为该液体的沸点。测定沸点的装置如图3-3所示。量取适量的试样注入试管中（其液面略低于烧瓶中载热体的液面），缓慢加热，当温度上升到某一数值并在相当时间内保持不变时，此时的温度即为试样的沸点。

3.2.2.2 测定装置

测定沸点的装置如图3-3所示。

（1）三口圆底烧瓶　容积为500mL。

（2）试管　长190～200mm，距试管口约15mm处有一直径为2mm的侧孔。

（3），（4）胶塞　外侧具有出气槽。

（5）主温度计　内标式单球温度计，分度值为0.1℃，量程适合于所测样品的沸点温度。

（6）辅助温度计　分度值为1℃。

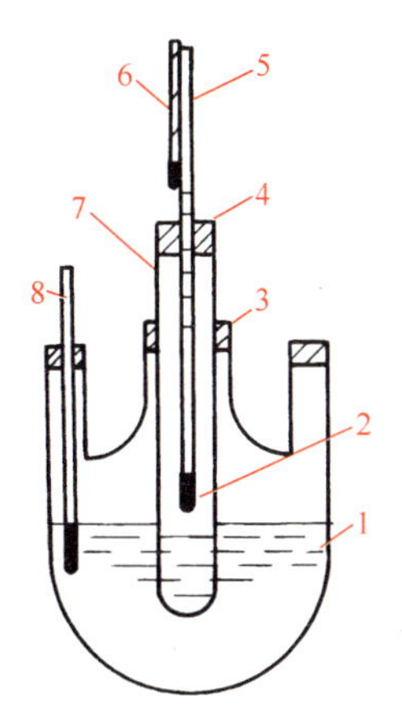

图3-3　测定沸点装置

1—三口圆底烧瓶；2—试管；3，4—胶塞；5—测量温度计；6—辅助温度计；7—测孔；8—温度计

3.2.3 沸程的测定

测定沸程通常用蒸馏法，在标准化的蒸馏装置中进行。

3.2.3.1 测定原理

在规定条件下，对100mL试样进行蒸馏，观察初馏温度和终馏温度。也可规定一定的馏出体积，测定对应的温度范围或在规定的温度范围测定馏出的体积。

3.2.3.2 测定装置

测定沸程的标准化蒸馏装置如图3-4所示。

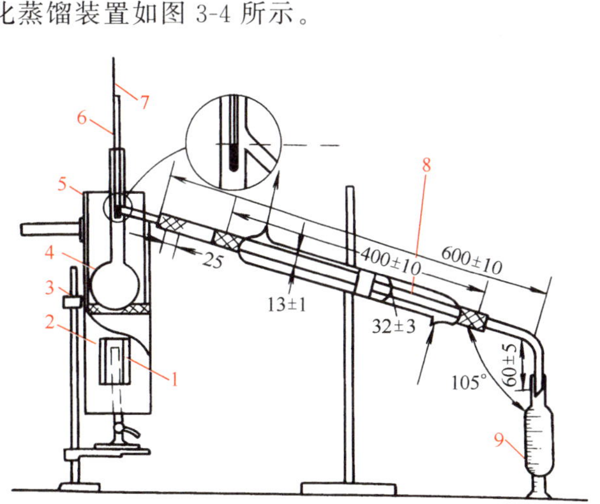

图3-4　测定沸程的标准化蒸馏装置（单位：mm）

1—热源；2—热源的金属外罩；3—接合装置；4—支管蒸馏瓶；5—蒸馏瓶的金属外罩；6—温度计；7—辅助温度计；8—冷凝器；9—量筒

（1）支管蒸馏瓶　用硅硼酸盐玻璃制成，有效容积100mL。

（2）测量温度计　水银单球内标式，分度值为0.1℃，量程适合于所测样品的温度范围。

（3）辅助温度计　分度值为1℃。

（4）冷凝管　直型水冷凝管，用硅硼酸盐玻璃制成。

（5）接收器　容积为100mL，两端分度值为0.5mL。

3.2.4 沸点（或沸程）的校正

沸点（或沸程）随外界大气压力的变化而发生很大的变化。不同的测定环境，大气压力的差异较大，如果不是在标准大气压力下测定的沸点（或沸程），必须将所得的测定结果加以校正。沸点（或沸程）的校正由下面几方面构成。

3.2.4.1 气压计读数校正

标准大气压是指：重力加速度为 980.665cm/s^2、温度为 0℃时，760mm 水银柱作用于海平面上的压力，其数值为 101325Pa=1013.25hPa。

在观测大气压时，由于受地理位置和气象条件的影响，往往和标准大气压规定的条件不相符合，为了使所得结果具有可比性，由气压计测得的读数，除按仪器说明书的要求进行示值校正外，还必须进行温度校正和纬度重力校正。

$$p=p_t-\Delta p_1+\Delta p_2$$

式中 p——经校正后的气压，hPa；

p_t——室温时的气压（经气压计器差校正的测得值），hPa；

Δp_1——气压计读数校正值（即温度校正值），hPa；

Δp_2——纬度校正值，hPa。

其中 Δp_1、Δp_2 由表 3-2 和表 3-3 查得。

表 3-2 气压计读数校正值

室温/℃	气压计读数/hPa							
	925	950	975	1000	1025	1050	1075	1100
10	1.51	1.55	1.59	1.63	1.67	1.71	1.75	1.79
11	1.66	1.70	1.75	1.79	1.84	1.88	1.93	1.97
12	1.81	1.86	1.90	1.95	2.00	2.05	2.10	2.15
13	1.96	2.01	2.06	2.12	2.17	2.22	2.28	2.33
14	2.11	2.16	2.22	2.28	2.34	2.39	2.45	2.51
15	2.26	2.32	2.38	2.44	2.50	2.56	2.63	2.69
16	2.41	2.47	2.54	2.60	2.67	2.73	2.80	2.87
17	2.56	2.63	2.70	2.77	2.83	2.90	2.97	3.04
18	2.71	2.78	2.85	2.93	3.00	3.07	3.15	3.22
19	2.86	2.93	3.01	3.09	3.17	3.25	3.32	3.40
20	3.01	3.09	3.17	3.25	3.33	3.42	3.50	3.58
21	3.16	3.24	3.33	3.41	3.50	3.59	3.67	3.76
22	3.31	3.40	3.49	3.58	3.67	3.76	3.85	3.94
23	3.46	3.55	3.65	3.74	3.83	3.93	4.02	4.12
24	3.61	3.71	3.81	3.90	4.00	4.10	4.20	4.29
25	3.76	3.86	3.96	4.06	4.17	4.27	4.37	4.47
26	3.91	4.01	4.12	4.23	4.33	4.44	4.55	4.66
27	4.06	4.17	4.28	4.39	4.50	4.61	4.72	4.83
28	4.21	4.32	4.44	4.55	4.66	4.78	4.89	5.01
29	4.36	4.47	4.59	4.71	4.83	4.95	5.07	5.19
30	4.51	4.63	4.75	4.87	5.00	5.12	5.24	5.37
31	4.66	4.79	4.91	5.04	5.16	5.29	5.41	5.54
32	4.81	4.94	5.07	5.20	5.33	5.46	5.59	5.72
33	4.96	5.09	5.23	5.36	5.49	5.63	5.76	5.90
34	5.11	5.25	5.38	5.52	5.66	5.80	5.94	6.07
35	5.26	5.40	5.54	5.68	5.82	5.97	6.11	6.25

表 3-3 纬度校正值

纬度/度	气压计读数/hPa							
	925	950	975	1000	1025	1050	1075	1100
0	−2.18	−2.55	−2.62	−2.69	−2.76	−2.83	−2.90	−2.97
5	−2.14	−2.51	−2.57	−2.64	−2.71	−2.77	−2.81	−2.91
10	−2.35	−2.41	−2.47	−2.53	−2.59	−2.65	−2.71	−2.77
15	−2.16	−2.22	−2.28	−2.34	−2.39	−2.45	−2.54	−2.57
20	−1.92	−1.97	−2.02	−2.07	−2.12	−2.17	−2.23	−2.28
25	−1.61	−1.66	−1.70	−1.75	−1.79	−1.84	−1.89	−1.94
30	−1.27	−1.30	−1.33	−1.37	−1.40	−1.44	−1.48	−1.52
35	−0.89	−0.91	−0.93	−0.95	−0.97	−0.99	−1.02	−1.05
40	−0.48	−0.49	−0.50	−0.51	−0.52	−0.53	−0.54	−0.55
45	−0.05	−0.05	−0.05	−0.05	−0.05	−0.05	−0.05	−0.05
50	+0.37	+0.39	+0.40	+0.41	+0.43	+0.44	+0.45	+0.46
55	+0.79	+0.81	+0.83	+0.86	+0.88	+0.91	+0.93	+0.95
60	+1.17	+1.20	+1.24	+1.27	+1.30	+1.33	+1.36	+1.39
65	+1.52	+1.56	+1.60	+1.65	+1.69	+1.73	+1.77	+1.81
70	+1.83	+1.87	+1.92	+1.97	+2.02	+2.07	+2.12	+2.17

3.2.4.2 气压对沸点（沸程）的校正

沸点（沸程）随气压的变化值按下式计算：

$$\Delta t_p = CV(1013.25 - p)$$

式中 Δt_p——沸点（沸程）随气压的变化值，℃；

CV——沸点（沸程）随气压的校正值（由表 3-4 查得），℃ · hPa^{-1}；

p——经校正的气压值，hPa。

温度计水银柱外露段的校正值可按下式进行计算：

$$\Delta t_2 = 0.00016h(t_1 - t_2)$$

校正后的沸点（沸程）按下式计算：

$$t = t_1 + \Delta t_1 + \Delta t_2 + \Delta t_p$$

式中 t_1——试样的沸点（沸程）的测定值，℃；

t_2——辅助温度计读数，℃；

Δt_1——温度计示值的校正值，℃；

Δt_2——温度计水银柱外露段校正值，℃；

Δt_p——沸点（沸程）随气压的变化值，℃。

表 3-4 沸点（或沸程）随气压变化的校正值

标准中规定的沸程/℃	气压相差 1hPa 的校正值/℃	标准中规定的沸程/℃	气压相差 1hPa 的校正值/℃
10～30	0.026	210～230	0.044
30～50	0.029	230～250	0.047
50～70	0.030	250～270	0.048
70～90	0.032	270～290	0.050
90～110	0.034	290～310	0.052
110～130	0.035	310～330	0.053
130～150	0.038	330～350	0.055
150～170	0.039	350～370	0.057
170～190	0.041	370～390	0.059
190～210	0.043	390～410	0.061

【例 3-1】 苯胺沸点的校正

已知：观测的沸点 184.0℃

室温 20.0℃

气压（室温下的气压） 1020.35hPa

测量处的纬度 32°

辅助温度计读数 45℃

测量温度计露出塞外处的刻度 142.0℃

温度计示值校正值 −0.1℃

试求：试样的沸点。

解：（1）温度计外露段的校正：

$$\Delta t_2=0.00016(t_1-t_2)h$$
$$=0.00016\times(184.0-45)\times(184.0-142.0)$$
$$=0.93\ (℃)$$

（2）沸点随气压的变化值：

$$p=p_t-\Delta p_1+\Delta p_2$$
$$=1020.35-3.33+(-1.40)$$
$$=1015.62\ (\text{hPa})$$

$$\Delta t_p=CV(1013.25-1015.62)$$
$$=0.041\times(1013.25-1015.62)$$
$$=-0.10\ (℃)$$

（3）校正后苯胺的沸点：

$$t=t_1+\Delta t_1+\Delta t_2+\Delta t_p$$
$$=184.0+(-0.1)+0.93+(-0.10)$$
$$=184.73\ (℃)$$

在测定试样的沸点时，还可以用一些参比物（或基准物）的标准沸点数据作基准，对所测定的沸点进行校正。此种校正方法，所得结果最为可靠。其方法是，测出试样的沸点（t_1）后，由表 3-5 中选出与它的结构、沸点相似的参比物，在相同条件下测定其沸点，并求出与表中所列值的差值（Δt），则可按下式求出试样的沸点（t）：

$$t=t_1+\Delta t$$

例如，测得试样 N-甲基苯胺的沸点为 194.5℃，在相同条件下，测定标准试样苯胺的沸点为 182.9℃。由表 3-5 中查得苯胺在标准大气压力下的沸点为 184.4℃，则试样在标准大气压力下的沸点应该是：

$$\Delta t=184.5-182.9=1.6\ (℃)$$
$$t=194.5+1.6=196.1\ (℃)$$

表 3-5 测定沸点用基准物的标准沸点

化合物	沸点/℃	化合物	沸点/℃	化合物	沸点/℃
溴代乙烷	38.4	甲苯	110.6	硝基苯	210.8
丙酮	56.1	氯代苯	131.8	水杨酸甲酯	223.0
三氯甲烷	61.3	溴代苯	156.2	对-硝基甲苯	238.3
四氯化碳	76.8	环己醇	161.1	二苯甲烷	264.4
苯	80.1	苯胺	184.4	α-溴代萘	281.2
水	100.0	苯甲酸甲酯	199.5	二苯甲酮	306.1

技能训练 3.2 测定沸点

沸点的测定

训练目的 通过训练，学会组装和使用沸点测定装置，熟悉常量法测定沸点的操作方法。

训练时间 1.5h。

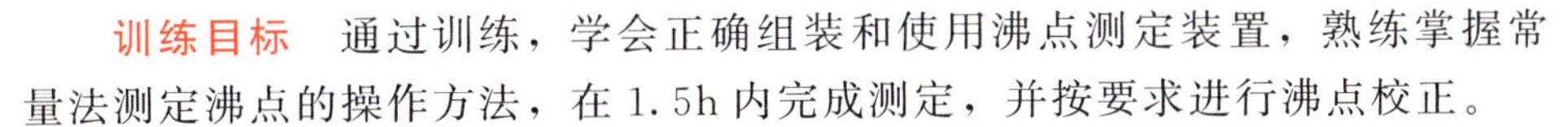

训练目标 通过训练，学会正确组装和使用沸点测定装置，熟练掌握常量法测定沸点的操作方法，在 1.5h 内完成测定，并按要求进行沸点校正。

安全 正确使用有机载热体，防止有机物的燃烧。

仪器与试样

(1) **仪器**

① 三口圆底烧瓶 250mL。

② 试管 长 100～110mm，直径 20mm。

③ 胶塞 外侧具有出气槽。

④ 沸点管 外管 长 70～80mm，直径 3～4mm。

内管 长 90～100mm，直径 1mm。一端封口。

⑤ 主温度计 内标式单球温度计，分度值 0.1℃。

⑥ 辅助温度计 分度值 1℃。

⑦ 电炉 500W 带有调压器。

⑧ 气压计。

(2) **试样** 乙醇等。

测定步骤

(1) 按图 3-3 所示安装沸点测定装置。将三口圆底烧瓶、试管、测量温度计以及胶塞连接，测量温度计下端与试管液面相距 20mm。将辅助温度计附在测量温度计上，使其水银球在测量温度计露出胶塞上的水银柱中部。烧瓶中注入约为其体积 1/2 的载热体。

(2) 量取适量的试样，注入试管中，其液面略低于烧瓶中载热体的液面。缓慢加热，当温度上升到某一定数值并在相当时间内保持不变时，记录此时的温度计读数，此温度即为试样的沸点。同时记录辅助温度计读数。

(3) 记录室温及气压，计算结果，对测定结果进行压力、温度校正。

注意事项

测定沸点时，加热速度不能过快，否则将不利于观察，影响结果的准确度。

技能训练 3.3　测定沸程

训练目的　通过训练，学会组装和使用蒸馏装置，熟悉蒸馏法测定沸程的操作方法。

训练时间　1.5h。

训练目标　通过训练，学会正确组装和使用蒸馏装置，熟练掌握蒸馏法测定沸程的操作方法，在 1.5h 内完成测定，并按要求进行沸程校正。

安全　防止蒸馏过程中的暴沸现象，防止冷凝管、接收器爆裂，安全用电。

仪器与试样

沸程的测定

(1) **仪器**

① 支管蒸馏瓶。

② 测量温度计　内标式单球温度计，分度值 0.1℃。

③ 辅助温度计　分度值 1℃。

④ 冷凝管。

⑤ 接收器。

⑥ 电加热套（500mL）　500W。

(2) **试样**　乙醇等。

测定步骤

(1) 按图 3-4 所示安装蒸馏装置。使测量温度计水银球上端与蒸馏瓶和支管接合部的下沿保持水平。

(2) 用接收器量取 (100±1)mL 的试样，将样品全部转移至蒸馏瓶中，加入几粒清洁、干燥的沸石，装好温度计，将接收器（不必经过干燥）置于冷凝管下端，使冷凝管口进入接收器部分不少于 25mm，也不低于 100mL 刻度线，接收器口塞以棉塞，并确保向冷凝管稳定地提供冷却水。

(3) 调节蒸馏速度，对于沸程温度低于 100℃的试样，应使自加热起至第一滴冷凝液滴入接收器的时间为 5～10min；对于沸程温度高于 100℃的试样，上述时间应控制在 10～15min，然后将蒸馏速度控制在 3～4mL・min^{-1}。

(4) 记录规定馏出物体积对应的沸程温度或规定沸程温度范围内的馏出物的体积。

(5) 记录室温及气压。

结果计算

对测定结果进行温度、压力校正。

注意事项

(1) 若样品的沸程温度范围下限低于 80℃，则应在 5～10℃的温度下量取样品及测量馏出液体积（将接收器距顶端 25mm 处以下浸入 5～10℃的水浴中）；若样品的沸程温度范围下限高于 80℃，则在常温下量取样品及测量馏出液体积；若样品的沸程温度范围上限高于 150℃，在常温下量取样品及测量馏出液体积，并应采用空气冷凝。

(2) 蒸馏应在通风良好的通风橱内进行。

练习

(1) 液体试样的沸程很窄是否能确定它是纯化合物？为什么？

(2) 测定沸点和沸程时为何要进行气压的校正？如何校正？

(3) 简述沸程测定时加沸石的作用。如开始未加沸石，在液体沸腾后能否补加？为什么？

(4) 某厂生产的二甲苯要求分析测定二甲苯的沸程。

已知：沸程测定值	137.0～140.0℃
测定时大气压力	999.92hPa
辅助温度计读数	35℃
测定处纬度	38.5°
温度计露出塞外处的刻度	109.0℃
室温	25.0℃

试求校正后的沸程。

3.3 测定密度

基本知识

3.3.1　概述

物质的密度是指在规定的温度 t℃下单位体积物质的质量，单位为 $g \cdot cm^{-3}$（$g \cdot mL^{-1}$），以符号 ρ_t 表示。

$$\rho_t=\frac{m}{V}$$

式中　m ——物质的质量，g；

　　V ——物质的体积，cm^3 或 mL。

物质的体积随温度的变化而改变（热胀冷缩），物质的密度也随之改变。因此同一物质在不同的温度下测得的密度是不同的，密度的表示必须注明温度，国家标准规定化学试剂的密度系指在20℃时单位体积物质的质量，用 ρ 表示。若在其他温度下，则必须在 ρ 的右下角注明温度，即用 ρ_t 表示。

密度是一个重要的物理常数。利用密度的测定可以区分化学组成相类似而密度不同的液体化合物、鉴定液体化合物的纯度以及定量测定溶液的浓度。因此，在生产实际中，密度是液体有机产品质量控制指标之一。

一般在分析工作中只限于测定液体试样的密度，而很少测定固态试样的密度。通常测定液体试样的密度可用密度瓶法、韦氏天平法和密度计法。

3.3.2　密度瓶法测定密度

此法是测定密度最常用的方法，但不适宜测定易挥发的液体试样的密度。

3.3.2.1　测定原理

在规定温度20℃时，分别测定充满同一密度瓶的水及试样的质量，由水的质量及密度可以确定密度瓶的容积即试样的体积，根据密度的定义，由此可计算试样的密度。

$$\rho=\frac{m_{样}}{m_{水}}\times\rho_0$$

式中　$m_{样}$ —— 20℃时充满密度瓶的试样质量，g；

　　$m_{水}$ —— 20℃时充满密度瓶的水的质量，g；

ρ_0——20℃时水的密度，g·cm^{-3}，ρ_0=0.99823g·cm^{-3}。

由于在测定时，称量是在空气中进行的，因此受到空气浮力的影响，可按下式计算密度以校正空气的浮力。

$$\rho=\frac{m_{样}+A}{m_{水}+A}\times\rho_0$$

$$A=\rho_0\times\frac{m_{水}}{0.9970}$$

式中，A 为空气浮力校正值，即称量时试样和蒸馏水在空气中减轻的质量，g。在通常情况下，A 值的影响很小，可忽略不计。

3.3.2.2 测定仪器

用此法测定密度的主要仪器是密度瓶。

密度瓶有各种形状和规格（如图 3-5 所示）。普通型的为球形，见图 3-5(a)，标准型的是附有特制温度计、带有磨口帽的小支管的密度瓶，见图 3-5(b)。容积一般为 5mL、10mL、25mL、50mL 等。

此外，在用密度瓶法测定密度时还需使用分析天平，恒温水浴等仪器。

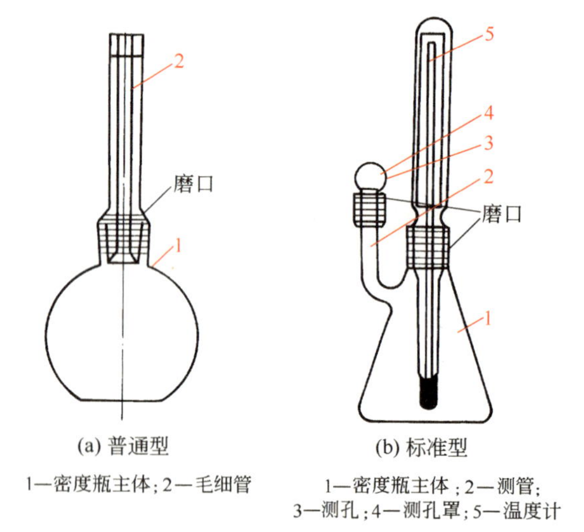

图 3-5 常用的密度瓶

3.3.3 韦氏天平法测定密度

此法适用于测定易挥发的液体的密度。

3.3.3.1 测定原理

韦氏天平法测定密度的基本依据是阿基米德定律，即当物体完全浸入液体时，它所受到的浮力或所减轻的质量，等于其排开的液体的质量。因此，在一定的温度下（20℃），分别测定同一物体（玻璃浮锤）在水及试样中的浮力。由于浮锤排开水和试样的体积相同，而浮锤排开水的体积为：

$$V=\frac{m_{水}}{\rho_0}$$

则试样的密度为：

$$\rho=\frac{m_{样}}{m_{水}}\times\rho_0$$

式中 ρ——试样在 20℃时的密度，g·cm^{-3}；

$m_{样}$——浮锤浸于试样中时的浮力（骑码读数），g；

$m_{水}$——浮锤浸于水中时的浮力（骑码读数），g；

ρ_0——水在 20℃时的密度，g·cm^{-3}；ρ_0=0.99823g·cm^{-3}。

3.3.3.2 测定仪器

用此法测定密度的主要仪器是韦氏天平，韦氏天平的构造如图 3-6 所示。

韦氏天平主要由支架、横梁、玻璃浮锤及骑码等组成。

天平横梁 4 用支架 1 支持在刀座 5 上，梁的两臂形状不同且不等长。长臂上刻有分度，末端有悬挂玻璃浮锤的钩环 7，短臂末端有指针，当两臂平衡时，指针应和固定指针 3 水平对齐。旋松支柱紧定螺钉 2，可使支柱上下移动。支柱的下部有一个水平调整螺钉 11，横梁的左侧有水平调节器，它们可用于调节天平在空气中的平衡。

天平配有两套骑码。最大的骑码的质量等于玻璃浮锤在 20℃ 的水中所排开水的质量（约 5g），其他骑码为最大骑码的 1/10，1/100，1/1000。各个骑码的读数方法参见表 3-6。

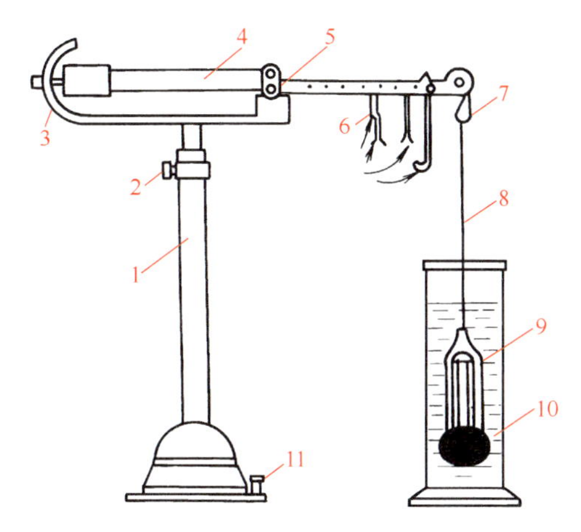

图 3-6 韦氏天平

1—支架；2—支柱紧定螺钉；3—指针；4—横梁；5—刀座；6—骑码；7—钩环；8—细白金丝；9—浮锤；10—玻璃筒；11—水平调整螺钉

表 3-6 各个骑码在各个位置的读数方法

骑码放在各个位置上 \ 骑码	一号骑码	二号骑码	三号骑码	四号骑码
放在第十位时则为	1	0.1	0.01	0.001
放在第九位时则为	0.9	0.09	0.009	0.0009
⋮	⋮	⋮	⋮	⋮
放在第一位时则为	0.1	0.01	0.001	0.0001

例如一号骑码在第 8 位上，二号骑码在第 7 位上，三号骑码在第 6 位上，四号骑码在第 3 位上，则读数为 0.8763，见图 3-7。

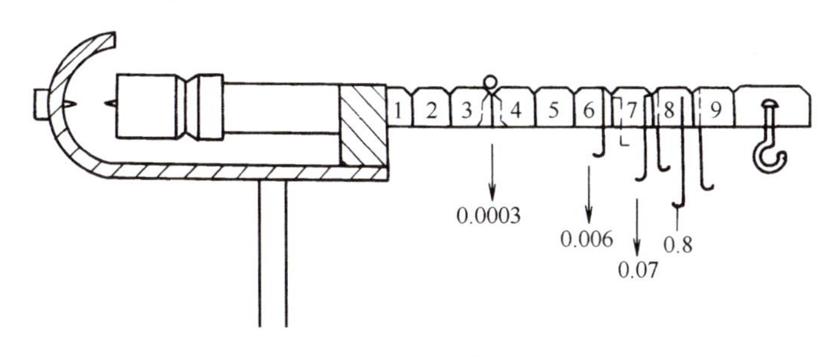

图 3-7 骑码读数法

3.3.4 密度计法测定密度

此法测定密度比较简单、快速，但准确度较低。常用于对测定精度要求不太高的工业生产中的日常控制测定。

3.3.4.1 测定原理

密度计法测定密度是依据阿基米德定律。密度计上的刻度标尺越向上越小，在测定密度较大的液体时，由于密度计排开的液体的质量较大，所受到的浮力也就越大，故密度计就越向上浮。反之，液体的密度越小，密度计就越往下沉。由此根据密度计浮于液体的位置，可直接读出所测液体试样的密度。

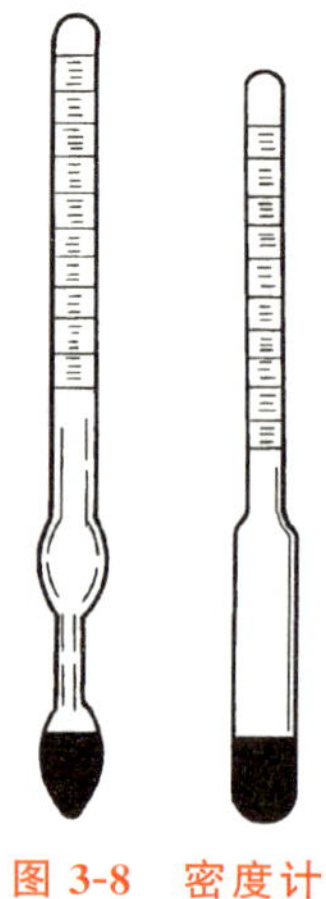

图 3-8 密度计

3.3.4.2 测定仪器

密度计是一支封口的玻璃管，中间部分较粗，内有空气，所以放在液体中，可以浮起，下部装有小铅粒形成重锤，能使密度计直立于液体中，上部较细，管内有刻度标尺，可以直接读出密度值（如图 3-8 所示）。

密度计都是成套的，每套有若干支，每支只能测定一定范围的密度。使用时要根据待测液体的密度大小选用不同量程的密度计。

技能训练 3.4 密度瓶法测定密度

密度瓶法测定密度

训练目的 通过训练，学会正确使用密度瓶，熟悉密度瓶法测定密度的操作技术。

训练时间 1.5h。

训练目标 通过训练，能正确使用密度瓶，熟练掌握密度瓶法测定密度的操作技能，并在 1.5h 内完成测定任务。

仪器、试剂与试样

(1) **仪器**

① 密度瓶 25～50mL。

② 电吹风。

③ 恒温水浴。

④ 分析天平。

(2) **试剂**

① 乙醇。

② 乙醚(洗涤用)。

(3) **试样** 丙三醇或乙二醇。

测定步骤

(1) 将密度瓶洗净并干燥，带温度计及侧孔罩称量。

(2) 取下温度计及测孔罩，用新煮沸并冷却至约 20℃的蒸馏水充满密度瓶，不得带入气泡，插入温度计，将密度瓶置于 (20.0±0.1)℃的恒温水浴中，恒温约 20min，至密度瓶温度达到 20℃，并使测管中的液面与测管管口齐平，立即盖上测孔罩，取出密度瓶，用滤纸擦干其外壁上的水，立即称量。

(3) 将密度瓶中的水倒出，洗净并使之干燥，带温度计及测孔罩称量。

(4) 以试样代替蒸馏水重复 (2) 的操作。

结果计算

$$\rho=\frac{m_{样}+A}{m_{水}+A}\times\rho_0$$

$$A=\rho_0\times\frac{m_{水}}{0.9970}$$

注意事项

称量操作必须迅速，因为水和试样都有一定的挥发性，否则会影响测定结果的准确度。

技能训练 3.5 韦氏天平法测定密度

训练目的 通过训练，学会正确使用韦氏天平，熟悉韦氏天平法测定密度的操作技术。

训练时间 1.5h。

训练目标 通过训练，能正确使用韦氏天平，熟练掌握韦氏天平法测定密度的操作技能，并在1.5h内完成测定任务。

仪器、试剂与试样

(1) **仪器**

① 韦氏天平（液体密度天平） PZ-A-5型。

② 恒温水浴。

③ 电吹风。

(2) **试剂** 乙醇（洗涤用）。

(3) **试样** 乙醇或丙酮。

韦氏天平法测定密度

测定步骤

(1) 检查仪器各部件是否完整无损。用清洁的细布擦净金属部分，用乙醇擦净玻璃筒、温度计、玻璃浮锤，并干燥。

(2) 将仪器置于稳固的平台上，旋松支柱紧定螺钉，使其调整至适当高度，旋紧螺钉。将天平横梁置于玛瑙刀座上，钩环置于天平横梁右端刀口上，将等重砝码挂于钩环上，调整水平调节螺钉，使天平横梁左端指针与固定指针水平对齐，以示平衡。在测定过程中不得再变动水平调节螺钉。若无法调节平衡时，则可用旋具将平衡调节器上的定位小螺钉松开，微微转动平衡调节器，使天平平衡，旋紧平衡调节器上的定位小螺钉，在测定中严防松动。

(3) 取下等重砝码，换上玻璃浮锤，此时天平仍应保持平衡。允许有±0.0005的误差。

(4) 向玻璃筒内缓慢注入预先煮沸并冷却至约20℃的蒸馏水，将浮锤全部浸入水中，不得带入气泡，浮锤不得与筒壁或筒底接触，玻璃筒置于(20.0±0.1)℃的恒温浴中，恒温20min以上，然后由大到小把骑码加在横梁的V形槽上，使指针重新水平对齐，记录骑码的读数。

(5) 将玻璃浮锤取出，倒出玻璃筒内的水，玻璃筒及浮锤用乙醇洗涤后，并干燥。

(6) 以试样代替水重复步骤(4)的操作。

结果计算

$$\rho=\frac{m_{样}}{m_{水}}\times\rho_0$$

注意事项

(1) 测定过程中，必须注意严格控制温度。取用玻璃浮锤时必须十分小心，轻取轻放，一般最好是右手用镊子夹住吊钩，左手垫绸布或清洁滤纸托住玻璃浮锤，以防损坏。

（2）当要移动天平位置时，应把易于分离的零件、部件及横梁等拆卸分离，以免损坏刀子。

（3）根据使用的频繁程度，要定期进行清洁工作和计量性能检定。当发现天平失真或有疑问时，在未清除故障前，应停止使用，待修理检定合格后方可使用。

技能训练 3.6 密度计法测定密度

密度计法测定密度

训练目的 通过训练，学会正确使用密度计，熟悉密度计法测定密度的操作技术。

训练时间 0.5h。

训练目标 通过训练，能正确使用密度计，熟练掌握密度计法测定密度的操作技能，并在0.5h内完成测定任务。

仪器与试样

（1）**仪器**

① 密度计 （一套）。

② 玻璃圆筒 可用500mL或1000mL量筒代替。

③ 温度计。

（2）**试样** 乙醇，丙酮。

测定步骤

（1）根据试样的密度选择适当的密度计。

（2）将待测定的试样小心倾入清洁、干燥的玻璃圆筒中，然后把密度计擦干净，用手拿住其上端，轻轻地插入玻璃筒内，试样中不得有气泡，密度计不得接触筒壁及筒底，用手扶住使其缓缓上升。

（3）待密度计停止摆动后，水平观察，读取待测液弯月面上缘的读数，同时测量试样的温度。

注意事项

（1）所用的玻璃圆筒应较密度计高大些，装入的液体不要太满，但应能将密度计浮起。

（2）密度计不可突然放入液体内，以防密度计与筒底相碰而受损。

（3）读数时，眼睛视线应与液面在同一个水平位置上，注意视线要与弯月面上缘平行（见图3-9）。

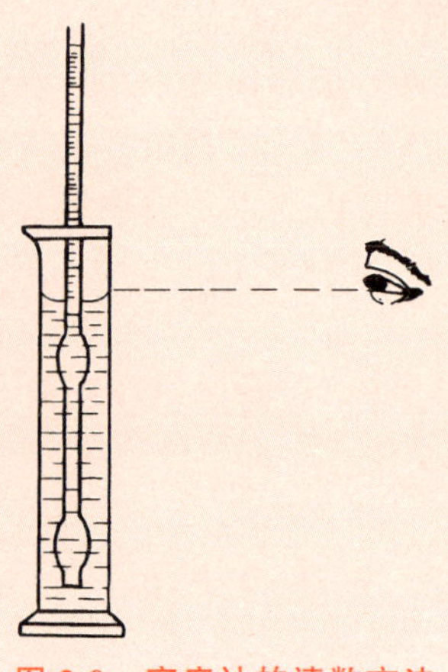

图3-9 密度计的读数方法

（1）液体密度的测定方法有几种？简述各种测定方法的原理。

（2）已知分析纯试剂：邻二甲苯 ρ 为 0.8590～0.8820；对二甲苯 ρ 为 0.8590～0.8630；氯苯 ρ 为 1.1050～1.1090，用韦氏天平测定两试样，得如下数据。

骑码		1	2	3	4	骑码		1	2	3	4
位置	水中	10	0	0	2	位置	样 2 中	10	0	8	0
	样 1 中	8	6	6	0						

① 试确定试样 1 是邻二甲苯还是对二甲苯？

② 试确定试样 2 是否为分析纯氯苯？

3.4　测定闪点

3.4.1　概述

在规定条件下，石油产品受热后，所产生的油蒸气与周围空气形成的混合气体，在遇到明火时，发生瞬间着火（闪火现象）时的最低温度，称为该石油产品的**闪点**。能发生连续 5 秒钟以上的燃烧现象的最低温度，称为燃点。闪点是微小的爆炸，是着火燃烧的前奏。闪点是预示出现火灾和爆炸危险性程度的指标。因此，测定闪点可以了解石油产品发生火灾的危险程度，闪点越低越容易发生爆炸和火灾事故，应特别注意防护，按液体闪点的高低确定其运送、贮存和使用的各种防火安全措施。

在生产和应用过程中，闪点也是控制产品质量的重要依据。例如润滑油在精制过程中，可能由于混入沸点较低的溶剂或在使用中受热分解产生轻组分，使闪点明显降低。这时可以同时测定其开口杯闪点和闭口杯闪点，利用二者的差值判断混入的溶剂量或使用中的分解变质程度。

3.4.2　闪点的测定

3.4.2.1　测定原理

石油产品的闪点和燃点，与其沸点及易蒸发物质的含量有关。沸点越高，其闪点及燃点也越高。挥发性较强的石油产品（如汽油等）闪点较低。由于使用石油产品时有封闭状态和暴露状态的区别，测定闪点的方法有闭口杯法和开口杯法两种。闭口杯法多用于轻质油品，开口杯法多用于润滑油及重质油品。

测定闪点时，将试样装入油杯，在规定条件下加热蒸发，控制升温速度，在达到预期闪点温度前 10℃时，每间隔一定的温度，按规定的方式，进行点火试验，直至出现闪火现象，即发生闪火现象的最低温度为试样的闪点。闭口杯法和开口杯法的区别是仪器不同、加热和点火条件不同。闭口杯法中试样在密闭油杯中加热，只在点火的瞬时才打开杯盖；开口杯法中试油是在敞口杯中加热，蒸发的油气可以自由向空气中扩散，测得的闪点较闭口杯法为高。一般相差 10～30℃，油品越重，闪点越高，差别也越大。重质油品中加入少量低沸点油品，会使闪点大为降低，而且两种闪点的差值也明显增大。

3.4.2.2 测定仪器

闪点测定仪主要有开口杯闪点测定器和闭口杯闪点测定器。

(1) 开口杯闪点测定器（如图 3-10 所示）

① 内坩埚　用优质碳素结构钢制成，上口内径（64±1)mm，底部内径（38±1)mm，高（47±1)mm，厚度约为 1mm，内壁刻有二道环状标线，各与坩埚上口边缘的距离为 12mm 和 18mm。

② 外坩埚　用优质碳素结构钢制成，上口内径（100±5)mm，底部内径（56±2)mm，高（50±5)mm，厚度约为 1mm。

③ 点火器喷嘴　直径 0.8～1.0mm，应能调节火焰长度，使成 3～4mm 近似球形，并能沿坩埚水平面任意移动。

④ 温度计。

⑤ 防护罩　用镀锌铁皮制成，高 550～650mm，罩内壁涂成黑色，并能三面围着测定仪。

⑥ 铁支架、铁环、铁夹　铁支架高约 520mm，铁环直径为 70～80mm，铁夹能使温度计垂直地伸插在内坩埚中央。

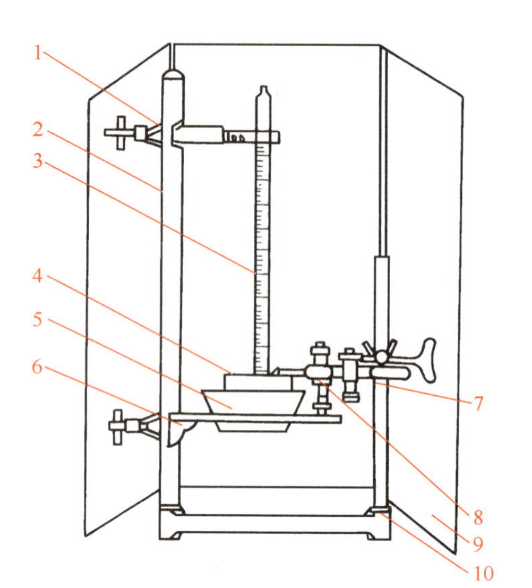

图 3-10　开口杯闪点测定器

1—温度计夹；2—支柱；3—温度计；4—内坩埚；5—外坩埚；6—坩埚托；7—点火器支柱；8—点火器；9—防护罩；10—底座

(2) 闭口杯闪点测定器（如图 3-11 所示）

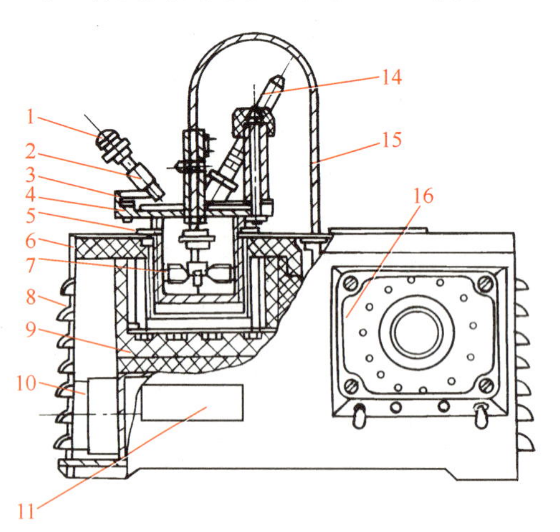

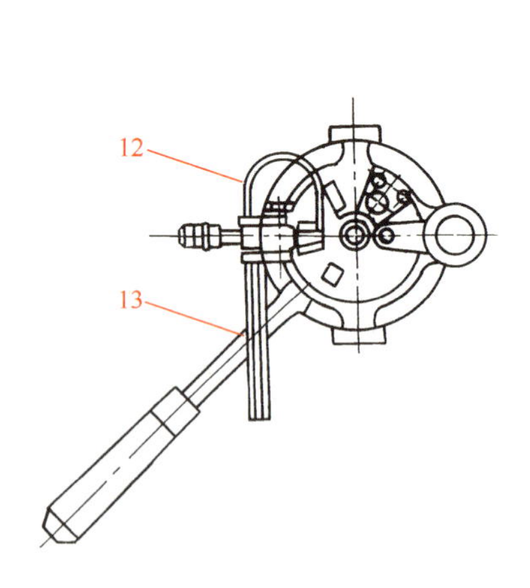

图 3-11　闭口杯闪点测定器

1—点火器调节螺钉；2—点火器；3—滑板；4—油杯盖；5—油杯；6—浴套；7—搅拌桨；8—壳体；9—电炉盘；10—电动机；11—铭牌；12—点火管；13—油杯手柄；14—温度计；15—传动软轴；16—开关箱

① 浴套　为一铸铁容器，其内径为 260mm，底部距离油杯的空隙为 1.6～3.2mm，用电炉或煤气灯直接加热。

② 油杯　为黄铜制成的平底筒形容器，内壁刻有用来规定试样液面位置的标线，油杯盖也是由黄铜制成的，应与油杯配合密封良好。

③ 点火器　其喷孔直径为 0.8～1.0mm，应能调整火焰使其接近球形（其直径为 3～4mm）。

④ 防护罩　用镀锌铁皮制成，其高度为 550～650mm，罩内壁涂成黑色。

3.4.3 闪点的校正

油品的闪点的高低受外界大气压力的影响。大气压力降低时，油品易挥发，故闪点会随之降低；反之大气压力升高时，闪点会随之升高。压力每变化 0.133kPa，闪点平均变化 0.033～0.036℃，所以规定以 101.325kPa 压力下测定的闪点为标准。在不同大气压力条件下测得的闪点需进行压力校正，可用下列经验公式进行校正。

闭口杯闪点的压力校正公式为：

$$t=t_p+0.0259(101.3-p)$$

开口杯闪点的压力校正公式为：

$$t=t_p+(0.001125t_p+0.21)(101.3-p)$$

式中　t ——标准压力下的闪点，℃；

t_p——实际测定的闪点，℃；

p ——测定闪点时的大气压力，kPa。

技能训练 3.7　开口杯法测定闪点

训练目的　通过训练，学会正确使用开口杯闪点测定仪，熟悉开口杯法测定闪点的操作技术。

开口杯法
测定闪点

训练时间　2h。

训练目标　通过训练，能正确使用开口杯闪点测定仪，熟练掌握开口杯法测定闪点的操作技能，并在 2h 内完成测定任务。

安全　安全操作，防止油品燃烧。

仪器、试剂与试样

（1）**仪器**　开口杯闪点测定器。

（2）**试剂**　无铅汽油。

（3）**试样**　机油或其他石油产品。

测定步骤

（1）内坩埚用无铅汽油洗涤后，并干燥。在外坩埚内铺一层经过煅烧的细砂，厚度约为 5～8mm（对于闪点高于 300℃的试样），允许砂层稍薄些，但必须保持升温速度在到达闪点前 40℃时为（4±1）℃ · min^{-1}。置内坩埚于外坩埚的中央，内外坩埚之间，填充细砂至距内坩埚边缘约 12mm。

（2）倾注试样于内坩埚中，至标线。对于闪点在 210℃以下的试样，至上标线；对于闪点在 210℃以上的试样，至下标线。装入试样注意不要溅出，也不要沾在液面以上的内壁上。

（3）将仪器放置在避风、阴暗处，围好防护罩。置坩埚于铁环中，插入温度计，并使水银球与坩埚底及试样表面的距离相等。点燃点火器，调整火焰为球形（直径为 3～4mm）。

（4）加热外坩埚，使试样在开始加热后能迅速地达到每分钟升高（10±2）℃的升温速度。当达到预计闪点前约10℃时，移动点火器火焰于距试样液面10～14mm处，并沿着内坩埚上边缘水平方向从坩埚一边移到另一边，经过时间为2～3s。试样温度每升高2℃，重复点火试验一次。

（5）当试样表面上方最初出现蓝色火焰时，立即从温度计读出温度作为该试样的闪点，同时记录大气压力。

若要测定燃点，继续加热，保持（4±1）℃·min^{-1}的升温速度，每升高2℃点火试验一次。当能继续燃烧5s时，立即从温度计读出温度，即为试样的燃点。

用平行测定两个结果的算术平均值，作试样的闪点。根据国家标准规定，平行测定的两次结果，闪点差数不应超过下列的允许值：

闪点	允许差数/℃
150℃以下	4
150℃以上	8

（6）根据前面所述的开口杯闪点的校正方法，对所测得的闪点进行压力校正。

技能训练3.8　闭口杯法测定闪点

训练目的　通过训练，学会正确使用闭口杯闪点测定仪，熟悉闭口杯法测定闪点的操作技术。

闭口杯法
测定闪点

训练时间　2h。

训练目标　通过训练，能正确使用闭口杯闪点测定仪，熟练掌握开闭杯法测定闪点的操作技能，并在2h内完成测定任务。

安全　安全操作，防止油品燃烧。

仪器、试剂与试样

（1）**仪器**　闭口杯闪点测定器。

（2）**试剂**　无铅汽油。

（3）**试样**　机油或其他石油产品。

测定步骤

（1）油杯用无铅汽油洗涤后用空气吹干。将试样注入油杯中至标线处，盖上清洁干燥的杯盖，插入温度计，并将油杯放入浴套中。点燃点火器，调整火焰为球形（直径为3～4mm）。

（2）开启加热器，调整加热速度：对于闪点低于50℃的试样，升温速度应为每分钟升高1℃，并须不断地搅拌试样；对于闪点在50～150℃的试样，开始加热的升温速度应为每分钟升高5～8℃，并每分钟搅拌一次；对于闪点超过150℃的试样，开始加热的升温速度应为每分钟升高10～12℃，并定期搅拌。当温度达到预计闪点前20℃时，加热升温的速度应控制每分钟升高2～3℃。

（3）当达到预计闪点前10℃左右时，开始点火试验（**注意：点火时停止搅拌，但点火后应继续搅拌**），点火时扭动滑板及点火器控制手柄，使滑板滑开，点火器伸入杯口，使火焰留在这一位置1s立即迅速回到原位。若无闪火现象，按上述方法每升高1℃（闪点低于104℃的试样）或2℃（闪点高于104℃的试样）重复进行点火试验。

（4）当第一次在试样液面上方出现蓝色火焰时，记录温度。继续试验，如果能继续闪火，才能认为测定结果有效。若再次试验时，不出现闪火，则应更换试样重新试验。

取平行测定两个结果的算术平均值，作试样的闪点。根据国家标准规定，平行测定的两个结果与其算术平均值的差数不应超过下列允许值：

闪点范围/℃	允许差数/℃
≤104	±1
>104	±3

(5) 根据前面所述的开口杯闪点的校正方法，对所测得的闪点进行压力校正。

注意事项

(1) 用开口杯法测定闪点时，试样水分大于0.1%，必须脱水，再供闪点测定。用闭口杯法测定闪点时，若试样水分超过0.05%时，必须脱水后才能进行测定。

(2) 试样的装入量必须符合规定，过多或过少都会影响油品在混合气中的浓度，使测定的闪点偏低或偏高。

(3) 点火用的火焰大小、与液面的距离及停留时间都要按规定执行。若球形火焰直径偏大、与液面距离过短及停留时间过长都会使测定值偏低。

(4) 要严格控制加热速度。速度过快时，试样蒸发迅速，会使混合气的局部浓度过大而提前闪火，导致测定闪点偏低。加热速度过慢，则测定时间拉长，点火次数增多，消耗了部分油气，使闪火的温度升高，测定结果必然偏高。

练　习

(1) 简述闪点和燃点的定义，并比较两者的异同。

(2) 测定石油产品的闪点有哪两种方法？一般情况下，哪些石油产品需开口杯法测闪点？如同一试油分别用开口杯法和闭口杯法测得闪点的数值是否一样？为什么？

(3) 在大气压力为92.2kPa时用开口杯法测得某车用机油的闪点为207℃，问该机油在101.3kPa大气压力下的开口杯闪点是多少？

(4) 用闭口杯闪点测定器测得某高速机油的闪点126℃。如果测定时的大气压力为95.3kPa，问该机油的标准闭口杯闪点是多少？

3.5 测定黏度

3.5.1 概述

当流体在外力作用下作层流运动时，相邻两层流体分子之间存在内摩擦力，阻滞流体的流动，这种特性称为流体的黏滞性，衡量黏滞性大小的物理常数称为**黏度**。黏度随流体的不同而不同，随温度的变化而变化，不注明温度条件的黏度是没有意义的。

黏度通常分为绝对黏度（动力黏度）、运动黏度和条件黏度。

(1) **绝对黏度**　绝对黏度（又称动力黏度）是指当两个面积为$1m^2$，垂直距离为1m的相邻液层，以$1m \cdot s^{-1}$的速度作相对运动时所产生的内摩擦力，常用η表示。当内摩擦力为1N时，则该液体的黏度为1，其法定计量单位为Pa·s（即$N \cdot s \cdot m^{-2}$）。在温度t℃时

的绝对黏度用 η_t 表示。

（2）**运动黏度** 某流体的绝对黏度与该流体在同一温度下的密度之比称为该流体的运动黏度，以 ν 表示。

$$\nu=\frac{\eta}{\rho}$$

其法定计量单位是 $m^2 \cdot s^{-1}$。在温度 t℃时的运动黏度以 ν_t 表示。

（3）**条件黏度** 条件黏度是在规定温度下，在特定的黏度计中，一定量液体流出的时间（s）；或者是此流出时间与在同一仪器中，规定温度下的另一种标准液体（通常是水）流出的时间之比。根据所用仪器和条件的不同，条件黏度通常有下列几种。

① **恩氏黏度** 试样在规定温度下从恩氏黏度计中流出 200mL 所需的时间与 20℃的蒸馏水从同一黏度计中流出 200mL 所需的时间之比，用符号 $°E_t$ 表示。

② **赛氏黏度** 试样在规定温度下，从赛氏黏度计中流出 60mL 所需的时间，单位为秒。

③ **雷氏黏度** 试样在规定温度下，从雷氏黏度计中流出 50mL 所需的时间，单位为秒。

以条件性的实验数值来表示的黏度，可以相对地衡量液体的流动性，这些数值不具有任何的物理意义，只是一个公称值。

3.5.2 黏度的测定

3.5.2.1 测定原理

（1）运动黏度的测定原理（毛细管黏度计法） 在一定温度下，当液体在直立的毛细管中，以完全湿润管壁的状态流动时，其运动黏度 ν 与流动时间 τ 成正比。测定时，用已知运动黏度的液体（常用 20℃时的蒸馏水为标准液体）作标准，测量其从毛细管黏度计流出的时间，再测量试样自同一黏度计流出的时间，则可计算出试样的黏度。

$$\frac{\nu_t^{样}}{\nu_t^{标}}=\frac{\tau_t^{样}}{\tau_t^{标}}$$

即：

$$\nu_t^{样}=\frac{\nu_t^{标}}{\tau_t^{标}}\times\tau_t^{样}$$

式中，$\nu_t^{标}$ 是标准液体在一定温度下的运动黏度，是已知值。而 $\tau_t^{标}$ 是标准液体在某一毛细管黏度计中的流出时间，也是一定值，故对某一毛细管黏度计来说 $\frac{\nu_t^{标}}{\tau_t^{标}}$ 是一常数，称为该毛细管黏度计常数，一般以 K 表示，则上式可写为：

$$\nu_t^{样}=K\times\tau_t^{样}$$

由此可知，在测定某一试液的运动黏度时，只需测定毛细管黏度计的黏度计常数，再测出在指定温度下试液的流出时间，即可计算出其运动黏度 $\nu_t^{样}$ 值。

（2）条件黏度（恩氏黏度）的测定原理 条件黏度的测定原理与运动黏度相似，也是遵循不同的液体流出同一黏度计的时间与黏度成正比。根据不同的条件黏度的规定，分别测量已知条件黏度的标准液体和试样在规定的黏度计中流出时间，计算试样的条件黏度。

如恩氏黏度的测定原理就是按恩氏黏度的规定，分别测定试样在一定温度（通常为 50℃、100℃，特殊要求时也用其他温度）下，由恩氏黏度计流出 200mL 所需的时间（s）和同样量的水在 20℃时由同一黏度计流出的时间，即黏度计的水值 K_{20}。从而根据下式计算试液的恩氏黏度。

$$E_t=\frac{\tau_t}{K_{20}}$$

式中 E_t——试样在 t℃时的恩氏黏度；

τ_t——试液在 t℃时从恩氏黏度计中流出 200mL 所需时间，s；

K_{20}——黏度计水值，s。

3.5.2.2 测定仪器

(1) 运动黏度测定装置 主要由以下几部分组成。

① 毛细管黏度计（平氏黏度计） 毛细管黏度计一组共有 13 支，毛细管内径分别为 0.4、0.6、0.8、1.0、1.2、1.5、2.0、2.5、3.0、3.5、4.0、5.0、6.0mm。其构造如图 3-12 所示。

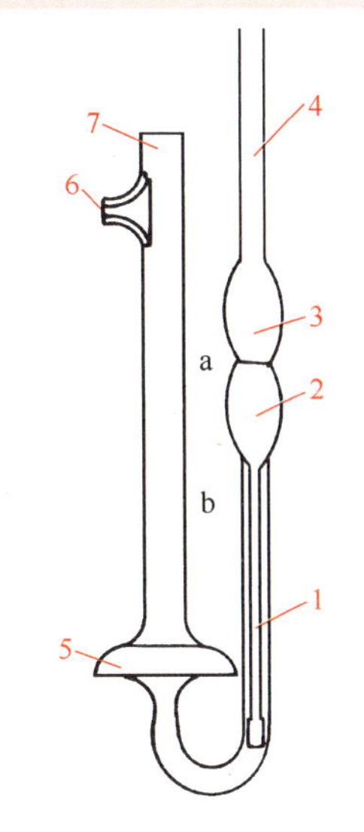

图 3-12 毛细管黏度计

1—毛细管；2,3,5—扩大部分；4,7—管身；6—支管；a,b—标线

选用原则 按试样运动黏度的约值选用其中一支，使试样流出时间在 120～480s 范围内。在 0℃及更低温度测定高黏度试样时，流出时间可增加至 900s；在 20℃测定液体燃料时，流出时间可减少至 60s。

② 恒温浴 容积不小于 2L，高度不小于 180mm。带有自动控温仪及自动搅拌器，并有透明壁或观察孔。

③ 温度计 测定运动黏度专用温度计，分度值为 0.1℃。

④ 恒温浴液 根据测定所需的规定温度不同，选用适当的恒温液体。常用的恒温液体见表 3-7。

表 3-7 不同温度下使用的恒温液体

测定温度/℃	恒温用液体	测定温度/℃	恒温用液体
50～100	透明矿物油、甘油或 25% NH_4NO_3 水溶液（表面应浮有一层透明的矿物油）	0～20	水和冰的混合物，或乙醚、冰与干冰的混合物
20～50	水	−50～0	乙醇与干冰的混合物（无乙醇时可用汽油代替）

(2) 恩氏黏度测定装置

① 恩氏黏度计 恩氏黏度计如图 3-13 所示。其结构为：将两个黄铜圆形容器套在一起，内筒 1 装试样，外筒 2 为热浴。内筒底部中央有流出孔 8，试液可经小孔流出，流入接收量瓶。内筒上有盖 3，盖上有插堵塞棒 6 的孔 4 及插温度计的孔 5。内筒中有三个尖钉 7，作为控制液面高度和仪器水平的水平器。外筒装在铁质三脚架 10 上，足底有调整仪器水平的螺旋 11。黏度计热浴一般用电加热器加热并能自动调整控制温度。

② 接收量瓶 有一定尺寸规格的葫芦形玻璃瓶（见图 3-14）。其中刻有 100mL、200mL 两道标线。

③ 电加热控温器。

④ 温度计 恩氏黏度计专用，分度值 0.1℃。

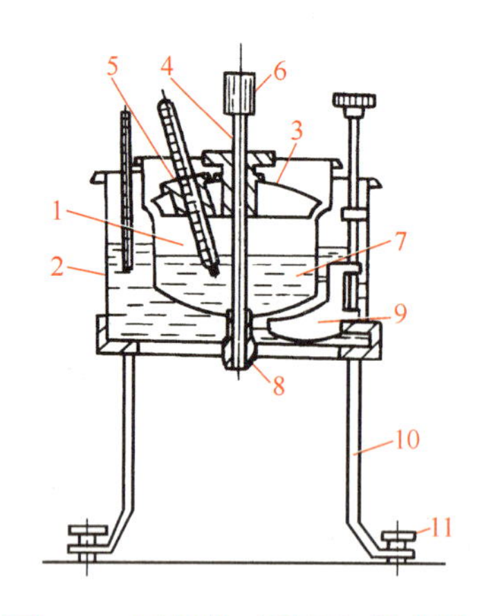

图 3-13　恩格勒（恩氏）黏度计

1—内筒；2—外筒；3—内筒盖；4,5—孔；6—堵塞棒；7—尖钉；8—流出孔；9—搅拌器；10—三脚架；11—水平调节螺旋

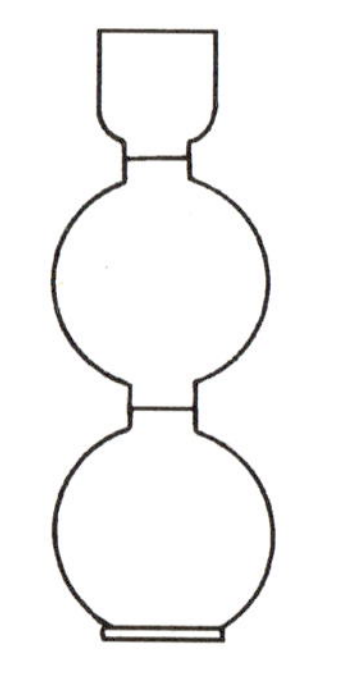

图 3-14　接收量瓶

技能训练

技能训练 3.9　毛细管法测定黏度

毛细管法测定黏度

训练目的　通过训练，学会正确选择和使用毛细管黏度计，熟悉毛细管法测定黏度的操作技术。

训练时间　3h。

训练目标　通过训练，能正确选择和使用毛细管黏度计，熟练掌握毛细管法测定运动黏度的操作技能，并在 3h 内完成测定任务。

仪器、试剂与试样

（1）**仪器**

① 毛细管黏度计（平氏黏度计）。

② 恒温浴　带有自动控温装置。

③ 温度计。

④ 秒表。

（2）**试剂**

① 恒温浴液　根据测定所需的规定温度不同，选用适当的恒温液体。

② 乙醇。

③ 铬酸洗液。

④ 石油醚。

（3）**试样**　机油或其他石油产品。

测定步骤

（1）取一支适当内径的毛细管黏度计，用轻质汽油或石油醚洗涤。如果黏度计沾有污垢，则用铬酸洗液、自来水、蒸馏水及乙醇依次洗净，然后使之干燥。

（2）在支管处接一橡胶管，用软木塞塞住管身的管口，倒转黏度计，将管身的管口插入盛有标准试样（20℃蒸馏水）的小烧杯中，通过连接支管的橡胶管用洗耳球将标准试样吸至标线 b 处（注意试样中不能出现气泡），然后捏紧橡胶管，取出黏度计，倒转过来，擦干管壁，并取下橡胶管。

（3）将橡胶管移至管身的管口，使黏度计直立于恒温浴中，使其管身下部浸入浴液。在黏度计旁边放一支温度计，使其水银泡与毛细管的中心在同一水平线上。恒温浴内温度调至 20℃，在此温度保持 10min 以上。

（4）用洗耳球将标准试样吸至标线 a 以上少许（勿使出现气泡），停止抽吸，使液体自由流下，注意观察液面。当液面至标线 a，启动秒表；液面流至标线 b，按停秒表。记下由 a 至 b 的时间。重复测定 4 次，各次流动时间与其算术平均值的差数不得超过算术平均值的 0.5%，取不少于三次的流动时间的算术平均值作为标准试样的流出时间 $\tau_{20}^{标}$。

（5）倾出黏度计中的标准试样，洗净并干燥黏度计，用同一黏度计按上述同样的操作测量试样的流出时间 $\tau_{20}^{样}$。

【注意】 必须调整恒温浴的温度为规定的测定温度。

结果计算

根据下式计算试样的运动黏度：

$$\nu_t^{样}=K\times\tau_t^{样} \qquad \left(K=\frac{\nu_{20}^{标}}{\tau_{20}^{标}}\right)$$

式中 K——黏度计常数；

$\nu_{20}^{标}$——20℃时水的运动黏度；

$\tau_{20}^{标}$——20℃时水自黏度计流出的时间，s；

$\tau_t^{样}$——t℃时试液自黏度计流出的时间，s。

注意事项

（1）试样含有水或机械杂质时，在测定前应经过脱水处理，过滤除去机械杂质。

（2）由于黏度随温度的变化而变化，所以测定前试液和毛细管黏度计均应准确恒温，并保持一定的时间。在恒温器中黏度计放置的时间为：在 20℃时，放置 10min；在 50℃时，15min；在 100℃时，放置 20min。

（3）试液中有气泡会影响装液体积，且进入毛细管后可能形成气塞，增大了液体流动的阻力，使流动时间过长，造成误差。

技能训练 3.10　黏度杯法测定黏度

训练目的　通过训练，学会正确使用恩氏黏度计，熟悉黏度杯法测定黏度的操作技术。

黏度杯法测定黏度

训练时间　3h。

训练目标　通过训练，能正确使用恩氏黏度计，熟练掌握黏度杯法测定恩氏黏度的操作技能，并在 3h 内完成测定任务。

仪器、试剂与试样

（1）仪器

① 恩氏黏度计　带有专用的电加热控温器。

② 接收量瓶。

③ 温度计　恩氏黏度计专用，分度值0.1℃。

④ 秒表。

(2) **试剂**　乙醇。

(3) **试样**　机油或其他石油产品。

测定步骤

(1) 依次用乙醚、乙醇和蒸馏水将黏度计的内筒洗净并干燥。

(2) 将堵塞棒塞进内筒的流出孔，注入一定量的蒸馏水，至恰好淹没三个尖钉。调整水平调节螺钉并微提起堵塞棒至三个尖钉刚露出水面并在同一水平面上，且流出孔下口悬留有一大滴水珠，塞紧堵塞棒，盖上内筒盖，插入温度计。

(3) 向外筒中注入一定量的水至内筒的扩大部分，插入温度计。然后轻轻转动内筒盖，并转动搅拌器，至内外筒水温均为20℃（5min内变化不超过±0.2℃）。

(4) 置清洁、干燥的接收量瓶于黏度计下面并使正对流出孔。迅速提起堵塞棒，并同时按动秒表，当接收量瓶中水面达到200mL标线时，按停秒表，记录流出时间。重复测定四次，若每次测定值与其算术平均值之差不超过0.5s，取其平均值作为黏度计水值（K_{20}）。

(5) 将内筒和接收量瓶中的水倾出，并干燥。以试样代替内筒中的水，调节至要求的特定温度，按上述测定水值的方法，测定试样的流出时间。

平行测定的允许差值：250s以下，允许相差1s；251～500s，允许相差3s；501～1000s，允许相差5s；1000s以上，允许相差10s。

结果计算

根据下式计算试样的恩氏黏度：

$$E_t = \frac{\tau_t}{K_{20}}$$

式中　E_t——试样在t℃时的恩氏黏度；

τ_t——试样在t℃时从黏度计中流出200mL所需的时间，s；

K_{20}——黏度计的水值，s。

注意事项

(1) 恩氏黏度计的各部件尺寸必须符合规定的要求，特别是流出管的尺寸规定非常严格（见GB/T 266—1988)，管的内表面经过磨光，使用时应防止被磨损及弄脏。

(2) 符合标准的黏度计，其水值应为(51±1)s,并应定期校正，水值不符合规定的不能使用。

(3) 测定时温度应恒定到要求温度的±0.2℃。试液必须呈线状流出，否则就无法得到流出200mL试液所需的准确时间。

练　习

(1) 黏度的定义是什么？黏度有几种表示方法？

(2) 运动黏度与绝对黏度的关系是什么？简述毛细管黏度计法测定运动黏度的原理。什么叫毛细管黏度计常数？

(3) 条件黏度有哪几种？恩氏黏度的定义是什么？

(4) 在20℃时运动黏度为$39\times10^{-6}m^2\cdot s^{-1}$的标准试样，在毛细管黏度计中的流动时间为372.8s。在50℃时，测得某试样在毛细管黏度计中的流动时间139.2s，求该试样的运动黏度。

3.6 测定比旋光度

3.6.1 概述

3.6.1.1 自然光和偏振光

日常见到的日光、火光、灯光等，都是**自然光**。根据光的波动学说，光是一种电磁波，是横波，光波的振动是在和它前进的方向相互垂直的许多个平面上。当自然光通过一种特制的玻璃片——偏振片或尼科尔棱镜时，则透过的光线只限制在一个平面内振动，这种光称为**偏振光**，偏振光的振动平面叫作偏振面。自然光和偏振光如图3-15所示。

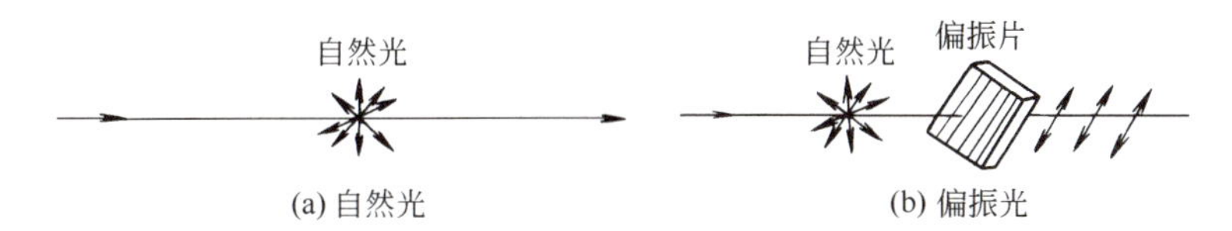

图3-15 自然光、偏振光示意图

3.6.1.2 旋光现象和旋光度

有些化合物，因其分子中有不对称结构，具有手性异构，如果将这类化合物溶解于适当的溶剂中，当偏振光通过这种溶液时，偏振光的振动方向（振动面）发生旋转，产生旋光现象，如图3-16所示。这种特性称为物质的**旋光性**，此种化合物称为旋光性物质。偏振光通过旋光性物质后，振动方向（振动面）旋转的角度称为旋光度（旋光角），用α表示。能使偏振光的振动方向向右旋转（顺时针旋转）的旋光性物质称为右旋体，以（+）表示，能使偏振光的振动方向向左旋转（逆时针旋转）的旋光性物质称为左旋体，以（−）表示。通过测定旋光度（旋光角）和比旋光度，可以检验具有旋光活性的物质的纯度，也可定量分析其含量及溶液的浓度。

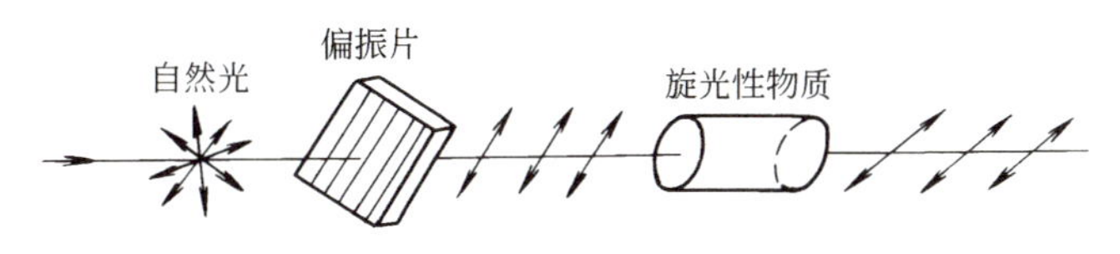

图3-16 旋光现象

3.6.2 旋光度的测定

3.6.2.1 测定原理

测定旋光度的原理如图3-17所示。从光源（a）发生的自然光通过起偏镜（b），变为在单一方向上振动的偏振光，当此偏振光通过盛有旋光性物质的旋光管（c）时，振动方向旋转了一定的角度，此时调节附有刻度盘的检偏镜（d），使最大量的光线通过，检偏镜所旋转的度数和方向显示在刻度盘上，此时即为实测的旋光度α。

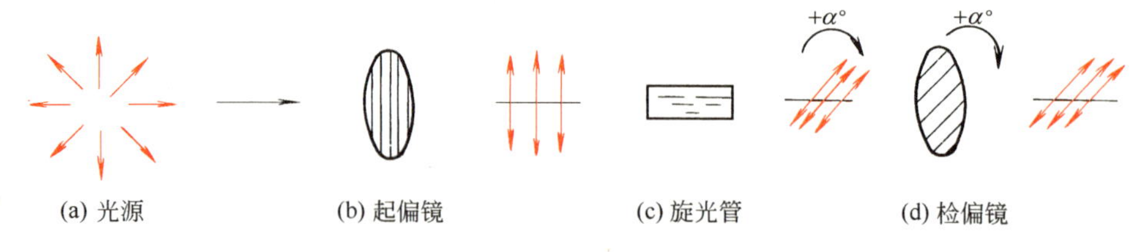

图 3-17　测定旋光度的原理示意图

旋光度的大小主要决定于旋光性物质的分子结构，也与溶液的浓度、液层厚度、入射偏振光的波长、测定时的温度等因素有关。同一旋光性物质，在不同的溶剂中，有不同的旋光度和旋光方向。由于旋光度的大小受诸多因素的影响，缺乏可比性。一般规定：以黄色钠光D线为光源，在20℃时，偏振光透过每毫升含1g旋光性物质、液层厚度为1dm（10cm）溶液时的旋光度，叫作**比旋光度**（或旋光本领），用符号 $[\alpha]_D^{20}$（s）表示。它与上述各因素的关系为：

纯液体的比旋光度（旋光本领）

$$[\alpha]_D^{20}=\frac{\alpha}{l\rho}$$

溶液的比旋光度（旋光本领）

$$[\alpha]_D^{20}(s)=\frac{\alpha}{lC}$$

式中　α——测得的旋光度，(°)；

l——旋光管的长度（液层厚度），dm；

ρ——液体在20℃时的密度，$g \cdot mL^{-1}$；

C——每毫升溶液含旋光性物质的质量，$g \cdot mL^{-1}$；

20——测定的温度，℃；

s——所用的溶剂。

3.6.2.2　测定仪器

旋光仪的型号很多，常用的是国内生产的WXG型半荫式旋光仪，其外形和构造如图3-18和图3-19所示。

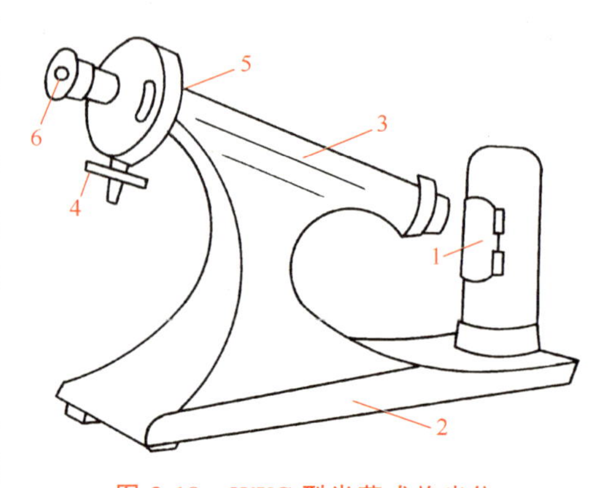

图 3-18　WXG型半荫式旋光仪

1—钠光源；2—支座；3—旋光管；4—刻度盘转动手轮；5—刻度盘；6—目镜

（1）起偏镜和检偏镜的作用　如图3-20所示，起偏镜（Ⅰ）和检偏镜（Ⅱ）为两个偏振片。当钠光射入起偏镜后，射出的为偏振光，此偏振光又射入检偏镜。如果这两个偏振片的方向相互平行，则偏振光可不受阻碍地通过检偏镜，观测者在检偏镜后可看到明亮的光线［如图3-20(a)所示］。当慢慢转动检偏镜，观测者可看到光线逐渐变暗。当旋至90°，即两个偏振片的方向相互垂直时，则偏振光被检偏镜阻挡，视野全黑［如图3-20(b)所示］。

如果在测量光路中先不放入装有旋光性物质的旋光管，此时转动检偏镜使其与起偏镜的

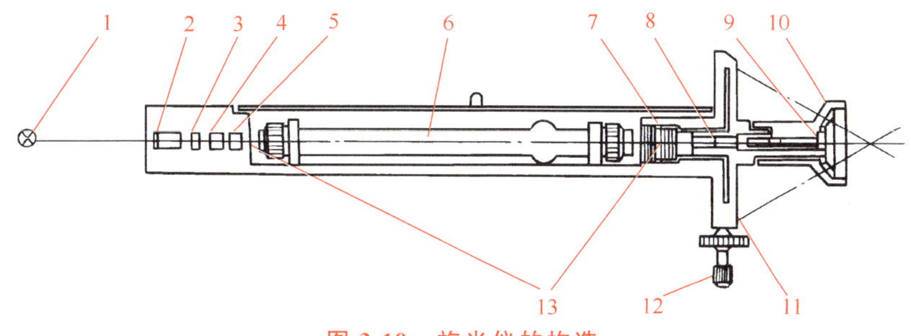

图 3-19　旋光仪的构造

1—光源（钠光）；2—聚光镜；3—滤色镜；4—起偏镜；5—半荫片；6—旋光管；7—检偏镜；8—物镜；9—目镜；10—放大镜；11—刻度盘；12—刻度盘转动手轮；13—保护片

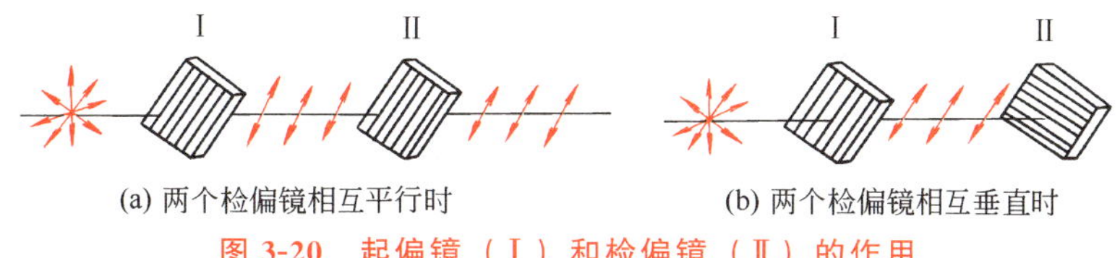

图 3-20　起偏镜（Ⅰ）和检偏镜（Ⅱ）的作用

方向垂直，则偏振光不能通过检偏镜，在目镜上看不到光亮，视野全黑。此时读数盘应指示为零，即为仪器的零点。然后将装有旋光性物质的旋光管放在光路中，由于偏振光被旋光性物质旋转了一个角度，使光线部分地通过检偏镜，目镜又呈现光亮。此时再旋转检偏镜，使其振动方向与透过旋光性物质以后的偏振光方向相互垂直，则目镜视野再次呈现全黑。此时检偏镜在读数盘上旋转过的角度，即为旋光性物质的**旋光度**。

（2）半荫片的作用　上述旋光仪的零点和试样旋光度的测定，都以视野呈现全黑为标准，但人的视觉要判定两个完全相同的“全黑”是不可能的。为提高测定的准确度，通常在起偏镜和旋光管之间，放入一个半荫片装置，以帮助进行比较。

半荫片是一个由石英和玻璃构成的圆形透明片，如图 3-21 所示，呈现三分视场。半荫片放在起偏镜之后，当偏振光通过半荫片时，由于石英片的旋光性，把偏振光旋转了一个角度。因此通过半荫片的这束偏振光就变成振动方向不同的两部分。这两部分偏振光到达检偏镜时，通过调节检偏镜的位置，可使三分视场左、右的偏振光不能透过，而中间可透过，即在三分视场里呈现左、右最暗，中间稍亮的情况［如图 3-22(a) 所示］。若把检偏镜调节到使中间的偏振光不能通过的位置，则左、右可透过。即三分视场呈现中间最暗，左、右稍亮的情况［如图 3-22(b) 所示］。很显然，调节检偏镜必然存在一种介于上述两种情况之间的位置，即在三分视场中看到中间与左、右的明暗程度相同而分界线消失的情况［如图 3-22(c) 所示］。以此视场作为标准要比判断“全黑”视场准确得多。

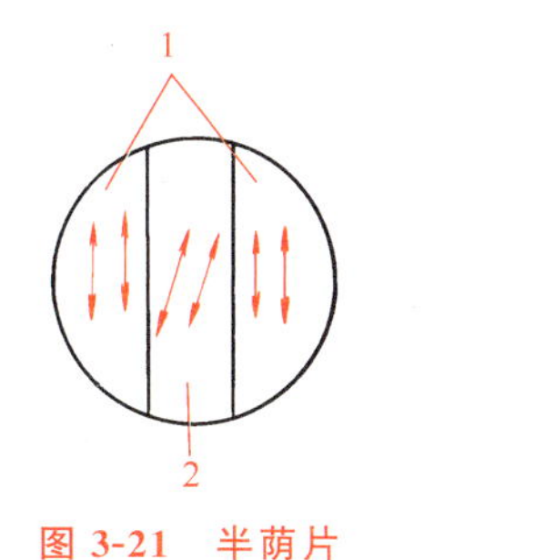

图 3-21　半荫片

1—玻璃；2—石英

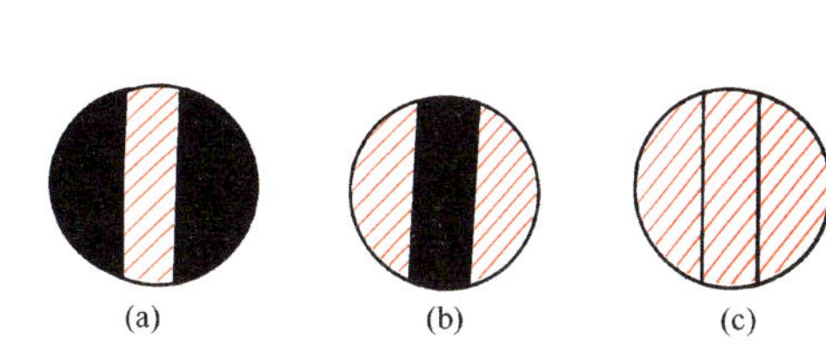

图 3-22　视场变化情况

3.6.3 比旋光度的应用

比旋光度是旋光性物质在一定条件下的特征物理常数。按照一般方法测得旋光性物质的旋光度，根据上述公式计算实际的比旋光度，与文献上的标准比旋光度对照，以进行定性鉴定。也可用于测定旋光性物质的纯度或溶液的浓度。

$$C=\frac{\alpha}{l[\alpha]_{D}^{20}}$$

$$纯度=\frac{\alpha V}{l[\alpha]_{D}^{20}m}\times 100\%$$

式中 α——测得的旋光度，(°)；

l——旋光管的长度（液层厚度），dm；

$[\alpha]_{D}^{20}$——旋光性物质的标准比旋光度，(°)；

V——溶液的体积，mL；

m——试样的质量，g。

技能训练 3.11 测定旋光度

训练目的 通过训练，学会正确使用旋光仪，熟悉测定旋光度的操作技术及有关的计算。

训练时间 3h。

训练目标 通过训练，能正确使用旋光仪，熟练掌握测定旋光度的操作技能，并在 3h 内完成测定任务。

仪器、试剂与试样

(1) **仪器**

① WXG-4 型圆盘旋光仪（或其他型号）。

② 恒温水浴。

③ 容量瓶 100mL。

④ 烧杯 150mL。

⑤ 玻璃棒。

⑥ 胶帽滴管。

(2) **试剂** 氨水（浓）。

(3) **试样** 葡萄糖或蔗糖。

测定步骤

(1) 配制试样溶液 准确称取 10g（准确至小数点后四位）试样于 150mL 烧杯中，加 50mL 水溶解（若样品是葡萄糖需加 0.2mL 浓氨水），放置 30min 后，将溶液转入 100mL 容量瓶中，置于 (20±0.5)℃的恒温水浴中恒温 20min，用 (20±0.5)℃的蒸馏水稀释至刻度，备用。

(2) 旋光仪零点的校正

① 将旋光仪的电源接通，开启仪器的电源开关，约 5min 后待钠光灯正常发光，开始进行零点校正。

② 取一支长度适宜（一般为 2dm）的旋光管，洗净后注满 (20±0.5)℃的蒸馏水，装

上橡胶圈，旋紧两端的螺帽（以不漏水为准），把旋光管内的气泡排至旋光管的凸出部分，擦干管外的水。

③ 将旋光管放入镜筒内，调节目镜使视场明亮清晰，然后轻缓地转动刻度盘转动手轮至视场的三分视界消失，记下刻度盘读数，准确至 0.05。再旋转刻度盘转动手轮，使视场明暗分界后，再缓缓旋至视场的三分视界消失，如此重复操作记录三次，取平均值作为零点。

读数方法：旋光仪的读数系统包括刻度盘及放大镜。仪器采用双游标读数，以消除度盘偏心差。刻度盘和检偏镜连在一起，由调节手轮控制，一起转动。检偏镜旋转的角度，可以在刻度盘上读出，刻度盘分 360 格，每格 1°，游标分 20 格，等于刻度盘 19 格，用游标读数可读到 0.05°。如图 3-23 的读数为右旋 9.30°。

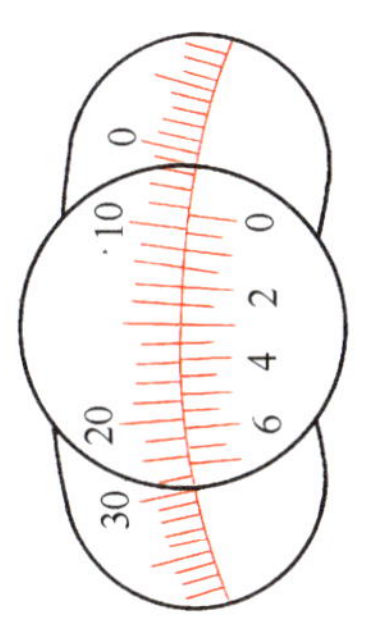
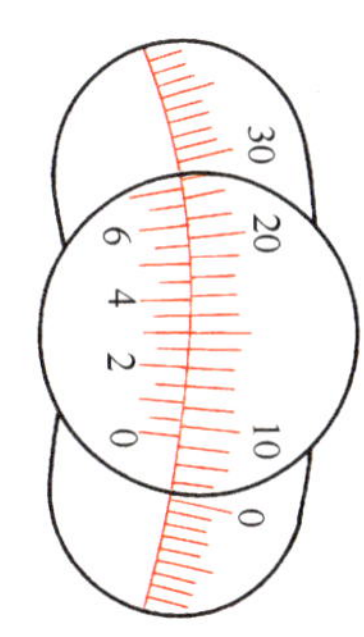

图 3-23　旋光仪刻度盘读数

图中读数为右旋 9.30°

（3）试样测定　将旋光管中的水倾出，用试样溶液清洗旋光管，然后注满（20±0.5)℃的试样溶液，装上橡胶圈，旋紧两端的螺母，将气泡赶至旋光管的凸出部分，擦干管外的试液。重复步骤（2）中的②、③操作。

结果计算

根据下式计算试样的比旋光度

$$[\alpha]_D^{20}=\frac{\alpha}{l\rho}$$

$$\alpha=\alpha_1-\alpha_0$$

式中　$[\alpha]_D^{20}$ —— 20℃时的试样的比旋光度，(°)；

α ——经零点校正后试样的旋光度，(°)；

l ——旋光管的长度，dm；

ρ ——旋光性物质的质量浓度，$g\cdot mL^{-1}$；

α_1 ——试样的旋光度，(°)；

α_0 ——零点校正值，(°)。

也可根据测定的旋光度值，计算试样的纯度或溶液的浓度。

注意事项

（1）不论是校正仪器零点还是测定试样，旋转刻度盘只能是极其缓慢的，否则就观察不到视场亮度的变化，通常零点校正的绝对值在 1°以内。

（2）如不知试样的旋光性时，应先确定其旋光性方向后，再进行测定。此外，试液必须清晰透明，如出现浑浊或悬浮物时，必须处理成清液后测定。

（3）仪器应放在空气流通和温度适宜的地方，以免光学部件、偏振片受潮发霉及性能衰退。

（4）钠光灯管使用时间不宜超过 4 小时，长时间使用应用电风扇吹风或关熄 10～15min，待冷却后再使用。

（5）旋光管使用后，应及时用水或蒸馏水冲洗干净，擦干藏好。

练习

(1) 简述自然光与偏振光的区别。什么是物质的旋光性和旋光度？

(2) 旋光性物质的旋光度大小与哪些因素有关？

(3) 称取一葡萄糖试样 11.0485g，配成 100.0mL 溶液，用 20cm 的旋光管，测得此试样可以使偏振光振动面偏转$+11.5°$，则此葡萄糖的纯度为多少？（葡萄糖的标准比旋光度为：$[\alpha]_{D}^{20}=+52.7°$）

(4) 有一旋光性有机化合物，其分子量为 285。取其 $0.2mol \cdot L^{-1}$ 氯仿溶液于 200mm 的旋光管中，在 20℃时，测得旋光度为$+6.87°$，计算其比旋光度。

(5) 20℃时，用 2dm 的旋光管测得果糖溶液的旋光度为$-18.00°$，其标准比旋光度为$-90.00°$。试求此果糖溶液的浓度。

3.7 测定折射率

3.7.1 概述

3.7.1.1 折射现象与折射率

折射率也称折光率。固体、气体或液体都有折射现象，这是由于光在两种不同介质中的传播速度不同而形成的。所以，光线从一种介质进入另一种介质，当它的传播方向与两种介质的界面不垂直时，就会在界面处的传播方向上发生改变，这种现象称为光的**折射现象**。如图 3-24 所示。

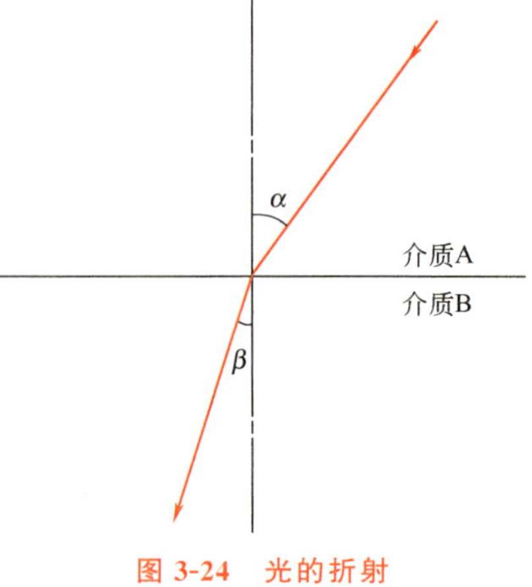

图 3-24 光的折射

根据折射定律，波长一定的单色光线在一定的温度和压力等条件下，从某种介质 A 进入另一种介质 B 时，入射角 α 和折射角 β 的正弦之比和这两种介质的折射率 N（介质 A 的）与 n（介质 B 的）成反比，即

$$\frac{\sin\alpha}{\sin\beta}=\frac{n}{N}$$

当介质 A 是真空时，规定 $N=1$，于是 $n=\frac{\sin\alpha}{\sin\beta}$。

所以一种介质的**折射率**，就是光线从真空进入该介质时的入射角和折射角的正弦之比。这种折射率称为该介质的**绝对折射率**。但在实际应用中，通常总是以空气作为入射介质，并作为比较的标准，如此测定的折射率，称为某物质对空气的**相对折射率**。若以空气为标准测得的相对折射率乘上 1.00029（空气的绝对折射率）即为该介质的绝对折射率。

3.7.1.2 影响折射率的因素

折射率是物质的特性常数，它不仅与物质的结构和光线波长有关，而且也受温度、压力等因素的影响。所以在表示折射率时，必须注明所用的光源波长和测定时的温度。

例如水的折射率 $n_D^{20}=1.33299$，表示测定温度为20℃，所用光源波长为钠灯的D线(583.9nm)。

一般文献中记录的折射率数据都是以20℃为标准的，因此，在其他温度下测定的折射率都要进行校正，其校正公式如下：$n_D^{20}=n_D^t+0.00045(t-20)$。

由于大气压的变化对折射率的影响并不显著，所以只有在很精密的工作中，才需考虑压力的影响。

液体物质的折射率可以用阿贝折射仪迅速而准确地测定。将实测的折射率与已知的纯化合物的折射率进行比较，既能说明化合物的纯度，也可用于鉴定；同时根据折射率和混合物摩尔组成间的线性关系，还可以用来测定含有已知成分混合物的百分组成。

3.7.2 折射率的测定

3.7.2.1 测定原理

测定折射率最常用的方法是使用阿贝折射仪来测定物质的折射率。阿贝折射仪是根据临界折射现象设计的。其测定折射率的工作原理是：将被测液置于测量棱镜（其折射率为 N）的镜面上，入射光线由经过被测液射入棱镜时，入射角为 i，折射角为 γ，根据折射定律：

$$\frac{\sin i}{\sin\gamma}=\frac{N}{n}$$

随着入射角 i 的改变，折射角为 γ 也相应地按一定比率改变，当入射角变化为90°时，折射角达到极限值，此时的折射角称为临界角，以 γ_c 表示。在这种情况下，$i=90°$，$\sin\gamma_c=1$，则：

$$\frac{1}{\sin\gamma_c}=\frac{N}{n} \quad 或 \quad n=N\sin\gamma_c$$

如果 N 为固定值，在温度、单色光波长保持恒定的实验条件下，测定临界角 γ_c 即可求出被测物质的折射率 n。

3.7.2.2 测定仪器

测定折射率最常用的方法是用阿贝折射仪来测定物质的折射率，简单介绍阿贝折射仪的结构和使用方法。

(1) 阿贝折射仪的**结构** 阿贝折射仪是测定液体折射率最常用的仪器。通常为了恒定测量温度，还需配备一台超级恒温水浴一起使用。阿贝折射仪的结构及观测图如图3-25、图3-26所示。

(2) 阿贝折射仪的**主要组成** 由两块直角棱镜组成，上面一块是光滑的，下面一块的表面是磨砂的。左面有一个镜筒和刻度盘，上面刻有1.3000～1.7000的格子。右面也有一个镜筒，是测量望远镜，用来观察折射情况。光线由反射镜反射入下面的棱镜，发生漫射，以不同入射角射入两个棱镜之间的液层，然后再射到上面棱镜的光滑表面上，由于它的折射率很高，一部分光线可以再经折射进入空气而到达测量望远镜，另一部分光线则发生全反射。调节旋钮使测量望远镜中的视场如图3-26所示，此时可以从左面的读数镜中直接读出折射率。

阿贝折射仪中装有消除色散装置，故可用钠灯作为光源，也可直接使用日光。其测得的数据与钠D线所测得的一样。

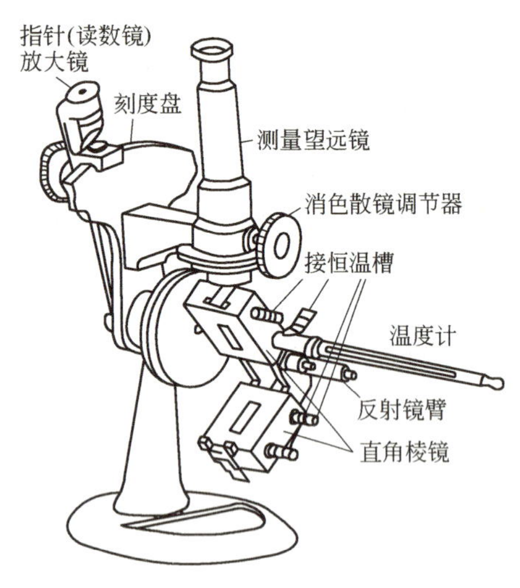

图 3-25　阿贝折射仪

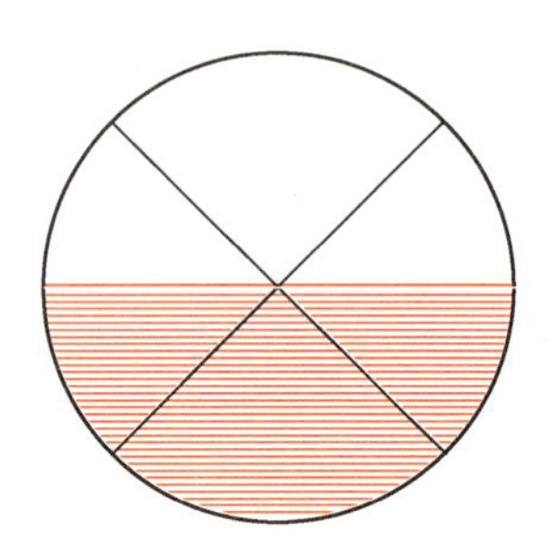

图 3-26　阿贝折射仪在临界角时目镜视野图

3.7.2.3　测定折射率的应用

（1）**定性鉴定**　折射率一般能测出五位有效数字，因此，是物质的一个非常精确的物理常数，故可以用于定性鉴定。在工业生产中，液体药物、试剂、油脂、合成原料或中间体的定性鉴别项中，常列有折射率一项。通过测定物质的折射率，并与标准折射率值进行对照，可以定性鉴定某些化学物质。

（2）**测定化合物的纯度**　折射率作为纯度的标志比沸点更为可靠，将测得的折射率与文献所记载的纯物质的折射率作比对，可用来衡量试样的纯度。试样的实测折射率愈接近文献值，其纯度就愈高。

（3）**测定溶液的浓度**　一些溶液的折射率随其浓度而变化。溶液浓度愈高，折射率愈大。可以利用测定溶液的折射率，根据溶液浓度与折射率之间的关系（如工作曲线法），求出溶液的浓度，这是一个快速而简便的测定方法，因此常用于工业生产中的中间体溶液控制、药房中的快速检验等。

并非所有溶液的折射率都随浓度变化有显著的变化，只有在溶质与溶剂各自的折射率有较大差别时，折射率与浓度之间的变化才比较明显。若溶液浓度变化而折射率并无明显变化时，利用折射率测定溶液浓度，就会产生很大的误差。因此，应用折射率测定溶液浓度的方法是有一定局限的。

技能训练 3.12　测定折射率

训练目的　通过训练，学会正确使用阿贝折射仪和超级恒温槽，熟练掌握测定折射率的操作方法。

训练时间　1h。

训练目标　通过训练，学会正确使用阿贝折射仪，熟练掌握测定折射率的操作方法，在1h内完成测定，并达到试样测定值与标准值绝对差≤0.0008，平行测定值的相对平均偏差

≤0.02%。

安全　安全使用易燃有机物。

仪器、试剂与试样

(1) **仪器**

① 阿贝折射仪。

② 超级恒温槽。

③ 标准玻璃块。

④ 擦镜纸或脱脂棉球。

(2) **试剂**　二级水、乙醚。

(3) **试样**　丙酮、乙酸乙酯等。

测定步骤

(1) 阿贝折射仪的**校正**　先将折射仪与恒温槽连接，通入恒温水，使仪器恒温在(20.0±0.1)℃。松开锁钮，开启下面棱镜，滴1～2滴乙醚于镜面上。合上棱镜，过1～2min后打开棱镜，用丝巾或擦镜纸轻轻擦洗镜面（**注意：不能用滤纸擦**）。待镜面干净后用二级水或标准玻璃块进行校正。

滴1～2滴重蒸馏水（二级水）于镜面上，关紧棱镜，转动左手刻度盘，使读数镜内标尺读数等于重蒸馏水的折射率（$n_D^{20}=1.3330$），调节反射镜，使测量远镜中的视场最亮。调节测量镜，使视场最清晰。转动消色调节器，消除色散，再用一特制的小旋具旋动右面镜筒下方的方形螺钉，使明暗交接线和“×”字中心对齐，如图3-26所示，至此，校正完毕。

(2) 试样折射率的**测定**　打开棱镜，洗清镜面，擦干后用滴管向棱镜表面滴加2～3滴样品，待整个镜面湿润后，立即闭合棱镜并扣紧，使样品均匀、无气泡，并充满视场。待棱镜温度计读数恢复到(20.0±0.1)℃，调整反射镜使视场最亮。轻轻转动左手刻度盘，在右镜筒内找到明暗分界线。若看到彩色光带，则转动消色调节器，直至出现明暗分界线。再转动左手刻度盘，使分界线对准“×”字中心，读数并记录。每个样品平行测定三次。

(3) 阿贝折射仪的**维护**

① 阿贝折射仪在使用前后，棱镜均需用乙醚洗净，并干燥，滴管或其他硬物不得接触镜面。擦洗镜面时只能用丝巾或擦镜纸，不能过分用力，以防损伤镜面。

② 用完后，要将金属套中的水放尽，拆下温度计并放在纸套中，将仪器擦干净，放入盒中。

③ 折射仪不能放在日光直射或靠近热源的地方，以免样品迅速蒸发。

④ 酸、碱等腐蚀性的液体不得使用阿贝折射仪测定其折射率，可用浸入式折射仪测定。

⑤ 折射仪不用时需放在木箱内，并置于干燥处。

练习

(1) 阿贝折射仪测量折射的范围为多少？阿贝折射仪的使用步骤分哪些？

(2) 阿贝折射仪使用和维护时应注意哪些事项？

(3) 影响折射率的因素有哪些？测折射率时，光源是什么？波长为多少？校正的依据是什么？

(4) 已知光线从空气中射入某液体中入射角为70°，折射角为40°，求光线从空气中射入该液体中的临界角。

工业产品物理常数测定技术的发展趋势

一、更高的精度和准确性

随着技术的不断进步，对物理常数的测定将追求更高的精度和准确性。例如，量子技术的发展可能会进一步提高时间、频率等物理量的测量精度。

二、多技术融合

不同的信息技术将更加融合地应用于物理常数测定。如人工智能、大数据、量子技术、计算机模拟、远程监控等技术的结合，将实现更全面、更高效的测定。

三、实时在线监测与分析

工业生产中对物理常数的实时监测和快速分析需求将不断增加。通过传感器网络和实时数据传输，实现对物理常数的连续监测，并借助先进的算法进行即时分析和反馈。

四、微观和纳米尺度的测定

随着工业产品向微观和纳米尺度发展，对这些尺度下物理常数的测定将变得更加重要。例如，纳米材料的物理性质测定将需要更先进的技术和设备。

五、跨领域应用拓展

信息技术在物理常数测定中的应用可能会拓展到更多的领域。例如，在生物医疗、新能源、新材料等新兴产业中，对特定物理常数的精确测定将推动这些领域的创新和发展。

六、智能化和自动化

测定过程将更加智能化和自动化，减少人工干预，提高测定效率和可靠性。例如，通过机器学习算法自动优化测定参数和分析数据。

七、远程和分布式测定

利用互联网和通信技术，实现远程和分布式的物理常数测定，使测定不受地理距离限制，方便对多个地点或复杂系统的监测。

八、绿色和低能耗技术

在追求测定效果的同时，也会更注重采用绿色环保和低能耗的信息技术，以降低对环境的影响和运营成本。

九、标准和规范的完善

随着各种新技术的应用，相关的标准和规范将不断完善，以确保测定结果的一致性、可比性和可靠性。

十、与先进制造的深度结合

如与人工智能在先进制造中的深度融合，为制造业的全生命周期提供更精准的物理常数数据，助力智能制造的发展。

未来，信息技术在物理常数测定上的应用将不断创新和发展，为工业生产的优化、产品质量的提升以及新兴领域的突破提供更强大的支持。

4

有机化合物定量分析

学习指南

在工业生产中，绝大多数原料、中间体和产品都是有机化合物，经常需要分析它们的组成和成分含量。由于有机化合物组成、结构比较复杂，所以其测定方法要比无机化合物复杂。有机化合物定量分析主要分为元素定量分析和官能团定量分析。本章将重点学习一些常见的有机化合物定量分析的方法、测定原理及有关的操作技能。

知识目标

掌握有机化合物定量分析的基础知识和常用方法；熟悉有机试样化学性质和样品前处理的方法；掌握有机试样定量分析的基本原理、测定条件、测定步骤、数据处理与结果分析的方法。

技能目标

会准备有机化合物定量分析的仪器、试剂、试样和装置的搭建；会凯氏定氮法、氧瓶燃烧法、酸碱滴定法、非水滴定法、乙酰化法、高碘酸氧化法、羟胺肟化法、皂化法、氧化还原法、重氮化法、热失重法的测定操作；能总结测试过程的注意事项和数据分析。

素质目标

具备有机化合物定量分析中个人安全防护和正确三废处理的科学态度；具有实验试剂药品节约的意识；具有合理安排工作步骤时间管理的意识；培养互助学习良好的团队合作精神。

4.1 概 述

基本知识

4.1.1 有机化合物定量分析的特点

有机化合物与无机化合物的性质差异较大，有机化合物的性质不仅与组成的元素有关，而且与原子的排列和所含的官能团等有更密切的关系，即使是同一种官能团，在不同的化合物中往往表现出不同的反应活性。因此，有机定量分析与无机定量分析也有不同的特性和要求。与无机定量分析相比较，有机定量分析的特点主要表现在以下几个方面。

（1）无机分析多以离子反应为基础，主要测定化合物中元素的组成和含量。有机分析不仅要测定元素组成及其含量，更重要的是要进行官能团定量分析，即官能团定量分析具有更大的实用意义。

（2）无机定量分析中的反应多数是离子反应，因此反应的速率一般比较快，且反应可以完成到底，而有机化合物的反应多数是非离子反应，反应速率一般比较慢，而且往往有副反应发生。因此，要设法提高反应速率，缩短分析时间，避免副反应的发生，这就要求必须严格控制反应条件。

（3）有机化合物在高温时往往不稳定，分子容易断裂，许多有机化合物具有很大的分子量和很复杂的分子结构，因而增加了有机定量分析中的困难。

（4）有机化合物的同系物的化学性质往往比较相近，分离测定常常是比较困难的。

（5）无机定量分析中的反应通常是在水溶液中进行的，而大多数有机化合物都难溶于水，较易溶于适当的有机溶剂中，而且水分通常会干扰有机化合物的反应。因此，在进行有机分析时要选择适当的溶剂，所选择的溶剂最好是既能溶解试样又能溶解试剂，同时对分析结果不发生影响，还须注意水分对测定的干扰及分析结果的影响。

4.1.2 有机化合物定量分析的一般方法

有机化合物定量分析是通过化学分析法测量试剂的消耗量或产物之一的生成量，从而确定被测组分的含量。测定的物质包括酸、碱、氧化剂、还原剂、水分、沉淀物、气体及有色物等。因此，有机化合物定量分析的一般方法归纳起来大致有下面几类。

（1）**酸碱中和法**　酸碱中和法简便、易操作，应用较广。但在水溶液中进行有机物的酸碱滴定时有以下缺点：一是大多数有机物在水中溶解度较小；二是大多数有机酸或碱太弱，在水中滴定不能获得敏锐的终点。若用非水溶剂则可以克服上述缺点，扩大可滴定的有机酸或碱的数目。因此，有机化合物的酸碱滴定通常是在非水溶剂中进行的。

（2）**氧化还原法**　氧化还原分析法是以氧化还原反应为基础进行的。有机化合物的可逆氧化还原反应为数甚少，绝大多数有机化合物的氧化还原反应是不可逆的，但进行得较慢。在有机化合物的氧化还原分析法中用得较多的是碘量法、低亚金属盐还原法和金属氢化物还原法。

（3）**滴定测水法**　滴定测水法是通过借助测量某些有机化合物在化学反应过程中产生或消耗的水分，从而可以确定这些有机化合物的含量。测溶液中的水分可用卡尔费休试剂滴定法。

（4）**形成沉淀法**　某些有机化合物与某些试剂在一定条件下在某一介质中反应生成难溶产物，可利用这些沉淀反应来测定这些有机化合物。采用的方法主要有质量法、滴定沉淀法、返滴法和直接滴定法。

（5）**气体测量法**　一些有机化合物可以借测量化学反应中产生或消耗的气体来测定。测量气体的方法可采用恒压下测体积的变化，或恒体积下测压力的变化，前者在有机分析中应用较多。

（6）**比色法**　一些有机化合物与某些试剂在一定条件下生成有色化合物，借此定量分析有机化合物的方法称为比色法。比色分析具有以下优点：一是灵敏度高，适合于微量分析；

二是专属性强，适合于从混合物中选择测定某组分。

练 习

（1）有机定量分析与无机定量分析比较，具有哪些特点？

（2）有机化合物定量分析的一般方法有哪些？

4.2 凯氏定氮法测定有机氮含量

测定有机物中氮时，通常是将有机物中的氮转变成 N_2 或 NH_3 的形式，然后分别用量气法或气相色谱法测定 N_2，用滴定法或分光光度法测定 NH_3，从而计算出化合物中氮的含量。前者主要是经典的杜马（Dumas）法，后者是经典的凯达尔（Kjeldahl）法。下面主要介绍凯达尔法。

4.2.1 测定原理

凯氏定氮法亦称硫酸消化法。凯氏定氮法全过程包括消化、碱化蒸馏、吸收和滴定等几步。它是将含氮有机化合物用浓硫酸与催化剂加热分解（消化），使样品中所含的氮转变成 NH_3，被浓硫酸吸收生成硫酸氢铵，消化后的溶液在蒸馏器中用氢氧化钠碱化，析出的氨用直接蒸馏法或水蒸气蒸馏法蒸出，然后用饱和的硼酸溶液吸收，最后用盐酸标准滴定溶液滴定，从而可以计算出样品中氮的含量。反应原理如下：

消化　　有机氮 $+H_2SO_4 \xrightarrow{\text{催化剂}} NH_4HSO_4+CO_2\uparrow+H_2O+\cdots$

碱化蒸馏　$NH_4HSO_4+2NaOH \longrightarrow NH_3\uparrow+Na_2SO_4+2H_2O$

吸收　　$NH_3+H_3BO_3 \longrightarrow NH_4H_2BO_3$

滴定　　$NH_4H_2BO_3+HCl \longrightarrow NH_4Cl+H_3BO_3$

蒸馏过程中所放出的氨，选用硼酸作吸收液。因为，硼酸的酸性足以使氨吸收完全，可防止氨因挥发而造成损失。由于硼酸的酸性较弱，不会干扰盐酸滴定硼酸二氢氨。也可用一定量的硫酸标准溶液吸收，再用碱标准溶液滴定过量的酸。因为需要两种标准溶液，过程麻烦，用者较少。

结果计算

从上述的反应过程可以看出，有机氮与盐酸的定量关系为：

1 份有机氮（N）$\Bumpeq$ 1 份 NH_3 $\Bumpeq$ 1 份 $NH_4H_2BO_3$ $\Bumpeq$ 1 份 HCl

$$w(N)=\frac{(V_1-V_0)\times c(HCl)\times 14.01}{m\times 1000}$$

式中　$w(N)$——试样中氮的质量分数；

V_1——试样消耗盐酸标准滴定溶液的体积，mL；

V_0——两次空白试验消耗盐酸标准滴定溶液体积的平均值，mL；

$c(HCl)$——盐酸标准滴定溶液的浓度，$mol\cdot L^{-1}$；

14.01——氮原子的摩尔质量，$g\cdot mol^{-1}$；

m——试样质量，g。

4.2.2 测定条件

4.2.2.1 消化条件

(1) 操作过程中，消化是关键。如果消化效果不好，样品中的氮就不能定量地转化成 NH_3，导致分析结果不准确。因此，加入硫酸钾可以使硫酸的沸点从 290℃ 升高到 400℃ 以上，从而可提高反应温度，加速样品分解过程，缩短消化时间。但是硫酸钾的用量不可过多，否则造成硫酸消耗过多，使硫酸量不足。另外，温度过高，生成的硫酸氢铵也会分解放出 NH_3，使氮损失。

(2) 选择加入适量的催化剂，可加速消化反应。常用的催化剂有硫酸铜、硒粉、汞、氧化汞、氯化汞、硫酸汞和过氧化氢等。可以单独使用一种或适当混合使用两种催化剂。其中以硫酸铜和硒混合使用最普遍，硫酸铜除有催化作用外，可在蒸馏时作碱性反应的指示剂；硒粉催化效能高，可大大缩短消化时间，但硒粉用量不可过多，否则在消化过程中易生成 $(NH_4)_2SeO_3$，继而分解放出 NH_3，造成氮的损失。此外，使用硒粉时，消化过程中放出有毒 SeO_2 和 SeH_4，所以实验室有良好的通风设备时方可使用。

(3) 对难分解的化合物，可添加适量的氧化剂以加速消化。常用的氧化剂是 30% 的过氧化氢，消化速度快、操作简便。但氧化剂的作用过于激烈，容易使氨进一步氧化为 N_2，造成氮的损失。因此须待消化液完全冷却后，再加数滴过氧化氢。

催化剂和氧化剂的选择难以一致，各种配合方式在有关标准中均有规定。

4.2.2.2 碱化蒸馏和吸收

(1) 碱的用量　常用 40% 的氢氧化钠溶液。其用量约为消化时所用硫酸体积的 4～5 倍。采用直接蒸馏法时，应注意防止强酸强碱中和时产生的热量使 NH_3 逸出损失。中和时应沿瓶壁缓慢地加入碱液。

(2) 蒸馏速度　蒸馏时加入锌粒或沸石，防止溶液过热后产生爆沸，开始蒸馏时速度不宜过快，以免蒸出的 NH_3 未及时被吸收而逸出，造成损失。

(3) 硼酸吸收液及其用量　硼酸吸收液在蒸馏过程中应保持室温，其浓度及用量以能足够吸收 NH_3 为宜。常用浓度为 2%～4%，可根据消化液中含氮量估计硼酸的用量，适当多加。

凯氏定氮法的仪器设备简单，测定过程较为简便，应用较普遍，多用于工业生产的常规分析，常用来测定氨基酸、蛋白质及有机氮肥中氮的含量。但此法不能直接用于硝基及亚硝基化合物、偶氮化合物、肼、腙等的测定，因为若用硫酸直接消化，则不能使其中的氮完全转化成硫酸氢铵。因此，当测定这类样品时，需要在分解以前用适当的还原剂将这些官能团还原，然后再用此法测定。

技能训练

技能训练 4.1　凯氏定氮法测定有机氮含量

凯氏定氮法测定有机氮含量

训练目的　通过训练，了解消化装置和水蒸气蒸馏装置的安装方法及使用方法，熟悉凯氏定氮法测定有机氮含量的操作过程。

训练时间　4h。

训练目标　通过训练，能正确安装和使用消化装置及水蒸气蒸馏装置，熟练掌握凯氏定氮法测定有机氮含量的操作过程，在规定时间内完成测定任务，相对平均偏差小于1%。

安全 正确使用水蒸气蒸馏装置及腐蚀性强酸的安全使用，并注意安全用电。

仪器、试剂与试样

（1）**仪器**

① 消化装置 500mL凯氏烧瓶，如图4-1所示。

② 水蒸气定氮仪 如图4-2所示。

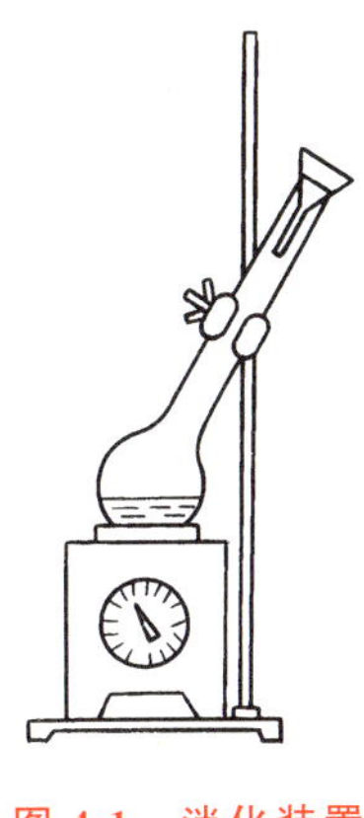

图4-1 消化装置

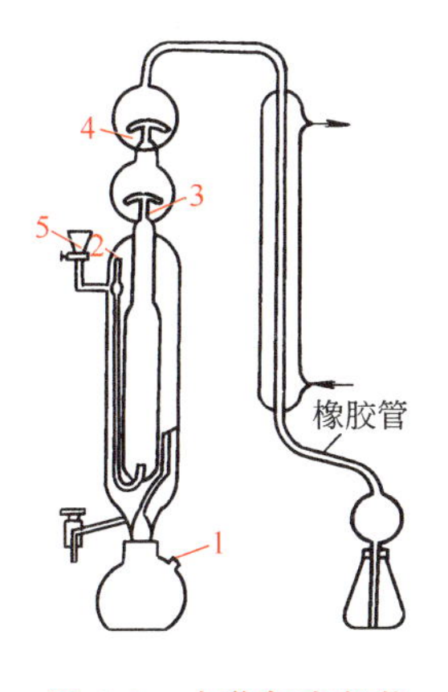

图4-2 水蒸气定氮仪

1—水蒸气发生瓶；2—蒸汽室；
3—安全球；4—冷凝管；5—阀门漏斗

③ 电炉 500W。

（2）**试剂**

① 浓硫酸 $\rho_{20}=1.84\text{g}\cdot\text{mL}^{-1}$。

② 氢氧化钠水溶液 $\rho=400\text{g}\cdot\text{L}^{-1}$。

③ 硼酸溶液 $\rho=20\text{g}\cdot\text{L}^{-1}$。

④ 盐酸标准溶液 $c(\text{HCl})=0.025\text{mol}\cdot\text{L}^{-1}$。

⑤ 混合指示液 10mL溴甲酚绿乙醇溶液加4mL甲基红乙醇溶液，贮于棕色瓶中。两者都是用0.1g溶质分别溶于100mL φ(乙醇) =95%的乙醇中的溶液。

⑥ 硫酸铜-硫酸钾混合物 硫酸铜（$CuSO_4\cdot5H_2O$）10g与硫酸钾100g于研钵中研磨，混匀后过40目筛。

（3）**试样** 尿素、乙酰苯胺。

测定步骤

（1）准备工作

① 准备好测定所需的各种仪器及所需溶液的试剂。

② 准备好消化装置及水蒸气定氮仪。

③ 配制测定所需溶液并标定HCl标准滴定溶液。

（2）消化

① 准确称取0.11～0.14g试样于干燥的凯氏烧瓶中。注意要使试样尽可能落入瓶底部，不要黏附在瓶颈的内壁上。

② 加入3g硫酸铜-硫酸钾混合物，沿瓶壁慢慢加入8～10mL浓硫酸，轻轻摇动凯氏烧

瓶，使试样被浓硫酸湿润。

③ 按图 4-1 消化装置在凯氏瓶口插入一小漏斗以减少硫酸的损失，并使烧瓶呈 45°角斜置于石棉网上，用小火缓慢加热，微沸。

④ 加热至溶液呈透明的绿色或无色（约 30min），停止加热，稍冷后用少量水冲洗漏斗和瓶壁，冷却。

⑤ 将消化液全部移入 250mL 容量瓶中，用蒸馏水稀释至刻度，摇匀备用。

（3）蒸馏和吸收　蒸馏和吸收前先按以下①至⑤步骤清洗水蒸气定氮仪。

① 从水蒸气发生瓶入口处加入蒸馏水（占容积 2/3）、数粒沸石和 2 滴硫酸，塞紧入口处。

② 开通冷却水，加热水蒸气发生瓶，使水沸腾，让水蒸气流遍全部仪器 5～10min，以冲洗除去其中杂质。

③ 移开火源，使仪器中的水从蒸汽室压出。

④ 从阀门漏斗中加水到蒸汽室，关闭阀门漏斗，反复洗涤仪器三次。

⑤ 打开出水口放出洗涤水，放空后关闭出水口，关闭冷却水，仪器洗涤完毕。以上几步操作可在消化样品过程中同时进行。

⑥ 从水蒸气发生瓶入口处补充水和几滴硫酸，加入 25mL 硼酸吸收液于吸收瓶中，按图 4-2 安装好吸收瓶。

⑦ 用移液管吸取 25.00mL 消化液，从阀门漏斗加到反应室中，用少量蒸馏水冲洗阀门漏斗三次。

⑧ 再从阀门漏斗加入 8mL 氢氧化钠溶液（$400g \cdot L^{-1}$），用少量蒸馏水冲洗后，关闭阀门漏斗。

⑨ 开通冷却水，加热水蒸气发生瓶，至溶液近沸腾，塞紧水蒸气发生瓶入口。继续加热进行蒸馏至吸收瓶中馏出液约 200mL 时，加大火力使橡胶管中的溶液都压入吸收瓶中。

⑩ 取下吸收瓶，用少量蒸馏水冲洗橡胶管口，冲洗液并入吸收瓶中。移开火源，蒸馏吸收完毕。然后按①、②、③、④、⑤步骤清洗仪器。

也可用直接蒸馏法进行操作。直接蒸馏法装置如图 4-3 所示。

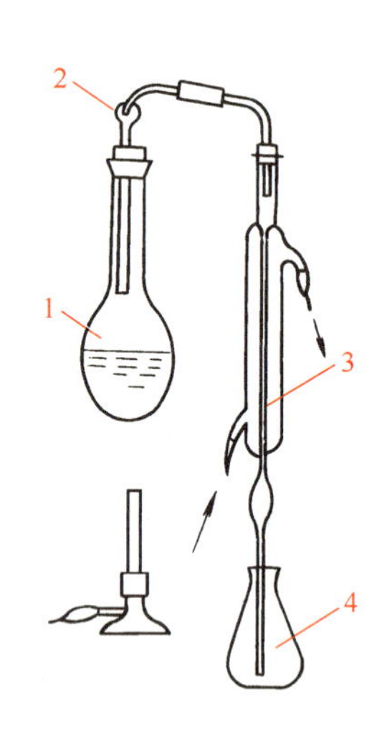

图 4-3　直接蒸馏法装置

1—凯氏定氮瓶；2—安全球；3—冷凝器；4—锥形瓶

（4）滴定

① 在吸收瓶中加入 8 滴混合指示液，用 $c(HCl)=0.025mol \cdot L^{-1}$ 的盐酸标准滴定溶液滴定吸收液，直至溶液由绿色变为灰紫色为终点。

② 用相同的方法与相同量试剂，进行两次空白试验。

结果计算

试样中的含氮量按下式计算

$$w(N)=\frac{(V_1-V_0)\times c(HCl)\times 14.01}{m\times\frac{25.00}{250}\times 1000}$$

式中 $w(N)$——试样中氮的质量分数；

V_1——试样消耗盐酸标准滴定溶液的体积，mL；

V_0——两次空白试验消耗盐酸标准滴定溶液体积的平均值，mL；

$c(HCl)$——盐酸标准滴定溶液的浓度，$mol \cdot L^{-1}$；

14.01——氮原子的摩尔质量，$g \cdot mol^{-1}$；

m——试样质量，g。

注意事项

(1) 在进行训练前，先复习溶液的配制和标定酸标准滴定溶液的有关知识以及本内容的基本知识部分。

(2) 分析液体样品时，试样用毛细管称取，加入消化液后，用玻璃棒将毛细管压断。

(3) 开始蒸馏时速度不可过快，以免蒸出的 NH_3 未被吸收而逸出，从而造成氮的损失。

(4) 若试验失败，请找出失败的关键步骤及原因。

练 习

(1) 简述凯氏定氮法的测定原理。

(2) 在消化过程中加入硫酸钾有什么作用？

(3) 凯氏定氮法中常用的催化剂有哪些？

(4) 哪些有机含氮物不能用凯氏定氮法直接测定？为什么？

(5) 用凯氏定氮法测定双氢氯噻嗪（$C_7H_8O_4S_2N_3Cl$，其摩尔质量为 $297.75g \cdot mol^{-1}$）中含氮量。称取试样 0.2182g 消化后定容于 250mL 容量瓶中，摇匀。吸取 10.00mL 溶液进行蒸馏，生成的氨用硼酸吸收后，用 $0.01005mol \cdot L^{-1}$ 盐酸标准滴定溶液滴定，消耗 8.76mL，空白试验消耗 0.05mL，求试样中氮的含量和双氢氯噻嗪的含量。

凯氏与定氮法的创立

凯氏其人

凯氏（Johan Gustav Christoffer Thorsager Kjeldahl），1849 年 8 月 16 日生于丹麦，父亲是当地一位内科医生。1867 年凯氏中学毕业后，考入哥本哈根皇家工学院，攻读应用自然科学。1873 年，凯氏以优异的成绩毕业并获得硕士学位。同年，他担任哥本哈根皇家农学院化学实验室主任 C. T. Barfoed 教授的助手。该实验室主要从事无机化学、有机化学、定量和定性分析化学等方面的研究。凯氏在这里工作不久就显出过人的才华，并深得 Barfoed 的赏识。1875 年，Barfoed 将这位聪明能干的年轻人推荐给自己的朋友 J. C. Jacobsen。Jacobsen 是丹麦的大酿造企业 Carlsberg 酒厂的厂主，他始终固守这样一条经营哲学，即“产品质量第一、利润第二”。他最大的目标就是生产出世界上最优质的啤酒。1876 年，Jacobsen 创建了 Carlsberg 实验室，凯氏被聘为该实验室化学部主任。最初的工作是研究多糖的转化及麦芽汁的发酵，在研究影响酶作用的外因方面有了开创性的进展。不久，他的兴趣转向蛋白质的研究，深入研究了植物蛋白质的光学活性及植物蛋白质在各种醇中的溶解度关系。对蛋白质的研究，需要一种快速、简便的定氮法，使他创立了著名的凯氏法。

凯氏生前曾获得多种荣誉。1892年，被选为丹麦皇家科学家和文学院院士及挪威奥斯陆科学院院士。1894年，被哥本哈根大学授予荣誉博士学位。1900年7月18日，凯氏在游泳时，因脑出血突发逝世，享年51岁。

早期的定氮法

1786年，法国化学家贝托雷（C. L. Berthollet）第一个认识到，某些有机化合物除碳氢外还含有氮。此后至凯氏之前的近一百年里，为了测定有机物中的氮，化学家们曾作过不少的探索。1831年，法国化学家Jean. B. A. Dumas首创一种实用的定氮法。这种方法是将有机物燃烧分解成氮气，通过测定氮气的体积，便可得出有机物中的含氮量。但这种方法仪器复杂且操作费时，受到很大的局限。

1841年，德国著名化学家李比希（J. Von Liebig）的两位学生瓦伦特拉普（F. Varrentrapp）和威尔（H. Will）提出了另一种可供选择的定氮法。他们将有机试样和过量的碱石灰混合进行高温分解，氮转化为氨，并收集在一个装有盐酸的吸收器中，然后用$PtCl_4$沉淀，再根据质量法进行测定。由于涉及质量分析，这一方法仍相当费时。1847年，帕利哥特（E. Peligot）进行了改进，将放出的氨气用标准硫酸溶液吸收，过量的硫酸用糖酸钙作滴定剂，用石蕊作指示剂进行回滴，这一改进大大缩短了测定时间。

到了1867年，英国著名分析化学家万克林（J. A. Wanklyn）提出的定氮法，对凯氏产生了深远的影响。该法将试样在氢氧化钠和高锰酸钾溶液中进行蒸馏，氮被转化为氨，生成的氨以Nessler试剂进行滴定。快速、简便成为该方法最大的优点，但结果不甚精确。

凯氏的定氮新方法

凯氏在研究蛋白质的过程中，需要一种既精确又尽可能快速简便的定氮分析方法。他试遍了以前的几种定氮方法，都不能令他满意。最后，他又试了万克林（J. A. Wanklyn）的定氮法，但这种方法所得的结果偏低。起初，凯氏试着用稀硫酸代替氢氧化钠，发现其结果要精确一些。后来，他用浓硫酸代替稀硫酸，加入高锰酸钾粉末，将试样加热至近沸，试样被氧化、稀释后转移到蒸馏烧瓶中，再碱化，加入锌粒，生成的氨被蒸馏到标准酸中，过量的酸用碱滴定。凯氏还发现，加入发烟硫酸或磷酸酐可以大大加快试样的消化速度。凯氏创立的这一新的定氮法，在1883年凯氏向丹麦化学学会公布了这一成果。凯氏法比以前的定氮法更精确可靠，更简便实用。因此，很快就在许多化学杂志上发表，受到化学家的欢迎，被普遍采用。

后来，科学家们在实践中发现，凯氏法还有不少缺陷，并不断地加以改进完善。如寻找合适的催化剂来加快消化分解的速度，发现加入少量的硫酸钾可以提高硫酸的沸点，加速试样的氧化，采用硼酸吸收氨，用盐酸来滴定等，经过长期不懈的努力，凯氏法已愈来愈完善。直至今日，凯氏法仍有人在作不断的改进。

微波消解技术在凯氏定氮法中的应用

凯氏定氮法是测定总有机氮的最准确和操作最简单的方法之一，可用于所有的动植物食品的分析，又能同时测定多个样品，迄今被作为法定的标准检验方法。但该方法消化样品的时间太长，一般约4h。如样品中含赖氨酸或组氨酸较多时，消化时间则需延长1～2倍，因为这两种氨基酸中的氮在短时间内不易消化完全，往往导致总氮量偏低。一种试样消解技术——微波增温增压溶解样品技术已运用于凯氏定氮法的样品消化中，不但节省了大量的试剂和能源，而且仅用15min即可将样品完全消化。同时由于是密闭溶样还可避免因使用强氧化剂而可能导致氮元素及其化合物的损失，从而保证了蛋白质定量的准确性。

凯氏定氮法的关键，是样品消化后能最后分解生成硫酸铵。但在微波溶解样品中单一使用硫酸消解样品的效果并不理想，需另外添加氧化剂。过氧化氢的氧化能力随酸度的增加而升高，在浓硫酸中加入30%的过氧化氢，既可以稀释浓硫酸又可以提高过氧化氢的氧化能力。样品炭化后再加入高氯酸，可以加速样品的分解过程，同时由于采用密闭溶解样品，还可以避免氨挥发损失。

微波消解技术运用于凯氏定氮法中，大大缩短了测定时间，提高了测定效率，赋予了凯氏定氮法更广泛的应用价值。

4.3 氧瓶燃烧法测定卤素含量

在工业分析中测定有机化合物中卤素含量的方法较多，其共同的特点是将有机化合物中的卤素通过氧化或还原的方法定量地转化成无机卤化物（卤离子 X^-），再用化学或物理化学分析方法测定卤素的含量。常用的方法有卡里乌斯（Carius）封管法、过氧化氢分解法、斯切潘诺夫法和氧瓶燃烧法。

卡里乌斯封管法是在硝酸和硝酸银存在下，于密封管中灼烧分解使卤素转变为卤离子后与银离子作用，生成卤化银沉淀，再用称量法测定卤素含量。过氧化氢分解法是使有机卤化物和过氧化钠在镍弹中共同熔融时，被氧化分解，卤素转变成卤离子后，再用称量法或容量法来定量测定。斯切潘诺夫法则是用乙醇和金属作用，产生新生态的氢，还原分解含有活性卤素的有机化合物，生成卤化钠，酸化后用称量法或容量法来进行测定。以上三种方法，总的来讲存在着操作过程比较复杂或需要使用特殊设备等缺点，不适宜于工业生产上的广泛应用。

现代测定有机物中卤素的方法是1955年薛立格（Schoneger）创立的**氧瓶燃烧法**。由于它的操作过程简便、快速，而且易于掌握，所以应用范围日益广泛，这个方法除了用来定量测定卤素外，还可用于有机化合物中的硫、磷、硼等其他元素的定量方法。

4.3.1 测定原理

将样品包在无灰滤纸内，放在充满氧气的燃烧瓶中，借助金属铂的催化，使温度达到1200℃，促使有机物中的卤素定量地转化成相应的无机卤化物。氧化产物用适当的吸收剂吸收，形成卤离子（X^-）。然后用 $Hg(NO_3)_2$ 标准滴定溶液测出卤离子的含量。整个测定过程包括燃烧分解、吸收、滴定三步骤。

4.3.1.1 氯、溴的测定

（1）**燃烧分解** 含氯或溴的有机化合物在氧气中完全燃烧，其中的卤素能定量地转化成卤化氢和卤素单质。

$$\text{有机卤化物} + O_2 \xrightarrow{\text{Pt，燃烧}} HX + X_2 + CO_2 + H_2O + \cdots$$

燃烧用的燃烧瓶如图4-4所示，其容积有250mL、500mL、1000mL等，瓶塞下端焊接一根铂丝，铂丝下端弯成钩形、片夹形或螺旋形。燃烧时应根据试样量选择合适容积的燃烧

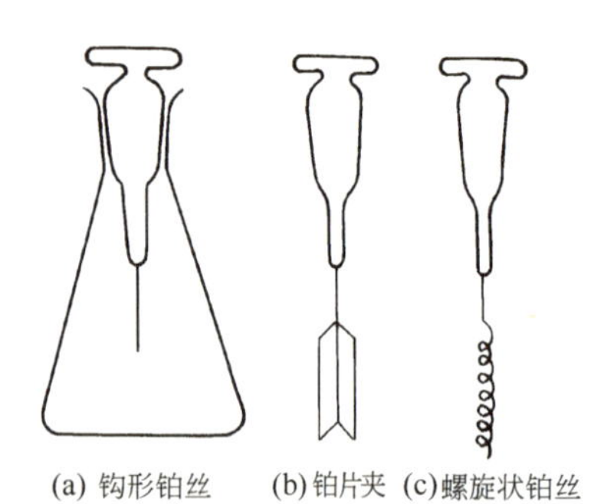

图 4-4　燃烧瓶及铂金丝

瓶，这样才能保证燃烧完全。因为燃烧试样的量和需要氧气的量有关，也和燃烧后产生的瓶内压力有关。

燃烧瓶的溶剂和试样量的大致比例为：

3～10mg 试样	选用 250mL 燃烧瓶
10～20mg 试样	选用 500mL 燃烧瓶
20～50mg 试样	选用 1000mL 燃烧瓶

（2）**吸收**　分解产物一般可用氢氧化钠溶液（含卤较低）或氢氧化钠和过氧化氢的混合溶液（含卤较高）吸收。

$$HCl(HBr)+NaOH \longrightarrow NaCl(NaBr)+H_2O$$

$$Cl_2(Br_2)+2NaOH+H_2O_2 \longrightarrow NaCl(NaBr)+O_2+2H_2O$$

（3）**滴定**　加热煮沸溶液，除去过量的 H_2O_2，调节溶液呈弱酸性（pH≈3.2），用硝酸汞标准滴定溶液滴定，卤离子和汞离子生成几乎不离解的卤化汞：

$$2Cl^-(Br^-)+Hg^{2+} \longrightarrow HgCl_2(HgBr_2)$$

以二苯卡巴腙（二苯偶氮碳酰肼）为指示剂，微量过量的汞离子与二苯卡巴腙生成紫红色的配合物，指示滴定终点。

$$2\ \begin{matrix} C_6H_5NH-NH \diagdown \\ C=O \\ C_6H_5N=N \diagup \end{matrix} + Hg^{2+} \longrightarrow \begin{matrix} C_6H_5 \\ | \\ N=N-N \\ O=C \quad\quad Hg \\ N=N \\ | \\ C_6H_5 \end{matrix} \begin{matrix} N-N=N \\ \quad\quad C=O \\ N=N \end{matrix} + 2H^+$$

紫红色配合物

4.3.1.2　碘的测定

含碘的有机物在氧气中燃烧分解，其中的碘元素除生成碘离子外还生成游离碘和碘酸根。因此，以硫酸肼和氢氧化钾混合溶液为吸收液，使其还原为碘离子，在溶液 pH 为 3.5±0.5 的条件下，用硝酸汞标准滴定溶液滴定：

$$有机卤化物+O_2 \xrightarrow{Pt，燃烧} HI+I_2+HIO_3+CO_2+H_2O+\cdots$$

$$I_2+2KOH+N_2H_4 \longrightarrow 2KI+N_2\uparrow+2H_2O+H_2\uparrow$$

$$2KIO_3+3N_2H_4 \longrightarrow 2KI+3N_2\uparrow+6H_2O$$

$$2I^-+Hg^{2+} \longrightarrow HgI_2$$

4.3.1.3　结果计算

从上述的反应过程中，可以得出有机卤化物中的卤素与 Hg^{2+} 之间的定量关系为：

$$2X \backsim 2X^- \backsim Hg(NO_3)_2$$

所以卤素的含量

$$w(X)=\frac{(V_1-V_0)\times c\left[\frac{1}{2}Hg(NO_3)_2\right]\times M(X)}{m\times 1000}$$

式中　$w(X)$——试样中卤素的质量分数；

V_1——试样测定消耗硝酸汞标准滴定溶液的体积，mL；

V_0——空白试验消耗硝酸汞标准滴定溶液的体积，mL；

$c\left[\frac{1}{2}Hg(NO_3)_2\right]$——硝酸汞标准滴定溶液的浓度，$mol \cdot L^{-1}$；

$M(X)$——卤素的摩尔质量，$g \cdot mol^{-1}$；

m——试样的质量，g。

氧瓶燃烧法只适用于测定氯、溴、碘的含量，有机氟化物，通常很难分解完全，所以不能用此方法测定。

4.3.2 测定条件

用氧瓶燃烧法测定卤素含量，关键是要使试样分解完全，选择合适的吸收液来吸收分解产物，确保完全吸收。由于燃烧分解时采用的吸收液碱性较强，滴定时必须将溶液调节到适当的酸度，有利于提高滴定终点的灵敏度和准确度。

(1) 对于含卤量高的样品，燃烧分解时常加入试样质量2～3倍的助燃剂（如蔗糖）一起燃烧才能使它定量地转化成卤离子。

(2) 滴定时溶液的酸度pH约为3.2为宜，酸度过大，二苯卡巴腙与Hg^{2+}反应的灵敏度降低；碱性溶液中二苯卡巴腙呈红色，与滴定终点颜色相近。

(3) 在80%的乙醇介质中进行滴定，二苯卡巴腙汞合物的电离度降低，使终点更为明显。

4.3.3 硝酸汞标准滴定溶液的标定

硝酸汞标准滴定溶液的标定用氯化钠作基准物，其方法是：精确称取一定量的基准氯化钠，用少量的水溶解后，加入一定量乙醇（水∶乙醇＝1∶4），以溴酚蓝为指示剂，用稀硝酸调节溶液酸度pH≈3.2，加入二苯卡巴腙指示剂，用硝酸汞标准滴定溶液滴定至溶液由黄色变为紫红色即为终点。同时进行空白试验。

反应过程的定量关系为$2NaCl \Leftrightarrow Hg(NO_3)_2$，则硝酸汞标准滴定溶液的浓度可按下式计算：

$$c\left[\frac{1}{2}Hg(NO_3)_2\right]=\frac{m(NaCl)}{(V_1-V_0)\times M(NaCl)}\times 1000$$

式中 $c\left[\frac{1}{2}Hg(NO_3)_2\right]$——硝酸汞标准滴定溶液的浓度，$mol \cdot L^{-1}$；

$m(NaCl)$——氯化钠基准物的质量，g；

V_1——标定消耗硝酸汞标准滴定溶液的体积，mL；

V_0——空白试验消耗硝酸汞标准滴定溶液的体积，mL；

$M(NaCl)$——氯化钠的摩尔质量，$g \cdot mol^{-1}$。

技能训练4.2 氧瓶燃烧法测定卤素含量

氧瓶燃烧法测定卤素含量

训练目的 学会正确使用燃烧瓶、定量滤纸、氧气钢瓶、微量滴定管等仪器设备，熟悉氧瓶燃烧法测定卤素含量的基本原理和操作方法。

训练时间 3h。

训练目标 通过训练，熟练、准确地用氧瓶燃烧法测定卤素含量，并在3h内完成测定任务，相对平均偏差小于0.5%。

安全 正确使用燃烧瓶和氧气钢瓶。

仪器、试剂

（1）**仪器**

① 氧气瓶。

② 燃烧瓶 250mL 或 500mL。

③ 电炉 500W。

④ 半自动微量滴定管 10mL，如图 4-5 所示。

⑤ 定量滤纸。

⑥ 滴定管 50mL。

⑦ 球胆或氧气袋。

图 4-5 半自动微量滴定管

（2）**试剂**

① 氢氧化钠溶液 $\rho=10g\cdot L^{-1}$。

② 过氧化氢溶液 $w(H_2O_2)=30\%$。

③ 硝酸溶液 (1+1)。

④ 硝酸溶液 $c(HNO_3)$分别为 $0.2mol\cdot L^{-1}$、$0.05\ mol\cdot L^{-1}$、$0.5\ mol\cdot L^{-1}$。

⑤ 氯化钠 基准物。

⑥ 乙醇 φ(乙醇)=95%。

⑦ 溴酚蓝-95%乙醇溶液 $\rho=2g\cdot L^{-1}$。

⑧ 二苯卡巴腙-无水乙醇溶液 过饱和溶液。

⑨ 硝酸汞标准滴定溶液 $c\left[\frac{1}{2}Hg(NO_3)_2\right]=0.025\ mol\cdot L^{-1}$。

配制 称取 $Hg(NO_3)_2\cdot H_2O$ 4.38g 溶于 10mL $0.5mol\cdot L^{-1}$ 硝酸中，待硝酸汞全部溶解后，再用 $0.05\ mol\cdot L^{-1}$ 硝酸溶液稀释至 1000mL，放置 24h 后标定。

标定 取分析纯氯化钠于 100℃烘箱干燥 4h，置于干燥器内冷至室温，称取 10～15mg（精确至 0.2mg）于锥形瓶中，以 25mL 水溶解，加溴酚蓝指示液 1 滴，用 $0.2mol\cdot L^{-1}$ 硝酸调至黄色（pH≈3.2），加二苯卡巴腙指示液 6～8 滴，用待标定的硝酸汞标准滴定溶液滴至溶液呈紫红色，即为终点。同时做空白试验。

硝酸汞标准滴定溶液的浓度可按下式计算

$$c\left[\frac{1}{2}Hg(NO_3)_2\right]=\frac{m(NaCl)}{(V_1-V_0)\times M(NaCl)}\times 1000$$

式中 $c\left[\frac{1}{2}Hg(NO_3)_2\right]$——硝酸汞标准滴定溶液的浓度，$mol\cdot L^{-1}$；

$m(NaCl)$——氯化钠基准物的质量，g；

V_1——标定消耗硝酸汞标准滴定溶液的体积，mL；

V_0——空白试验消耗硝酸汞标准滴定溶液的体积，mL；

$M(NaCl)$——氯化钠的摩尔质量，$g\cdot mol^{-1}$。

（3）**试样** 对-硝基氯苯、2,4-二硝基氯苯、聚氯乙烯或其他有机含卤化合物。

测定步骤

（1）准备测定所需的仪器与试剂。

（2）准确称取 20～30mg 试样，置于剪好的滤纸上，如图 4-6 所示。按图 4-7 所示包好滤纸，将滤纸夹在铂金丝上。

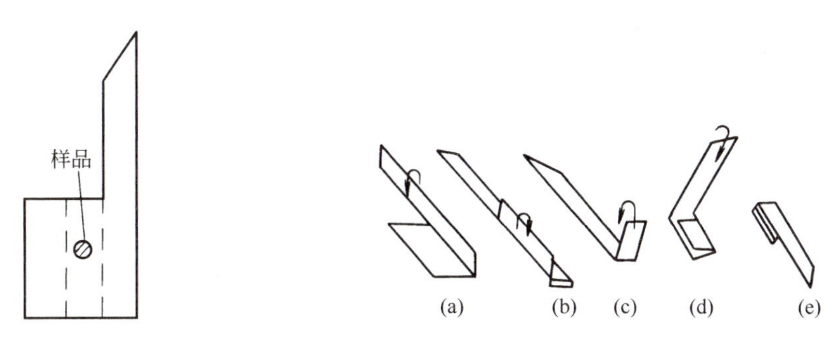

图 4-6　包试样的滤纸

图 4-7　试样的包折方式

【注意】 沸点较高的液体样品，可以直接滴在滤纸中央，与固体样品同样的方法处理。沸点较低的样品，应将液体封入胶囊、薄壁玻璃球、黏胶纸筒或聚乙烯小管中，再用同样滤纸包裹，如图 4-8 所示。

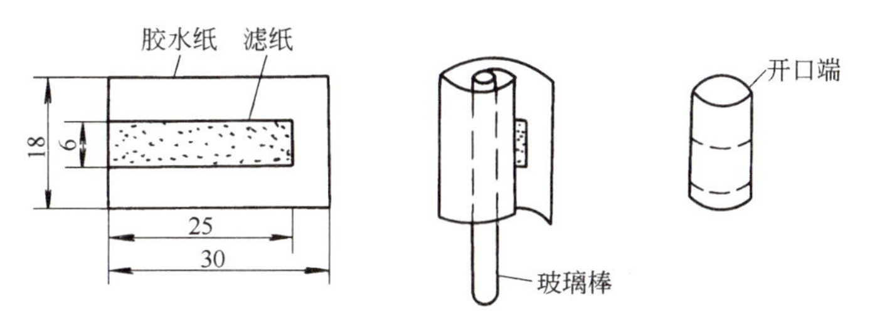

图 4-8　小胶囊的制法和试样的包制

（3）将 10mL $10g \cdot L^{-1}$ 氢氧化钠溶液和 4 滴 $w(H_2O_2)=30\%$ 的过氧化氢溶液加入燃烧瓶中。

（4）将氧气袋中充满氧气，把氧气袋上的导管伸入燃烧瓶中靠液面的部位，通氧 40～50s，使燃烧瓶中充满氧气。

（5）取出导管，点燃滤纸尾部并迅速将其放入燃烧瓶中，用力握住瓶塞，小心将燃烧瓶倾斜 45°，让吸收液封住瓶口，如图 4-9 所示。

【注意】 在燃烧初期，瓶中压力会骤然增加，此时应握紧瓶塞不使其冲出，其后燃烧剧烈进行，同时分解产物逐渐被吸收液吸收，瓶中开始形成减压，瓶塞会自动被吸住。整个燃烧过程在数秒钟内即结束。

（6）待燃烧完毕，按紧瓶塞用力摇动 10min 后，瓶内的雾全部消失，说明吸收完全。

【注意】 取瓶时应瓶底向后，勿对向他人（如图 4-10）。燃烧后，滤纸和试样必须被彻底破坏。若吸收液中有黑色小颗粒或滤纸碎片，则可能试样未被完全分解，必须重做。

（7）在燃烧瓶的槽沟中滴入少量蒸馏水，转动并拔下瓶塞，用 15mL 蒸馏水冲洗瓶塞和铂丝。煮沸溶液到出现大气泡为止，以破坏过量的过氧化氢。

（8）冷却，加入溴酚蓝指示液 1 滴，加（1＋1）硝酸中和大部分碱，然后逐滴加入 $0.2mol \cdot L^{-1}$ 硝酸溶液至吸收液变为黄色。

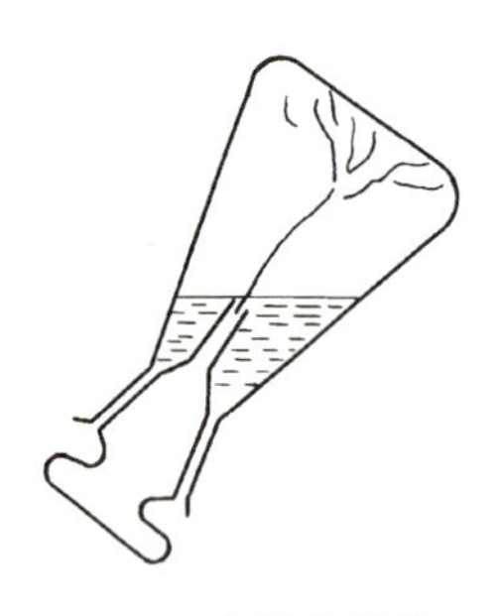

图 4-9 试样的燃烧

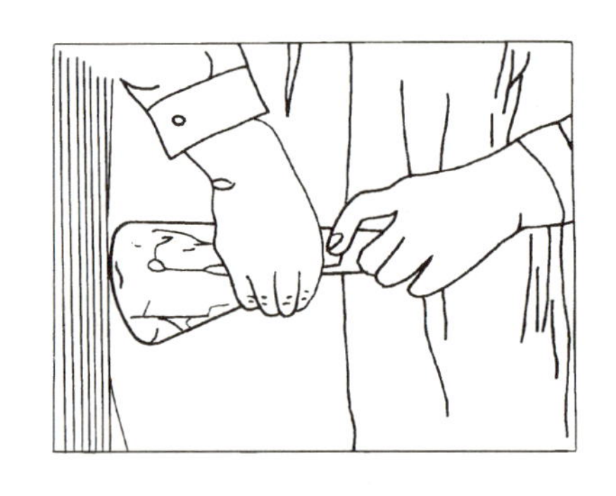

图 4-10 燃烧时的取瓶方式

(9) 加入 20mL φ(乙醇) =95%乙醇和二苯卡巴腙指示液 5 滴，以硝酸汞标准滴定溶液滴定至溶液颜色由黄色变为紫红色即为终点。

(10) 同时做空白试验。

结果计算

$$w(X)=\frac{(V_1-V_0)\times c\left[\frac{1}{2}Hg(NO_3)_2\right]\times M(X)}{m\times 1000}$$

式中 $w(X)$ ——试样中卤素的质量分数；

V_1——试样测定消耗硝酸汞标准滴定溶液的体积，mL；

V_0——空白试验消耗硝酸汞标准滴定溶液的体积，mL；

$c\left[\frac{1}{2}Hg(NO_3)_2\right]$——硝酸汞标准滴定溶液的浓度，$mol\cdot L^{-1}$；

$M(X)$ ——卤素的摩尔质量，$g\cdot mol^{-1}$；

m——试样的质量，g。

练 习

(1) 用氧瓶燃烧法测定卤素含量，在测定氯、溴和测定碘时有何异同之处？

(2) 用氧瓶燃烧法测定卤素含量，在滴定时为什么要严格控制溶液的酸度？

(3) 测定对二氯苯含量，称取试样 16.7mg，燃烧分解后，用 $c[Hg(NO_3)_2]=0.0117mol\cdot L^{-1}$ 标准滴定溶液滴定，消耗 9.58mL，空白试验消耗标准滴定溶液 0.04mL，计算：

① 试样中 Cl 的质量分数；

② 对二氯苯的质量分数。[M(对二氯苯)$=147g\cdot mol^{-1}$]

4.4 酸碱滴定法测定有机物酸度

基本知识

4.4.1 概述

酸度是有机化工产品经常检测的项目之一，在实际生产中，经常用酸值表示有机化合物中酸性物质的含量。

酸值是在规定条件下，中和1g试样中的酸性物质所消耗氢氧化钾的毫克数。根据酸值的大小，可判断产品中所含酸性物质的量。

4.4.2 测定原理

4.4.2.1 基本原理

样品中的游离酸与氢氧化钾（或氢氧化钠）标准溶液进行中和反应，反应通式为：

$$RCOOH + NaOH \longrightarrow RCOONa + H_2O$$

从碱标准滴定溶液消耗量可计算出游离酸的量。

4.4.2.2 测定方法

在测有机产品的酸值时，根据样品的不同，具体测定方法也有所不同。

（1）溶于水的样品，在水溶液中，用NaOH标准溶液直接滴定。

（2）难溶于水的样品，可将试样先溶解于过量的碱标准溶液中，再用酸标准溶液回滴过量的碱。

（3）分子量较大，且难溶于水的样品，用中性乙醇溶解后，再用氢氧化钠水溶液或醇溶液进行滴定。醇作溶剂时，须预先中和，以除去其可能含有的酸性物质。

通常使用目视酸碱指示剂判断滴定终点，但当试样溶液颜色较深时，或滴定不同强度酸的混合物时，滴定终点颜色就难以观察或不突变，应该改用电位法确定终点。如酸的强度不明时，可先用电位法求出终点时的大约pH值，再选择合适的指示剂。指示剂一般可用酚酞，如果试样的酸性较弱（K_a为$10^{-17} \sim 10^{-16}$），则改用百里酚酞作指示剂。单一指示剂的变色范围较大，变色不太敏锐，而混合指示剂的变色范围较小，变色比较灵敏，因此在某些滴定中常采用混合指示剂，尤其适用于在化学计量点附近滴定曲线的突跃斜度较小的滴定。

技能训练4.3 酸碱滴定法测定有机物酸度

训练目的 通过正确使用分析天平、移液管、容量瓶、滴定管等仪器设备，熟悉酸碱滴定法测定有机物酸度的基本原理和操作方法。

酸碱滴定法测定有机物酸度

训练时间 3h。

训练要求 通过训练，熟练、准确地用酸碱滴定法测定有机物酸度，并在3h内完成测定任务，相对平均偏差小于0.2%。

安全 正确使用强酸强碱，安全用电。

仪器、试剂与试样

（1）**仪器**

① 微量碱式滴定管 5mL，分度0.02mL。

② 吸量管 10mL。

③ 锥形瓶 100mL。

（2）**试剂**

① 氢氧化钠标准滴定溶液 $c(NaOH)=0.02mol \cdot L^{-1}$。

② 酚酞指示液 $\rho=10g \cdot L^{-1}$。

③ 中性乙醇　φ(乙醇)=95%。

在乙醇中加入2滴酚酞指示液，用 $c(NaOH)=0.02mol \cdot L^{-1}$ 氢氧化钠溶液滴定到刚呈微红色。

(3) **试样**　乙酸乙酯、乙二醇、环氧丙烷。

测定步骤

(1) 准备测定所需仪器。

(2) 配置和标定氢氧化钠标准滴定溶液。

(3) 量取10mL中性乙醇，置于100mL锥形瓶中。

(4) 加入乙酸乙酯10.00mL，摇匀。

(5) 加2滴酚酞指示液，用 $c(NaOH)=0.02mol \cdot L^{-1}$ 氢氧化钠标准滴定溶液滴定至微红色15s不消失为终点。

结果计算

$$\text{酸值}(mgKOH \cdot g^{-1})=\frac{V \times c(NaOH) \times 56.11}{10.00 \times \rho}$$

式中　V——滴定试样消耗氢氧化钠标准滴定溶液的体积，mL；

$c(NaOH)$——氢氧化钠标准滴定溶液的浓度，$mol \cdot L^{-1}$；

56.11——氢氧化钾的摩尔质量，$g \cdot mol^{-1}$；

10.00——所取试样的体积，mL；

ρ——所取试样的密度，$g \cdot cm^{-3}$。

练　习

(1) 酸碱指示剂的变色原理是什么？何谓变色范围？选择指示剂的原则是什么？

(2) 下列各酸，哪些能用NaOH溶液直接滴定？哪些不能？如能直接滴定，应采用什么指示剂？

① 甲酸　(HCOOH) $K_a=1.77 \times 10^{-4}$。

② 硼酸　(H_3BO_3) $K_1=7.3 \times 10^{-10}$；$K_2=1.8 \times 10^{-13}$；$K_3=1.6 \times 10^{-14}$。

③ 顺丁烯二酸　$K_1=1.0 \times 10^{-2}$；$K_2=5.5 \times 10^{-7}$。

④ 邻苯二甲酸　$K_1=1.3 \times 10^{-3}$；$K_2=3.9 \times 10^{-6}$。

4.5 非水滴定法测定有机弱酸（或弱碱）含量

非水滴定法是指以有机溶剂作为滴定介质的一种容量分析法。就其滴定反应的类型来看，它包括非水酸碱滴定和非水氧化还原滴定等不同类型。水溶性的有机物，具有显著酸性或碱性者，可以在水溶液中直接用标准碱溶液或酸溶液进行滴定，但是，对于那些不溶或难溶于水的电离常数小于 10^{-7} 的弱酸或弱碱，通常要在非水介质中进行滴定。这不仅是由于这些弱酸或弱碱在水与非水介质中溶解度不同，而且其酸性或碱性也可以在适当的溶剂中得以改善，使滴定终点敏锐，并能获得准确的结果。

4.5.1 酸碱质子理论

酸和碱的概念至今没有准确的定义，随着化学科学的发展，对酸和碱的认识在不断地加深，特别是对非水化学的研究，直接影响着非水滴定原理的产生、发展和应用，因此，在介绍非水滴定原理之前，有必要先讨论一下酸碱质子理论。

4.5.1.1 酸和碱的概念

(1) 酸和碱的定义　凡能给出质子的物质称为**酸**；凡能接收质子的物质称为**碱**。根据酸碱质子理论，酸给出质子后，所得的剩余物，必然有接收质子的性质，也就是碱（称为酸的共轭碱）；碱接收质子后的生成物，必然能给出质子，也就是酸（称为碱的共轭酸）。

$$\mathrm{HA}(\text{酸}) \rightleftharpoons \mathrm{A^-}(\text{碱}) + \mathrm{H^+}(\text{质子})$$

$$\mathrm{B}(\text{碱}) + \mathrm{H^+}(\text{质子}) \rightleftharpoons \mathrm{BH^+}(\text{酸})$$

式中对应的酸和碱互称为共轭酸和共轭碱，HA 与 A^- 及 B 与 BH^+ 叫作**共轭酸碱对**。

(2) 酸碱性的强弱　由酸碱质子理论可以得出，物质的酸碱性的强弱与其给出或接收质子的难易程度有关，越容易给出质子的物质酸性越强，反之则酸性越弱；越容易接收质子的物质碱性越强，反之则碱性越弱。

对于共轭酸碱对来说，酸性越强的物质其对应的共轭碱的碱性越弱，酸性越弱的物质其对应的共轭碱的碱性越强；反之碱性越强的物质其对应的共轭酸的酸性越弱，碱性越弱的物质其对应的共轭酸的酸性越强。

4.5.1.2 酸和碱的“离解”

根据酸碱质子理论，酸（或碱）的离解是其在溶剂中完成质子转移的过程。由于游离的质子是不能单独存在的，所以，酸和碱本身并不能完成给出（或接收）质子的过程，必须要有质子的接收体或给予体存在时，才能实现。例如：乙酸溶于水中，作为溶剂的水就起着碱（质子的接收体）的作用，H_2O 接收了 HAc 放出的质子，形成 H_3O^+（水合质子）：

$$\underset{(\text{酸}_1)}{\mathrm{HAc}} + \underset{(\text{碱}_2)}{\mathrm{H_2O}} \rightleftharpoons \underset{(\text{碱}_1)}{\mathrm{Ac^-}} + \underset{(\text{酸}_2)}{\mathrm{H_3O^+}}$$

氨在水溶液中，作为溶剂的水就起着酸（质子的给予体）的作用，NH_3 接收了 H_2O 放出的质子，形成 NH_4^+：

$$\underset{(\text{酸}_1)}{\mathrm{H_2O}} + \underset{(\text{碱}_2)}{\mathrm{NH_3}} \rightleftharpoons \underset{(\text{碱}_1)}{\mathrm{OH^-}} + \underset{(\text{酸}_2)}{\mathrm{NH_4^+}}$$

由此可见，酸和碱通过溶剂才能顺利地给出或接收质子，故酸和碱只有在溶剂中表现出它们的酸性和碱性。根据酸碱质子理论，不同物质所表现出的酸性或碱性的强弱，不仅与这种物质本身给出或接收质子的能力大小有关，而且与溶剂的性质有关。即溶剂的碱性（接收质子的能力）越强，物质的酸性越强；溶剂的酸性（给出质子的能力）越强，物质的碱性越强。例如，苯甲酸在水中为一弱酸，如果在乙二胺中则表现为强酸，这是由于乙二胺接收质子的倾向比水大，因此苯甲酸给出质子的倾向加大，即增强了苯甲酸的酸性。又如，HNO_3 在水中为强酸，但在冰醋酸中酸性就大大降低，这是因为冰醋酸接收质子的能力比水小，从而降低了 HNO_3 给出质子的能力，使其酸性减弱。如果把 HNO_3 溶于无水 H_2SO_4 中，由于无水 H_2SO_4 给出质子的倾向大于 HNO_3，所以 HNO_3 就成了质子的接收体，从而就表现为碱性。

$$\mathrm{HNO_3} + \mathrm{H_2O} \rightleftharpoons \mathrm{H_3O^+} + \mathrm{NO_3^-} \quad (\text{在水中硝酸为强酸})$$

$$\mathrm{HNO_3} + \mathrm{CH_3COOH} \rightleftharpoons \mathrm{CH_3COOH_2^+} + \mathrm{NO_3^-} \quad (\text{在冰醋酸中硝酸为弱酸})$$

$$HNO_3 + H_2SO_4 \rightleftharpoons H_2NO_3^+ + HSO_4^-$$ （在无水硫酸中硝酸表现为碱性）

所以，对于某一物质来说，它的酸碱性并不是固定的，在不同的溶剂中表现出不同的酸碱性。可见，水并不是唯一的溶剂，酸和碱在溶剂（HS）中的给出（或接收）质子的过程可以用下面的式子来表示：

$$HA + HS \rightleftharpoons A^- + H_2S^+$$ （溶剂合质子）

$$B + HS \rightleftharpoons BH^+ + S^-$$ （溶剂阴离子）

4.5.1.3 酸碱中和反应的实质

按照酸碱质子理论，酸和碱的中和反应，是经过溶剂而发生的质子转移过程。中和反应的产物也不一定是盐和水。中和反应能否发生，全由参加反应的酸、碱以及溶剂的性质决定。

例如一个酸与碱的反应过程，首先溶剂对于酸必须具有碱性，才能接收酸给出的质子。其次，碱比溶剂有更强的碱性，即溶剂对于碱是酸，是质子的给予体，将质子传递给碱，从而完成质子由酸经过溶剂向碱的转移过程。

$$HA \rightleftharpoons A^- + H^+$$ （酸在溶剂中离解出质子）

$$HS + H^+ \rightleftharpoons H_2S^+$$ （溶剂接收质子形成溶剂合质子）

$$H_2S^+ + B \rightleftharpoons BH^+ + HS$$ （质子转移至碱上）

合并上列三式，得：

$$HA + B \rightleftharpoons BH^+ + A^-$$

由此可以看出，酸碱中和反应的实质是质子转移的过程，而酸和碱之间的质子转移是通过溶剂来完成的。故溶剂在酸碱中和反应中起了非常重要的作用。

4.5.2 测定原理

由酸碱质子理论可知，物质的酸碱性的强弱，除了与其本身的性质有关外，在很大程度上还取决于溶剂的酸碱性的强弱。当一些在水中给出（或接收）质子的能力较弱的弱酸（或弱碱），溶于碱性（或酸性）溶剂中，就会使它们的酸碱性提高。溶剂的碱性（或酸性）越强，则它们的酸碱性提高的程度也就越大。所以，有些酸性或碱性不太强的物质（K_a 或 $K_b < 10^{-7}$），在水中滴定时，不能得到敏锐的终点，以至无法测定，但是，若将这些弱酸或弱碱溶解于适当的溶剂后，由于溶剂的影响，使其酸性或碱性增强，则在滴定时，能得到敏锐的终点，使测定得到准确的结果。

例如，吡啶在水中是一个极弱的有机碱（$K_b = 1.4 \times 10^{-9}$），在水溶液中，中和反应很难发生，进行直接滴定非常困难。如果改用冰乙酸作溶剂，由于冰乙酸是酸性溶剂，给出质子的倾向较强，从而增强了吡啶的碱性，此时就可以顺利地用 $HClO_4$ 进行滴定了。其反应如下：

$$HClO_4 + CH_3COOH \rightleftharpoons CH_3COOH_2^+ + ClO_4^-$$

$$CH_3COOH_2^+ + C_5H_5N \rightleftharpoons C_5H_5NH^+ + CH_3COOH$$

两式相加：

$$C_5H_5N + HClO_4 \rightleftharpoons C_5H_5NH^+ + ClO_4^-$$

在这个反应中，冰乙酸的碱性比 ClO_4^- 强，因此它接收 $HClO_4$ 给出的质子，生成溶剂合质子 $CH_3COOH_2^+$，C_5H_5N 接收 $CH_3COOH_2^+$ 给出的质子而生成 $C_5H_5NH^+$。

以上就是在非水溶液中进行酸碱滴定的基本原理。

4.5.3 测定条件

4.5.3.1 溶剂的选择

溶剂的性质对酸和碱的强度影响很大，所以溶剂的选择是非水滴定的一个重要问题。

（1）**溶剂的选择原则** 在非水滴定中，良好的溶剂应具备下列条件。

① 对试样的溶解度较大，并能提高它的酸度或碱度。

② 能溶解滴定生成物和过量的滴定剂。

③ 溶剂与样品及滴定剂不起化学反应。

④ 有合适的终点判断方法（目视指示剂法或电位滴定法）。

⑤ 易提纯，价格便宜。

（2）**溶剂的种类** 根据溶剂的性质和组成，可将溶剂分为两性溶剂、酸性溶剂、碱性溶剂及惰性溶剂等。

① 两性溶剂 既能给出质子，又能接收质子的溶剂。这类溶剂具有与水相似的酸碱性，如甲醇、乙醇等醇类溶剂。适用于测定酸碱性不太弱的有机酸或有机碱。

② 酸性溶剂 酸性比水强，而碱性比水弱的溶剂。如冰乙酸、无水甲酸和硫酸，适用于测定弱碱含量。

③ 碱性溶剂 碱性比水强，而酸性比水弱的溶剂。如液氨、乙二胺、二甲基甲酰胺等，适用于测定弱酸的含量。

④ 惰性溶剂 对质子显惰性的溶剂。如苯、四氯化碳和氯仿等，它们主要起溶解和分散剂的作用，有时在酸性溶剂、碱性溶剂或两性溶剂中加入一些惰性溶剂，可使滴定终点更为明显。

4.5.3.2 指示剂的选择

在非水酸碱滴定中，对终点的判断，通常使用目视指示剂。对指示剂的选择，应根据使用的不同溶剂而定。在酸性溶剂中，一般使用结晶紫、甲基紫、α-萘酚等作指示剂。在碱性溶剂中，应随溶剂的不同而异。如百里酚蓝可用在苯、吡啶、二甲基甲酰胺或正丁胺中，不适于乙二胺溶液。偶氮紫可用于吡啶、二甲基甲酰胺、乙二胺及正丁胺中，不适于苯或其他烃类溶液。邻硝基苯胺可用于乙二胺或二甲基甲酰胺中，在醇、苯或正丁胺中，却不适用。

具有颜色的溶液，滴定时不能用目视指示剂，可采用电位滴定来判断终点。

4.5.3.3 滴定剂的选择

（1）酸性滴定剂 在非水介质中滴定弱碱时，常选用的溶剂为冰乙酸，滴定剂则应选用高氯酸的冰乙酸溶液，因为高氯酸的酸性很强，且滴定过程中生成的高氯酸盐具有较大的溶解度。

（2）碱性滴定剂 最常用的碱性滴定剂为醇钠和醇钾。例如甲醇钠，它是由金属钠和甲醇反应制得的。

$$2CH_3OH + 2Na \longrightarrow 2CH_3ONa + H_2\uparrow$$

碱金属氢氧化物和季胺碱（如氢氧化四丁基铵）也可用作滴定剂。季胺碱的优点是碱性强，滴定产物易溶于有机溶剂。

技能训练 4.4　非水滴定法测定糖精钠含量

训练目的　熟悉非水酸碱滴定的基本原理和操作方法。

训练时间　3h。

训练目标　通过训练，熟练、准确地应用非水滴定法测定糖精钠含量，并在3h内完成测定任务，相对平均偏差小于0.5%。

安全　高氯酸是强酸，应避免与皮肤、眼睛或呼吸器官直接接触，否则会引起严重的化学灼伤。皮肤触及醋酸酐，也将受到严重侵蚀。

非水滴定法测定糖精钠含量

仪器、试剂与试样

（1）**仪器**

① 锥形瓶　100mL。

② 自动滴定管　10mL。

③ 量筒　50mL。

（2）**试剂**

① 冰乙酸。

② 邻苯二甲酸氢钾　基准物。

③ 高氯酸-冰醋酸标准滴定溶液　$c(HClO_4)=0.1\ mol \cdot L^{-1}$。

④ 结晶紫指示液　$\rho=2g \cdot L^{-1}$。

（3）**试样**　糖精钠（CO　NNa_2　SO_2）。

测定步骤

（1）配制和标定高氯酸-冰乙酸标准滴定溶液。

① 配制　量取高氯酸4.3mL置于烧杯中，在搅拌下注入250mL冰乙酸及10mL醋酐。用冰乙酸稀释至500mL，移入棕色试剂瓶中。

【注意】 高氯酸与醋酐混合时，发生剧烈反应，并放出大量的热。配制时先用冰乙酸稀释高氯酸后，在不断搅拌下，缓缓加入醋酐。

② 标定　精确称取0.6g于105～110℃干燥的基准邻苯二甲酸氢钾，置于干燥的锥形瓶中，加50mL冰乙酸，温热溶解。加4～5滴结晶紫指示液，用高氯酸-冰乙酸标准滴定溶液滴定至溶液由紫经蓝变青时为终点。

高氯酸-冰乙酸标准滴定溶液的浓度按下式计算：

$$c(HClO_4)=\frac{m}{204.2 \times V} \times 1000$$

式中　$c(HClO_4)$——高氯酸-冰乙酸标准滴定溶液的浓度，$mol \cdot L^{-1}$；

m——邻苯二甲酸氢钾的质量，g；

204.2——邻苯二甲酸氢钾的摩尔质量，$g \cdot mol^{-1}$；

V——标定时消耗高氯酸-冰乙酸标准滴定溶液的体积，mL。

（2）测定试样中糖精钠的含量　精确称取试样 0.3g 于干燥的锥形瓶中，加入 20mL 冰乙酸溶解。加 4～5 滴结晶紫指示液，用 0.1 $mol \cdot L^{-1}$ 的高氯酸-冰乙酸标准滴定溶液滴定至溶液由紫经蓝变青时为终点。同时做空白试验。

（3）结果计算

$$w(\text{糖精钠})=\frac{(V_1-V_0)\times c(HClO_4)\times 241.20}{m\times 1000}$$

式中　w(糖精钠)——试样中糖精钠的质量分数；

V_1——试样测定消耗高氯酸-冰乙酸标准滴定溶液的体积，mL；

V_0——空白试验消耗高氯酸-冰乙酸标准滴定溶液的体积，mL；

$c(HClO_4)$——高氯酸-冰乙酸标准滴定溶液的浓度，$mol \cdot L^{-1}$；

241.20——糖精钠的摩尔质量，$g \cdot mol^{-1}$；

m——试样的质量，g。

练　习

（1）简述在非水介质中测定有机弱酸或弱碱的基本原理。

（2）糖精钠是一种有机酸的盐，在水溶液中呈弱酸性，其化学式为 $C_7H_4O_3NSNa \cdot 2H_2O$，试写出在冰乙酸溶液中用非水酸碱滴定法测定其含量的反应过程。

（3）某同学进行 8-羟基喹啉含量测定时，第一天在室温 25℃下进行了高氯酸-冰乙酸溶液标定。称取基准物邻苯二甲酸氢钾 0.0816g，溶于 10mL 冰乙酸，加入结晶紫指示液，滴定消耗了 3.88mL 高氯酸-冰乙酸标准滴定溶液。第二天在室温 27℃下进行了样品测定。称取 0.0774g 样品，溶于 10mL 冰乙酸中，加入结晶紫指示液，用高氯酸-冰乙酸标准滴定溶液滴定，消耗了 5.56mL。计算样品的含量。（冰乙酸的体积膨胀系数为 1.1×10^{-3} mL/℃，8-羟基喹啉：M=129$g \cdot mol^{-1}$）

4.6 乙酰化法测定醇含量

基本知识

烃分子中的一个或几个氢原子被羟基取代后，生成的化合物为醇。饱和的一元醇的通式简写为 ROH。羟基是它的特征官能团。醇与含有酰基的化合物（乙酸酐、乙酰氯、乙酸或 3,5-二硝基苯甲酰氯）作用生成酯的反应称为酰化反应。

$$ROH+(CH_3COO)_2O \longrightarrow CH_3COOR+CH_3COOH$$

$$ROH+CH_3COCl \longrightarrow CH_3COOR+HCl$$

$$ROH+CH_3COOH \longrightarrow CH_3COOR+H_2O$$

$$ROH+\text{3,5-}(O_2N)_2C_6H_3COCl \longrightarrow \text{3,5-}(O_2N)_2C_6H_3COOR+HCl$$

利用醇的这一特征反应来测定醇的含量是一种较常用的测定方法，其中以乙酰化法应用最为普遍。由于羟基所在的碳原子的结构不同，醇可分为伯醇、仲醇和叔醇三种，这三种醇羟基具有不同性质。伯醇和仲醇中的羟基可以用酰化成酯法测定，而叔醇中的羟基在酯化过程中，因易发生脱水生成烯烃等副反应，就难于用酰化成酯法测定。

4.6.1 测定原理

乙酰化法测定醇含量是以醇与乙酰化试剂发生乙酰化反应来测定醇含量的，适用于伯醇和仲醇含量的测定。通常选用乙酸酐作乙酰化试剂，其方法有乙酸酐-高氯酸-吡啶乙酰化和乙酸酐-乙酸钠乙酰化法。后者是目前较普遍采用的方法，其优点是避免使用有臭、有毒的吡啶，且操作简便、快速，准确度也较高。

此方法的原理是在乙酸钠的催化下，醇与乙酸酐发生乙酰化反应，过量的乙酸酐水解后生成乙酸，用碱溶液中和，然后再加入一定量过量的碱使反应生成的酯皂化，剩余的碱用酸标准溶液滴定。由空白试验和试样测定所消耗酸标准溶液滴定的体积之差值即可求得羟基或醇的含量。以季戊四醇为例，反应过程如下。

酰化：

$$\mathrm{HOH_2C{-}\overset{\displaystyle CH_2OH}{\underset{\displaystyle CH_2OH}{C}}{-}CH_2OH} + 4(\mathrm{CH_3CO})_2\mathrm{O} \xrightarrow{\text{无水 } \mathrm{CH_3COONa}}$$

$$\mathrm{CH_3{-}\overset{\displaystyle O}{\overset{\|}{C}}{-}OCH_2{-}\overset{\displaystyle CH_2O\overset{O}{\overset{\|}{C}}{-}CH_3}{\underset{\displaystyle CH_2O\underset{\|}{\overset{O}{C}}{-}CH_3}{C}}{-}CH_2O\overset{\displaystyle O}{\overset{\|}{C}}{-}CH_3} + 4\mathrm{CH_3COOH}$$

剩余乙酸酐水解：

$$(\mathrm{CH_3COO})_2\mathrm{O} + \mathrm{H_2O} \longrightarrow 2\mathrm{CH_3COOH}$$

中和：

$$\mathrm{CH_3COOH} + \mathrm{NaOH} \longrightarrow \mathrm{CH_3COONa} + \mathrm{H_2O}$$

皂化：

$$\mathrm{CH_3{-}\overset{\displaystyle O}{\overset{\|}{C}}{-}OCH_2{-}\overset{\displaystyle CH_2O\overset{O}{\overset{\|}{C}}{-}CH_3}{\underset{\displaystyle CH_2O\underset{\|}{\overset{O}{C}}{-}CH_3}{C}}{-}CH_2O\overset{\displaystyle O}{\overset{\|}{C}}{-}CH_3} + 4\mathrm{NaOH} \xrightarrow{\text{加热}} \mathrm{HOH_2C{-}\overset{\displaystyle CH_2OH}{\underset{\displaystyle CH_2OH}{C}}{-}CH_2OH} + 4\mathrm{CH_3COONa}$$

滴定：

$$2\mathrm{NaOH} + \mathrm{H_2SO_4} \longrightarrow \mathrm{Na_2SO_4} + 2\mathrm{H_2O}$$

此方法测定醇可消除伯胺与仲胺的干扰，在反应条件下伯胺与仲胺酰化为相应的酰胺，醇酰化为酯，用碱中和后，加入过量的碱，酯被定量地皂化，而酰胺不反应。

4.6.2 结果计算

从上述的反应过程中，可以得出羟基与滴定剂 H_2SO_4 之间的定量关系为：

$$1\text{ 份 } \mathrm{C(CH_2OH)_4}(\text{季戊四醇}) \Leftrightarrow 4\text{份 } \mathrm{OH^-} \Leftrightarrow 4\text{份 } \mathrm{NaOH} \Leftrightarrow 2\text{份 } \mathrm{H_2SO_4}$$

所以

$$w(OH^-)=\frac{(V_0-V_1)\times c\left(\frac{1}{2}H_2SO_4\right)\times 17.01}{m\times 1000}$$

$$w(季戊四醇)=\frac{(V_0-V_1)\times c\left(\frac{1}{2}H_2SO_4\right)\times M}{m\times 4\times 1000}$$

式中 $w(OH^-)$ ——试样中羟基的质量分数；

w(季戊四醇) ——试样中季戊四醇的质量分数；

V_1——试样测定消耗硫酸标准滴定溶液的体积，mL；

V_0——空白试验消耗硫酸标准滴定溶液的体积，mL；

$c\left(\frac{1}{2}H_2SO_4\right)$——硫酸标准滴定溶液的浓度，$mol\cdot L^{-1}$；

17.01——羟基的摩尔质量，$g\cdot mol^{-1}$；

M——季戊四醇的摩尔质量，$g\cdot mol^{-1}$；

m——试样的质量，g。

4.6.3 测定条件

(1) 由于乙酸酐极易水解，乙酰化反应时所用的仪器和试剂必须干燥，否则会使乙酸酐过早水解，可能造成测定误差。

(2) 中和反应是本方法的关键，如果中和不准确即颜色过深或过浅都会造成误差。以氢氧化钠中和乙酸时，滴定速度不能太快，温度不能过高应在室温下滴定，以免产生误差。

(3) 由于乙酸酐性质比较稳定，不易挥发，因此选用乙酸酐作乙酰化试剂。使用乙酸酐时反应速率比较慢，可加催化剂来提高反应速率。

(4) 不同醇的乙酰化反应速率有很大差异，一般规律是伯醇的乙酰化速率比仲醇快，烯醇的乙酰化速率比相应的饱和醇要慢。

技能训练

技能训练 4.5 乙酰化法测定醇含量

乙酰化法测定醇含量

训练目的 熟悉乙酰化法测定醇含量的基本原理和操作方法。

训练时间 3h。

训练目标 通过训练，熟练、准确地应用乙酰化法测定醇含量，并在 3h 内完成测定任务，相对平均偏差小于 0.5%。

安全 正确使用强酸、强碱，安全用电。

仪器、试剂与试样

(1) 仪器

① 锥形瓶 500mL。

② 酸式滴定管 50mL。

③ 吸量管 5mL。

④ 电炉 500W。

⑤ 干燥管　内装碱石灰，与锥形瓶配套。

（2）**试剂**

① 乙酸酐。

② 无水乙酸钠。

③ 氢氧化钠溶液　$c(\mathrm{NaOH})=1\mathrm{mol\cdot L^{-1}}$。

④ 硫酸标准滴定溶液　$c(1/2\mathrm{H_2SO_4})=1\ \mathrm{mol\cdot L^{-1}}$。

⑤ 酚酞指示液　$\rho=10\mathrm{g\cdot L^{-1}}$。

（3）**试样**　季戊四醇。

测定步骤

（1）准备测定所需的仪器，配制和标定所需的溶液。

（2）准确称取0.8000g（精确至0.0002g）季戊四醇于干燥的500 mL锥形瓶中，加1g无水乙酸钠和5mL乙酸酐，摇匀。

（3）将锥形瓶放在电炉上小火缓缓加热，微沸2～3min，使锥形瓶3/4处有回流现象。取下锥形瓶，稍冷，加25mL水继续加热至沸，不断摇动，使溶液清亮，停止加热。

（4）取下锥形瓶，待溶液冷至室温后，加8滴酚酞指示液，用$c(\mathrm{NaOH})=1\mathrm{mol\cdot L^{-1}}$的氢氧化钠溶液中和至溶液呈微红色。

【注意】　中和时溶液一定要冷至室温，且中和速度要慢，否则皂化反应要提前进行，造成测定误差。由于溶液中有乙酸钠存在，中和反应和滴定反应的终点颜色均为微红色（pH≈9.7）。

（5）再准确加入50.00mL $c(\mathrm{NaOH})=1\mathrm{mol\cdot L^{-1}}$的氢氧化钠溶液，加几粒沸石，在电炉上加热至沸10min。取下锥形瓶，装上干燥管，迅速冷却至室温。

（6）用$c(1/2\mathrm{H_2SO_4})=1\mathrm{mol\cdot L^{-1}}$硫酸标准滴定溶液滴至溶液呈微红色即为终点。

（7）同时做空白试验。

结果计算

$$w(\mathrm{OH^-})=\frac{(V_0-V_1)\times c\left(\frac{1}{2}\mathrm{H_2SO_4}\right)\times 17.01}{m\times 1000}$$

$$w(\text{季戊四醇})=\frac{(V_0-V_1)\times c\left(\frac{1}{2}\mathrm{H_2SO_4}\right)\times M}{m\times 4\times 1000}$$

式中　$w(\mathrm{OH^-})$——试样中羟基的质量分数；

w(季戊四醇)——试样中季戊四醇的质量分数；

V_1——试样测定消耗硫酸标准滴定溶液的体积，mL；

V_0——空白试验消耗硫酸标准滴定溶液的体积，mL；

$c\left(\frac{1}{2}\mathrm{H_2SO_4}\right)$——硫酸标准滴定溶液的浓度，$\mathrm{mol\cdot L^{-1}}$；

17.01——羟基的摩尔质量，$\mathrm{g\cdot mol^{-1}}$；

M——季戊四醇的摩尔质量，$\mathrm{g\cdot mol^{-1}}$；

m——试样的质量，g。

（1）在测定过程中，乙酰化反应完全后用碱中和时，若碱过量对测定结果会产生什么影响？中和速度

太快会使结果偏高还是偏低？

(2) 在乙酰化反应时，所用的仪器、试剂为什么必须无水？若有水存在对测定结果会造成什么影响？

(3) 0.2000g 季戊四醇试样，用乙酰化法测定，理论上应加 $\rho_{20}=1.08g \cdot mL^{-1}$、$\varphi$(乙酸酐)=97%的乙酸酐多少毫升？如要过量 20%，又应加多少毫升？

4.7 高碘酸氧化法测定 α-多羟醇含量

在醇类化合物中，位于相邻碳原子上含有多元醇羟基的多元醇，称为 α-多羟醇，如常见的乙二醇、丙三醇等。这类化合物具有醇的一般性质，同时也具有其特殊性，在弱酸性介质中，高碘酸能定量地氧化 α-多羟醇类化合物，氧化的结果是碳链断裂，生成相应的羰基化合物和羧酸。测定它们有一种专属分析方法，即高碘酸氧化法。一元醇及羟基不在相邻碳原子上的多元醇化合物，均不被高碘酸氧化。

4.7.1 测定原理

试样中加入一定量过量的高碘酸，氧化反应完全后，加入碘化钾溶液，剩余的高碘酸和反应生成的碘酸被还原析出碘，用硫代硫酸钠标准滴定溶液滴定，同时做空白试验。由空白试验与试样滴定所消耗硫代硫酸钠标准滴定溶液量的差值，即可计算出试样中 α-多羟醇的含量。其反应过程如下。

氧化：

$$\begin{array}{l} CH_2OH \\ | \\ CH_2OH \end{array} + HIO_4 \longrightarrow 2HCHO + H_2O + HIO_3$$

$$\begin{array}{l} CH_2OH \\ | \\ CHOH \\ | \\ CH_2OH \end{array} + 2HIO_4 \longrightarrow 2HCHO + HCOOH + H_2O + 2HIO_3$$

试样中邻位排列的羟基数目不同，产物也不同，在室温下氧化时，分子两端的羟基都氧化成醛，中间的羟基则氧化成甲酸，其反应通式为：

$$\underset{\displaystyle OH}{\underset{|}{CH_2}}-(CHOH)_n-\underset{\displaystyle OH}{\underset{|}{CH_2}} + (n+1)HIO_4 \longrightarrow 2HCHO + nHCOOH + (n+1)HIO_3 + H_2O$$

还原：

氧化反应完成后，加入碘化钾与剩余过量的高碘酸及生成的碘酸作用，释出碘。

$$HIO_4 + 7KI + 7H^+ \longrightarrow 7K^+ + 4H_2O + 4I_2$$

$$HIO_3 + 5KI + 5H^+ \longrightarrow 5K^+ + 3H_2O + 3I_2$$

滴定：

用硫代硫酸钠标准滴定溶液滴定。

$$I_2 + 2Na_2S_2O_3 \longrightarrow 2NaI + Na_2S_4O_6$$

由于糖类分子中含有多元邻位羟基，所以高碘酸氧化法也能用来测定糖。除 α-多羟醇和糖外，α-氨基酸、α-羟基醛（酮）、α-酮醛、α-二酮、多羟基二元酸如酒石酸、柠檬酸等有机物，在酸性条件下，也能被高碘酸定量氧化，影响测定结果。

4.7.2 结果计算

从上述反应过程中可以看出，α-多羟醇与滴定剂 $Na_2S_2O_3$ 之间的定量关系为：

1份 α-多羟醇≎$(n+1)$份 HIO_4≎生成$(n+1)$份 HIO_3≎$(n+1)$份 I_2≎$2(n+1)$份 $Na_2S_2O_3$

则：

$$w(\alpha\text{-多羟醇})=\frac{(V_0-V_1)\times c(Na_2S_2O_3)\times M}{m\times 2(n+1)\times 1000}$$

式中 w(α-多羟醇)——试样中 α-多羟醇的质量分数；

V_1——试样测定消耗硫代硫酸钠标准滴定溶液的体积，mL；

V_0——空白试验消耗硫代硫酸钠标准滴定溶液的体积，mL；

$c(Na_2S_2O_3)$——硫代硫酸钠标准滴定溶液的浓度，$mol\cdot L^{-1}$；

n——邻位羟基的个数减去 2；

M——α-多羟醇的摩尔质量，$g\cdot mol^{-1}$；

m——试样的质量，g。

4.7.3 测定条件

用此法测定 α-多羟醇含量时，其测定结果的准确度受到诸多因素的影响，在测定时必须注意控制合适的测定条件，以保证测定结果具有较高的准确度。本法的关键在于氧化反应是否完全定量转化，下面从几方面来说明测定条件。

（1）酸度和温度对反应速度有很大的影响，当 pH=4 左右时，是氧化反应最合适的酸度。反应一般应该在室温或低于室温下进行，因为温度过高，会导致生成的醛或酸被进一步氧化成二氧化碳及水的副反应。

（2）滴定时，要求滴定试样消耗硫代硫酸钠标准滴定溶液的体积必须超过空白试验消耗量的 80%，以保证有足够的高碘酸，使氧化反应完全。

（3）反应一般在 0.5～1h 内完成，对于较难氧化的化合物反应时间可适当增加。

（4）对于非水溶性的试样，可用三氯甲烷作溶剂来溶解或稀释。

技能训练

技能训练 4.6 高碘酸氧化法测定 α-多羟醇含量

训练目的 熟悉高碘酸氧化法测定 α-多羟醇的基本原理和操作方法。

训练时间 3h。

训练目标 通过训练，熟练、准确地应用高碘酸氧化法测定 α-多羟醇含量，并在 3h 内完成测定任务，相对平均偏差小于 0.5%。

高碘酸氧化法测定 α-多羟醇含量

仪器、试剂与试样

（1）仪器

① 碘量瓶 250mL。

② 碱式滴定管 50mL。

③ 容量瓶 250mL。

④ 移液管 25mL。

(2) **试剂**

① 碘化钾 $\rho=200g \cdot L^{-1}$。

② 盐酸溶液 $c(HCl)=6mol \cdot L^{-1}$。

③ 高碘酸溶液 $c(HIO_4)=0.02mol \cdot L^{-1}$。

配制说明：取 5.5g 高碘酸（$HIO_4 \cdot 2H_2O$）于 200mL 水中，用冰乙酸稀释至 1000mL，贮于棕色瓶中备用。

④ 硫代硫酸钠标准滴定溶液 $c(Na_2S_2O_3)=0.1\ mol \cdot L^{-1}$。

⑤ 淀粉指示液 $\rho=10g \cdot L^{-1}$。

(3) **试样** 丙三醇。

测定步骤

(1) 准备测定所需的仪器，配制和标定所需的溶液。

(2) 称取 0.15～0.20g（约 3～4 滴）试样于 250mL 容量瓶中，以水稀释至刻度。

(3) 在碘量瓶中分别加入 25.00mL 高碘酸溶液和 25.00mL 试样溶液，将碘量瓶盖好，摇匀，于室温下放置 30min。

(4) 反应完全后，加入 10mL 碘化钾溶液（$\rho=200g \cdot L^{-1}$），用 $c(Na_2S_2O_3)=0.1\ mol \cdot L^{-1}$ 的硫代硫酸钠标准滴定溶液滴定至溶液呈淡黄色时，加 2mL 淀粉指示液，继续滴定至蓝色恰好消失为终点。

(5) 同时做空白试验。

【注意】 **若试样滴定所消耗硫代硫酸钠标准滴定溶液体积少于空白试验的 80%，说明试样量太大，高碘酸无剩余，应重做。**

结果计算

$$w(\alpha\text{-多羟醇})=\frac{(V_0-V_1)\times c(Na_2S_2O_3)\times M}{m\times 2(n+1)\times 1000}$$

式中 $w(\alpha\text{-多羟醇})$——试样中 α-多羟醇的质量分数；

V_1——试样测定消耗硫代硫酸钠标准滴定溶液的体积，mL；

V_0——空白试验消耗硫代硫酸钠标准滴定溶液的体积，mL；

$c(Na_2S_2O_3)$——硫代硫酸钠标准滴定溶液的浓度，$mol \cdot L^{-1}$；

n——邻位羟基的个数减去 2；

M——α-多羟醇的摩尔质量，$g \cdot mol^{-1}$；

m——试样的质量，g。

练习

(1) 根据实际操作的体会，简述用高碘酸氧化法测定 α-多羟醇含量时应注意的问题。

(2) 高碘酸氧化法测定乙二醇时，如称取试样 1.2550g，溶解后配成 250.00mL 溶液。吸取 10.00mL 于碘量瓶中进行测定，假设乙二醇含量为 95%左右，计算：

① 理论上应加 $0.1\ mol \cdot L^{-1}$ 的高碘酸溶液的体积。

② 如加入的高碘酸过量了20%，用0.5000 $mol \cdot L^{-1}$的$Na_2S_2O_3$标准滴定溶液滴定时，试样和空白试验理论上应消耗$Na_2S_2O_3$的体积。

4.8 羟胺肟化法测定醛含量

醛和酮都是含有羰基（$\rangle C{=}O$）的化合物，因此它们有许多相似的化学性质，例如，与羟胺缩合生成肟，与肼类缩合生成腙。醛或酮的羰基与羟胺中的氨基缩合而成的化合物称为**肟**，这个反应常被用来测定羰基化合物的含量。

4.8.1 测定原理

羟胺肟化法测定醛和酮时，采用酸碱返滴定法进行滴定。先用碱中和盐酸羟胺，使其产生游离的羟胺，试样于羟胺发生肟化反应，待反应完全后，以盐酸标准滴定溶液中和剩余的碱，并使未反应的羟胺生成羟胺盐酸盐，在同样的条件下进行空白试验。根据空白试验与试样测定消耗盐酸标准滴定溶液的差值，计算出试样中醛或酮的含量。

$$H_2NOH \cdot HCl + NaOH \longrightarrow H_2NOH + NaCl + H_2O$$

$$\begin{matrix} R \\ (H)R \end{matrix}\rangle C{=}O + H_2NOH \longrightarrow \begin{matrix} R \\ (H)R \end{matrix}\rangle C{=}NOH + H_2O$$

$$H_2NOH + HCl \longrightarrow H_2NOH \cdot HCl$$

结果计算

由上述的反应过程可以看出，整个测定的定量关系为：

$$1\text{份羰基化合物} \Leftrightarrow n\text{份} \rangle C{=}O \Leftrightarrow n\text{份} H_2NOH \Leftrightarrow n\text{份} HCl$$

则
$$w(\text{羰基化合物}) = \frac{(V_0 - V_1) \times c(HCl) \times M}{m \times n \times 1000}$$

式中 w(羰基化合物)——试样中羰基化合物的质量分数；

V_1——试样测定消耗盐酸标准滴定溶液的体积，mL；

V_0——空白试验消耗盐酸标准滴定溶液的体积，mL；

$c(HCl)$——盐酸标准滴定溶液的浓度，$mol \cdot L^{-1}$；

n——试样分子中羰基的个数；

M——羰基化合物的摩尔质量，$g \cdot mol^{-1}$；

m——试样的质量，g。

4.8.2 测定条件

（1）用本方法进行测定的关键在于准确观察滴定终点。用指示剂法判断终点时，需在相同照射光和相同玻璃制成的器皿中进行，并做空白试验作为滴定样品时观察指示剂终点颜色的对照标准。若采用电位滴定法判断终点则较为准确，不存在这个问题。

（2）肟化反应是可逆反应，通常使用过量一倍的试剂，反应方能趋于完全。以乙醇作为反应介质，可以抑制逆反应发生，使反应能定量完成。乙醇还可增加试样的溶解度。

(3) 某些分子量较大的醛和酮，肟化反应的速率较慢，在室温下不能定量反应，需适当提高反应温度和延长反应时间，使反应完全，然后再进行滴定。

(4) 试样中的酸性或碱性杂质对测定均有干扰，必须事先另取一份试样进行滴定校正。

技能训练 4.7　羟胺肟化法测定醛含量

羟胺肟化法测定醛含量

训练目的　熟悉羟胺肟化法测定醛含量的基本原理和操作方法。熟悉电位滴定法的基本操作和数据处理方法。

训练时间　3h。

训练目标　通过训练，熟练、准确地应用羟胺肟化法及电位滴定法测定醛含量，并在 3h 内完成测定任务，相对平均偏差小于 1%。

仪器、试剂与试样

(1) **仪器**

① 烧杯　150mL。

② 碱式滴定管　50mL。

③ 移液管　25mL。

④ 酸度计。

⑤ 磁力搅拌器。

⑥ 玻璃电极。

⑦ 甘汞电极。

(2) **试剂**

① 中性乙醇　φ(乙醇)=95%。

② 盐酸羟胺　$c(H_2NOH \cdot HCl)=0.5mol \cdot L^{-1}$。

配制说明：取 35g 盐酸羟胺溶于 160mL 水中，以 φ(乙醇)=95%稀释至 1000mL。

③ 氢氧化钠-乙醇溶液　$c(NaOH)=0.2mol \cdot L^{-1}$，$\varphi$(乙醇)=95%。

④ 盐酸标准滴定溶液　$c(HCl)=0.2mol \cdot L^{-1}$。

⑤ 溴酚蓝指示液　$\rho=4g \cdot L^{-1}$。

配制说明：取 0.4 溴酚蓝溶于 100mL φ(乙醇)=95%的乙醇溶液中。

⑥ 标准缓冲溶液　pH=6.862。

(3) **试样**　苯甲醛。

测定步骤

(1) 配制测定所需的溶液。

(2) 标定盐酸标准滴定溶液。

(3) 精确称取 0.3g 苯甲醛试样，置于洁净的小烧杯中，移取 25.00mL $c(H_2NOH \cdot HCl)=0.5mol \cdot L^{-1}$ 盐酸羟胺溶液和 25.00mL $c(NaOH)=0.2mol \cdot L^{-1}$ 氢氧化钠-乙醇溶液置于小烧杯中，加入 10mL φ(乙醇)=95%的中性乙醇，用表面皿盖好，在室温下放置 40min，然后加 2 滴溴酚蓝指示液。

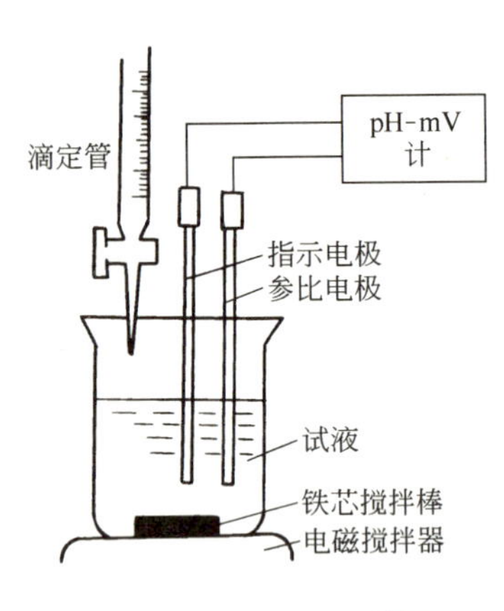

图 4-11　电位滴定装置

(4) 按图 4-11 安装好电位滴定装置，并调试好仪器。

(5) 开启磁力搅拌器，以 $c(HCl)=0.2mol \cdot L^{-1}$ 盐酸标准滴定溶液滴定。滴定至溶液由深蓝色变为浅蓝色后，每滴 0.5mL 记录一次 pH 值。

(6) 继续滴定至溶液由浅蓝色变为绿黄色后，每滴 0.2mL 记录一次 pH 值。

(7) 当溶液变为黄色后，再按每滴 0.2mL 记录一次 pH 值，共记录 5 次后停止滴定。

(8) 将滴定数据填入表 4-1 中。

(9) 同时做空白试验。

表 4-1　滴定数据记录表

试样质量/g	$c(HCl)/mol \cdot L^{-1}$	V_{HCl}/mL	pH 值	ΔpH	ΔV/mL	ΔpH/ΔV

终点体积 V 用一次微商法确定：根据表 4-1 中记录的数据，以 V_{HCl} 为横坐标，$\Delta pH/\Delta V$ 为纵坐标绘制如图 4-12 所示的曲线，曲线峰尖所对应的 V 值即为终点体积。

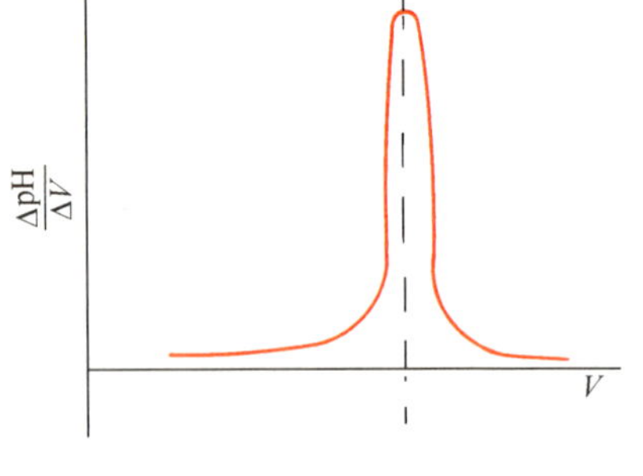

图 4-12　$\frac{\Delta pH}{\Delta V}$-$V$ 曲线图

结果计算

$$w(\text{苯甲醛})=\frac{(V_0-V_1)\times c(HCl)\times 106.1}{m\times 1000}$$

式中　w(苯甲醛)——试样中苯甲醛的质量分数；

V_1——试样测定消耗盐酸标准滴定溶液的体积，mL；

V_0——空白试验消耗盐酸标准滴定溶液的体积，mL；

$c(HCl)$——盐酸标准滴定溶液的浓度，$mol \cdot L^{-1}$；

106.1——苯甲醛的摩尔质量，$g \cdot mol^{-1}$；

m——试样的质量，g。

注意事项

(1) 一般羰基化合物于 30min 内即可与羟胺试剂反应完全。但是，也有个别空间障碍较大的羰基化合物需要延长反应时间。

（2）由于溶液有一定的缓冲性，因此观察到的终点突跃值很小，一般只有 0.02pH 单位，以致影响终点的确定，所以要小心观察。

练 习

（1）用羟胺肟化法测定羰基化合物时，为什么要采用电位滴定法来确定终点？在电位滴定时加入溴酚蓝指示剂的作用是什么？

（2）试样中若含有酸性或碱性杂质，会对测定结果产生什么影响？如何消除？

4.9 皂化法测定酯含量

基本知识

酯类化合物是羧酸分子中羧基上的羟基被烷氧基取代的衍生物。在一定条件下，酯是由羧酸和醇进行脱水反应（酯化反应）而生成的。

$$RCOOH + R'OH \xrightleftharpoons{H^+} RCOOR' + H_2O$$

在另一些条件下，酯又可以重新水解生成羧酸和醇，在理论上，水、酸和碱溶液都可以使酯水解，但实际应用中，最普遍的是碱性水解。酯经碱性水解后生成羧酸盐和醇，此反应称为皂化反应。

$$RCOOR' + KOH \rightleftharpoons RCOOK + R'OH$$

利用皂化反应来测定酯的含量，是测定酯的最常用的方法。

4.9.1 测定原理

试样用过量的碱溶液皂化后，再用酸标准滴定溶液滴定过量的碱，在相同的条件下做空白试验。由空白试验和试样测定所消耗盐酸标准滴定溶液体积的差值，即可计算出试样中酯的含量。

$$RCOOR' + KOH \xrightarrow{加热} RCOOK + R'OH$$

$$KOH + HCl \longrightarrow KCl + H_2O$$

结果计算

由上述反应过程可以看出，酯与盐酸之间的定量关系为：

1 份酯≎n 份酯基≎n 份 KOH≎n 份 HCl

$$w(酯) = \frac{(V_0 - V_1) \times c(HCl) \times M}{mn \times 1000}$$

式中 w(酯)——试样中酯的质量分数；

V_1——试样测定消耗盐酸标准滴定溶液的体积，mL；

V_0——空白试验消耗盐酸标准滴定溶液的体积，mL；

c(HCl)——盐酸标准滴定溶液的浓度，$mol \cdot L^{-1}$；

M——酯的摩尔质量，$g \cdot mol^{-1}$；

n——酯分子中所含酯基的个数；

m——试样的质量，g。

测定结果除了用酯含量来表示外，在生产实际应用中，对于不知含有何种酯的混合样品可以用“皂化值”和“酯值”表示。

皂化值是指1g样品皂化时所消耗氢氧化钾的毫克数。

$$皂化值=\frac{(V_0-V_1)\times c(\mathrm{HCl})\times 56.11}{m}$$

所谓“酯值”是指皂化1g样品中的酯时，所消耗氢氧化钾的毫克数。它与皂化值不同，“酯值”不包括游离酸所消耗氢氧化钾的毫克数。而皂化值是包括酯和游离酸等所消耗的碱量。

4.9.2 测定条件

此法的关键是皂化反应的速率和完全程度。酯的皂化反应是双分子反应，反应速率较慢，为了达到定量测定的目的，必须加快皂化反应速率并使之反应完全。

(1) 碱的浓度　皂化过程是氢氧根离子对酯分子的作用，显然氢氧根离子浓度愈大，也就是说碱性愈强，用量愈大，则反应速率愈快，愈容易达到完全。但是，碱的浓度也不能太大，否则将造成滴定时的困难。

(2) 反应介质　皂化速度除了与皂化剂的浓度有关外，还与酯的浓度有关。所以必须考虑溶剂对皂化速度的特殊效应，在分析中根据酯的特性选择合适的反应介质。

对于水溶性易皂化的酯，可以在水溶液中皂化。对于非水溶性易皂化的酯，通常选用既能溶解强碱，又能使酯具有良好溶解效率的乙醇作溶剂。而对于分子量较大、溶解度较小、难皂化的酯，因为要提高皂化温度及延长皂化时间，则应选用高沸点的溶剂，如苄醇(205℃)、正戊醇(132℃)、乙二醇(179.8℃)。

(3) 皂化温度　温度对皂化反应有很大的影响，一般温度每升高10℃，反应速率可加快一倍。

(4) 羧酸、酰卤、酰胺、酸酐、醛等干扰皂化反应，影响测定结果。若样品中有游离的酸和碱，则必须事先加以测定。

技能训练 4.8　皂化法测定酯含量

皂化法测定酯含量

训练目的　熟悉皂化法测定酯含量的基本原理和操作方法。

训练时间　3h。

训练目标　通过训练，熟练、准确地应用皂化法测定酯含量，并在3h内完成测定任务，相对平均偏差小于0.5%。

仪器、试剂与试样

(1) **仪器**

① 锥形瓶　250mL。

② 碱式滴定管　50mL。

③ 酸式滴定管　50mL。

④ 回流冷凝管。

(2) 试剂

① 中性乙醇 φ(乙醇)=95%。

② 氢氧化钠-乙醇标准滴定溶液 $c(NaOH)=0.1mol \cdot L^{-1}$；$c(NaOH)=0.5mol \cdot L^{-1}$。

③ 盐酸标准滴定溶液 $c(HCl)=0.5mol \cdot L^{-1}$。

④ 酚酞指示液 $\rho=10g \cdot L^{-1}$。

(3) 试样 乙酸乙酯、乙酸戊酯、苯甲酸乙酯。

测定步骤

(1) 准备测定所需的仪器和试剂。

(2) 标定盐酸标准滴定溶液的浓度。

(3) 称取约10mmol的试样置于250mL锥形瓶中，以φ(乙醇)=95%的中性乙醇溶解。

(4) 加入5滴酚酞指示液，用$c(NaOH)=0.1mol \cdot L^{-1}$氢氧化钠标准溶液滴定至溶液呈微红色（若要求测定试样中的游离酸的含量，则应该记录消耗氢氧化钠标准溶液的体积，否则可不必记录）。

(5) 精确加入$c(NaOH)=0.5mol \cdot L^{-1}$氢氧化钠标准溶液50.00mL，加入几粒沸石，装上回流冷凝管，于100℃的水浴中加热回流1～2h后，以不含二氧化碳的水约20mL冲洗冷凝管，并使洗涤液流入反应液中，于流水中迅速冷却至室温。

(6) 再补加2～3滴酚酞指示液，用$c(HCl)=0.5mol \cdot L^{-1}$盐酸标准滴定溶液滴定至溶液呈微红色为终点。

(7) 同时做空白试验。

结果计算

(1) 游离酸含量

$$w(\text{游离酸})=\frac{V\times c(NaOH)\times M_{\text{游离酸}}}{m\times n_1\times 1000}$$

(2) 酯的含量

$$w(\text{酯})=\frac{(V_0-V_1)\times c(HCl)\times M_{\text{酯}}}{m\times n_2\times 1000}$$

(3) 皂化值

$$\text{皂化值}=\frac{[(V_0-V_1)\times c(HCl)+V\times c(NaOH)]\times 56.11}{m}$$

式中 w(游离酸)——试样中游离酸的质量分数；

w(酯)——试样中酯的质量分数；

V——滴定试样中游离酸消耗氢氧化钠标准溶液的体积，mL；

V_1——试样测定消耗盐酸标准滴定溶液的体积，mL；

V_0——空白试验消耗盐酸标准滴定溶液的体积，mL；

$c(NaOH)$——氢氧化钠标准滴定溶液的浓度，$mol \cdot L^{-1}$；

$c(HCl)$——盐酸标准滴定溶液的浓度，$mol \cdot L^{-1}$；

$M_{游离酸}$——游离酸的摩尔质量，$g \cdot mol^{-1}$；

$M_{酯}$——酯的摩尔质量，$g \cdot mol^{-1}$；

56.11——氢氧化钾的摩尔质量，$g \cdot mol^{-1}$；

n_1——游离酸分子中所含羧基的个数；

n_2——酯分子中所含酯基的个数；

m——试样的质量，g。

练　习

(1) 用皂化法测定酯时，干扰物质有哪些？如何消除？

(2) 某酯的通式为 $C_nH_{n+1}COOC_2H_5$，测得皂化值为 430，试求其化学式。

(3) 测定某乙酸乙酯试样，①称取试样 0.9990g，加 20mL 中性乙醇溶解，用 $0.0200mol \cdot L^{-1}$ 氢氧化钠标准滴定溶液滴定，消耗 0.08mL；②于上述溶液中准确加入 50.00mL $0.5mol \cdot L^{-1}$ 氢氧化钾-乙醇溶液，回流水解后，用 $0.5831mol \cdot L^{-1}$ HCl 回滴，消耗体积为 24.25mL，空白试验消耗 HCl 标准滴定溶液 43.45mL，计算试样中游离乙酸含量、乙酸乙酯含量、皂化值和酸值。

微波辅助加热技术在皂化法中的运用

微波具有激活化学物质、快速加热、加速或选择性进行化学反应等特性，且不破坏被测物质，该法快速、准确、重现性好、节省溶剂，适用于生物、食品、体液等大量样品的测定，可快速为临床医学及生物工程等提供诊断数据。

传统的皂化法采用水浴加热回流，比较费时，特别是遇到一些难皂化的样品时，需要很长的时间才能皂化完全，且需要耗费大量的试剂。若采用微波辅助加热技术，可大大缩短皂化时间和减少试剂的用量。样品在微波中加热主要受微波辐射功率、微波辐射时间及使用压力的影响。MK-1 型光纤自动控压微波消解系统是由光纤自动控压微波消解炉和压力自控密闭罐组成，可实现对密闭罐内从 0～4MPa 之间八挡压力控制。微波加热是通过离子导电和分子极化效应对物质直接加热，因而样品在微波辐射条件下的受热状况除受微波功率、压力及辐射时间等微波参数影响外，还与样品基体及加入的溶液有关。实践证明，在皂化法中运用微波辅助加热技术进行皂化，只要采用适当的设备，并根据微波加热的特点和试样的特性对皂化条件做适当的改进，即可达到满意的效果。

4.10 氧化还原法测定碘值

4.10.1 概述

有机化合物分子中含有碳-碳双键或碳-碳三键的属于不饱和化合物。含碳-碳双键的称为烯基化合物。有机化合物分子中的烯基具有较高的反应活性，容易发生亲电加成反应。通常用碘值来表示烯基化合物的不饱和度。

4.10.2 测定原理

4.10.2.1 加成试剂

化学分析法测定烯基化合物不饱和度的方法主要是根据双键的加成反应。根据所用加成试剂不同，可分为卤素加成法、氢加成法、硫氰加成法等。

在卤素加成中，氟最活泼，在加成的同时迅速发生取代反应，故不能作为卤素的加成试剂。氯也很活泼，加成的同时伴有取代反应，同样不适宜做加成试剂。溴的活泼性适中，在测定不饱和化合物时是应用较广的卤素加成试剂，为避免溴的挥发损失，常用溴酸钾和溴化钾在酸性介质中反应产生溴，在低温暗处与不饱和化合物加成。碘最不活泼，只对少数不饱和化合物起加成反应，因此通常用氯化碘、溴化碘、碘的乙醇溶液、溴酸盐-溴化物的酸性溶液为卤素加成反应试剂。

4.10.2.2 基本原理

碘值是指在规定条件下，每100g试样在反应中所加成碘的克数。它是用以表示物质不饱和度的一种量度。

氯化碘加成法，也称韦氏法。其原理为过量的氯化碘溶液和不饱和化合物分子中的双键进行定量的加成反应。

$$\mathrm{>C{=}C<} + \mathrm{ICl} \longrightarrow \mathrm{>C(I){-}C(Cl)<}$$

反应完全后，加入碘化钾溶液与剩余的氯化碘作用析出碘，反应为

$$\mathrm{ICl+KI \longrightarrow I_2+KCl}$$

析出的碘以淀粉作指示剂用硫代硫酸钠标准溶液滴定，反应为

$$\mathrm{I_2+2Na_2S_2O_3 \longrightarrow 2NaI+Na_2S_4O_6}$$

同时做空白实验。

4.10.2.3 结果计算

由上述的反应过程可以看出，不饱和化合物与硫代硫酸钠之间的定量关系为：

$$1\text{份不饱和化合物} \Leftrightarrow n\text{份}\ \mathrm{>C{=}C<} \Leftrightarrow n\text{份}\ \mathrm{ICl} \Leftrightarrow n\text{份}\ \mathrm{I_2} \Leftrightarrow 2n\text{份}\ \mathrm{Na_2S_2O_3}$$

$$\text{碘值}=\frac{(V_0-V_1)\times c(\mathrm{Na_2S_2O_3})\times 126.9}{m\times 1000}\times 100$$

式中 V_0——空白试验消耗硫代硫酸钠标准溶液的体积，mL；

V_1——试样消耗硫代硫酸钠标准滴定溶液的体积，mL；

$c(\mathrm{Na_2S_2O_3})$——硫代硫酸钠标准滴定溶液的浓度，$\mathrm{mol \cdot L^{-1}}$；

m——试样的质量，g；

126.9——碘的摩尔质量，$\mathrm{g \cdot mol^{-1}}$。

氯化碘加成法主要用来测定动植物油脂中的碘值。碘值是油脂的特征常数和衡量油脂质量的主要指标。

4.10.2.4 氯化碘溶液的制备

氯化碘溶液可用冰乙酸或乙醇做溶剂，但氯化碘乙醇溶液与不饱和化合物的加成反应速率较慢，一般需要6h，甚至24h才能反应完全，所以不适用于生产。

氯化碘的冰乙酸溶液是将碘溶解于冰乙酸中，然后通入干燥氯气而制得，其反应式为：

$$I_2 + Cl_2 \longrightarrow 2ICl$$

也可以将三氯化碘及碘溶解于冰乙酸而制得，其反应式为：

$$ICl_3 + I_2 \longrightarrow 3ICl$$

所使用的冰乙酸中不得含有还原性杂质。

在氯化碘的乙酸溶液中，碘和氯的比率应保持在1.0～1.2之间。而以碘比氯过量1.5%溶液最为稳定，一般可保存30天以上。

4.10.3 测定条件

（1）用氯化碘测定碘值的方法在双键值大于2时不适用，本法只能测共轭双键的一半。

（2）油样中不饱和烃与氯化碘大约在30min以上才能反应完全，故在加油样后必须充分振摇。

（3）氯化碘用量要超过实际消耗量的70%左右。

（4）加成反应不应有水存在，仪器要干燥，因ICl遇水发生分解。

技能训练4.9 氧化还原法测定碘值

训练目的 通过使用分析天平、碘量瓶等仪器，正确配制氯化碘溶液，熟悉氧化还原法测定碘值的基本原理和操作方法。

氧化还原法测定碘值

训练时间 4h。

训练目标 通过训练，熟练、准确地用氧化还原法测定碘值，并在4h内完成测定任务，相对平均偏差小于1%。

安全 正确使用重铬酸钾、冰乙酸和四氯化碳。

仪器、试剂与试样

（1）**仪器**

① 碘量瓶 500mL。

② 移液管 25mL。

③ 量筒 100mL。

④ 碱式滴定管 50mL。

（2）**试剂**

① 韦氏液 $c(ICl)=0.1mol \cdot L^{-1}$。

② 四氯化碳。

③ 碘化钾溶液 $\rho=150g \cdot L^{-1}$。

④ 淀粉指示液 $\rho=5g \cdot L^{-1}$。

⑤ 硫代硫酸钠标准滴定溶液 $c(Na_2S_2O_3)=0.1mol \cdot L^{-1}$。

⑥ 基准物 重铬酸钾。

（3）**试样** 菜籽油、亚麻籽油。

测定步骤

（1）准备测定所需的仪器和试剂。

（2）标定硫代硫酸钠标准滴定溶液。

（3）称取0.2500～0.3000g（精确至0.0002g）菜籽油于干燥的碘量瓶中。加入10mL

四氯化碳，摇动溶解试样。

(4) 准确加入 25.00mL 韦氏液，塞紧瓶塞并用数滴碘化钾溶液（不得流入瓶内）封闭瓶口，室温下于暗处放置 30min。

(5) 将 20mL 碘化钾溶液倾于瓶口，轻转瓶塞，使其缓缓流入瓶内。打开瓶塞，以 100mL 水冲洗瓶口。

(6) 用 $c(Na_2S_2O_3)=0.1mol \cdot L^{-1}$ 的硫代硫酸钠标准滴定溶液滴至溶液呈淡黄色，加淀粉指示液 2mL，继续滴至蓝色恰好消失为终点。

(7) 用完全相同的方法和试剂用量，进行空白试验。

结果计算

$$碘值=\frac{(V_0-V_1)\times c(Na_2S_2O_3)\times 126.9}{m\times 1000}\times 100$$

式中 V_0——空白试验消耗硫代硫酸钠标准溶液的体积，mL；

V_1——试样测定消耗硫代硫酸钠标准滴定溶液的体积，mL；

$c(Na_2S_2O_3)$——硫代硫酸钠标准滴定溶液的浓度，$mol \cdot L^{-1}$；

m——试样的质量，g；

126.9——碘的摩尔质量，$g \cdot mol^{-1}$。

注意事项

(1) 试样量应根据油脂中碘值的大小确定。见表 4-2 韦氏法测定碘值试样参考质量及表 4-3 常见油脂的碘值和密度。

(2) 一般规定碘值在 150 以下，暗处放置时间为 30min，150 以上放置 60min。

表 4-2 韦氏法测定碘值试样参考质量

碘值	试样参考质量/g	碘值	试样参考质量/g
20 以下	1.20～1.22	100～120	0.23～0.25
20～40	0.70～0.72	120～140	0.19～0.21
40～60	0.47～0.49	140～160	0.17～0.19
60～80	0.25～0.37	160～200	0.15～0.17
80～100	0.28～0.30		

表 4-3 常见油脂的碘值和密度（150℃）

名称	碘值	密度/$g \cdot cm^{-3}$	名称	碘值	密度/$g \cdot cm^{-3}$
牛油	35～59	0.937～0.953	菜油	94～106	0.910～0.917
羊油	33～46	0.937～0.953	蓖麻油	83～87	0.950～0.970
猪油	50～77	0.931～0.938	糠油	91～110	0.917～0.928
鱼油	120～180	0.951～0.935	骨油	46～56	0.914～0.916
豆油	105～130	0.922～0.927	蚕蛹油	116～136	0.925～0.934（20℃）
花生油	86～105	0.915～0.921	亚麻籽油	170～204	0.931～0.938
棉籽油	105～110	0.922～0.935			

练习

(1) 实验用的玻璃仪器是否必须干燥?

(2) 能否用含有还原性杂质的冰乙酸配制韦氏液? 为什么?

(3) 测定碘值较高的油脂需要放置较长的时间方能反应完全，请从加快反应速率的角度考虑，提出缩短反应时间的办法。

(4) 能否用其他的卤素单质或化合物代替韦氏液测定油脂的碘值?

(5) 氯化碘加成法测定一摩尔质量为 $101.7g \cdot mol^{-1}$ 的不饱和烃化合物，测定时数据记录如下：称量 0.0568g，滴定消耗 $c(Na_2S_2O_3)=0.1053mol \cdot L^{-1}$ 硫代硫酸钠标准滴定溶液 21.75mL，空白消耗 42.10mL。问：①能否判断此化合物最少含有几个不饱和键并计算含最小不饱和键时的含量；②计算烯基含量和碘值。

4.11 氧化还原法测定苯酚含量

基本知识

酚类化合物中由于羟基和苯环直接相连，在苯环的作用下酚羟基显弱酸性，利用这一性质可以在非水介质中，用碱标准滴定溶液进行非水滴定来测定酚的含量。此外，由于酚羟基的推电子共轭效应，使苯环邻位及对位上的氢原子特别容易发生亲电取代反应。一般酚类化合物，在室温时能与卤素定量地发生反应，基于这种特性，建立了另一种测定酚类化合物含量的方法，即卤代法（氧化还原法）测定酚含量。

4.11.1 测定原理

氟和氯都比较活泼，在进行邻位、对位取代反应的同时，苯环的其他位置也可能发生取代，甚至苯环的侧链上也能发生取代，以至无法进行定量测定。碘不够活泼，一般难以发生取代反应，因此通常用溴代法测定酚类，但液态溴或溴的水溶液不够稳定，反应也难以控制，所以一般不用游离态的溴作溴代剂，而常用溴酸钾和溴化钾在酸性溶液中析出的新生态的溴来进行溴化反应。以苯酚为例，其测定过程如下。

用过量的溴酸钾-溴化钾溶液，在酸性条件下与试样反应，待反应完全后，剩余的溴再和碘化钾作用，析出与溴等量的碘，然后用硫代硫酸钠标准滴定溶液滴定，同时做空白试验。由空白试验与试样测定所消耗硫代硫酸钠标准滴定溶液的体积之差值，计算出试样中酚的含量。

$$5KBr+KBrO_3+6HCl \longrightarrow 3Br_2+3H_2O+6KCl$$

$$C_6H_5OH+3Br_2 \longrightarrow C_6H_2Br_3OH\ (2,4,6\text{-三溴苯酚})+3HBr$$

$$Br_2+2KI \longrightarrow I_2+2KBr$$

$$I_2+2Na_2S_2O_3 \longrightarrow 2NaI+Na_2S_4O_6$$

【注意】 酚羟基的邻、对位上有取代基的酚类，不能用此法测定。

由以上的反应过程可以看出，苯酚与硫代硫酸钠的定量关系为：

$$1\text{份} C_6H_5OH \Leftrightarrow 3\text{份} Br_2 \Leftrightarrow 3\text{份} I_2 \Leftrightarrow 6\text{份} Na_2S_2O_3$$

$$w(\text{苯酚}) = \frac{(V_0 - V_1) \times c(Na_2S_2O_3) \times \frac{M}{6}}{m \times 1000}$$

式中 w(苯酚)——试样中苯酚的质量分数；

V_1——试样测定消耗硫代硫酸钠标准滴定溶液的体积，mL；

V_0——空白试验消耗硫代硫酸钠标准滴定溶液的体积，mL；

$c(Na_2S_2O_3)$——硫代硫酸钠标准滴定溶液的浓度，$mol \cdot L^{-1}$；

M——苯酚的摩尔质量，$g \cdot mol^{-1}$；

m——试样的质量，g。

4.11.2 测定条件

溴代反应是本法的关键，反应温度、时间及溴的用量是影响溴代反应的重要因素，在测定时必须严格控制这些条件。

(1) 反应温度　通常在室温或低于室温下进行反应时，不致发生苯环上的其他位置或侧链上的取代副反应，只有溴代困难的酚，才在较高的温度（50～70℃）下进行取代反应。

(2) 反应时间　溴代反应一般在5～30min内即可完成。

(3) 溴的用量　溴代试剂的用量一般应该比理论量大一倍。

(4) 溴代反应应该在阴暗处进行。因为，光线的照射能促使溴离子在酸性介质中被空气氧化，重新生成单质溴，使测定结果偏低。

$$4Br^- + 4H^+ + O_2 \longrightarrow 2Br_2 + 2H_2O$$

(5) 不饱和化合物或能与溴发生作用的物质，如芳胺等，会干扰测定。

技能训练 4.10　氧化还原法测定苯酚含量

氧化还原法测定苯酚含量

训练目的　熟悉氧化还原法测定苯酚含量的基本原理和操作方法。

训练时间　3h。

训练目标　通过训练，熟练、准确地应用氧化还原法测定苯酚含量，并在3h内完成测定任务，相对平均偏差小于0.5%。

仪器、试剂与试样

(1) **仪器**

① 锥形瓶　500mL。

② 碘量瓶　250mL。

③ 容量瓶　250mL。

④ 酸式滴定管　50mL。

⑤ 移液管　25mL。

⑥ 烧杯　250mL。

(2) **试剂**

① 溴酸钾-溴化钾溶液　$c(1/6\ KBrO_3) = 0.1mol \cdot L^{-1}$。

称取 1.5g 溴酸钾和 12.5g 溴化钾，置于烧杯中，分次加入 200mL 水使其完全溶解。用蒸馏水稀释至 500mL。

② 盐酸溶液　$c(HCl)=6mol \cdot L^{-1}$。

③ 碘化钾溶液　$\rho=100g \cdot L^{-1}$。

④ 氢氧化钠溶液　$\rho=20g \cdot L^{-1}$。

⑤ 硫代硫酸钠标准滴定溶液　$c(Na_2S_2O_3)=0.1mol \cdot L^{-1}$。

⑥ 淀粉指示液　$\rho=5g \cdot L^{-1}$。

⑦ 氯仿。

⑧ 重铬酸钾基准物。

(3) **试样**　苯酚。

测定步骤

(1) 准备测定所需的仪器和试剂。

(2) 标定硫代硫酸钠标准滴定溶液的浓度。

(3) 精确称取 0.3g 苯酚试样，放入 250mL 烧杯中，加少量蒸馏水溶解。若试样不溶于水，则加入 5mL $\rho=20g \cdot L^{-1}$ 氢氧化钠溶液。将溶液转入 250mL 容量瓶中，稀释至刻度。

(4) 用移液管移取 25.00mL 试样溶液，放入 250mL 碘量瓶中，精确加入 25.00mL $c\left(\frac{1}{6}KBrO_3\right)=0.1mol \cdot L^{-1}$ 的溴酸钾-溴化钾溶液，微开碘量瓶塞，加入 10mL $c(HCl)=6mol \cdot L^{-1}$ 盐酸溶液，立即盖紧瓶塞，振摇 5～10min，置于暗处静置 15min。

(5) 反应完全后，微启瓶塞，加入 10mL $\rho=100g \cdot L^{-1}$ 碘化钾溶液，盖紧瓶塞充分振摇后，加 2mL 氯仿。

(6) 用 $c(Na_2S_2O_3)=0.1mol \cdot L^{-1}$ 硫代硫酸钠标准滴定溶液滴定至溶液呈淡黄色，加入 2mL 淀粉指示液，继续滴定至蓝色刚好消失，即为终点。

(7) 同时做空白试验。

结果计算

$$w(\text{苯酚})=\frac{(V_0-V_1)\times c(Na_2S_2O_3)\times \frac{M}{6}}{m\times\frac{25}{250}\times1000}$$

式中　w(苯酚)——试样中苯酚的质量分数；

V_1——试样测定消耗硫代硫酸钠标准滴定溶液的体积，mL；

V_0——空白试验消耗硫代硫酸钠标准滴定溶液的体积，mL；

$c(Na_2S_2O_3)$——硫代硫酸钠标准滴定溶液的浓度，$mol \cdot L^{-1}$；

M　苯酚的摩尔质量，$g \cdot mol^{-1}$；

m——试样的质量，g。

注意事项

(1) 三溴苯酚是白色无定型沉淀，难溶于水，易吸附和包裹 Br_2 而影响测定结果，因此，在用 $Na_2S_2O_3$ 滴定前加入氯仿以溶解沉淀，同时溶解反应中析出的 I_2 使滴定终点易于观察。

(2) 为避免 I_2 被吸附，在滴定至大量碘消失后再加入淀粉指示液。

(3) $Na_2S_2O_3$ 标准滴定溶液在测定苯酚时进行标定，以减少分析误差。

(1) 溴代法测定苯酚的原理是什么？为什么要用溴酸钾-溴化钾的酸性溶液作溴代剂？

(2) 根据已学的知识，设计一个用其他方法测定苯酚含量的测定方案。

4.12 重氮化法测定苯胺含量

以烃基取代氨分子中的一个或几个氢原子的氨衍生物叫作胺。胺可分为伯胺、仲胺和叔胺。氨基是碱性基团，因此，测定胺类化合物常用酸碱滴定法。大部分脂肪族胺碱性（K_b 为 10^{-6}～10^{-3}）比氨强，可在水溶液中，用酸标准滴定溶液滴定；芳香族胺的碱性通常比氨弱得多，只能在冰乙酸中进行非水滴定。

芳香族伯胺在无机酸（如盐酸）存在下，和亚硝酸发生重氮化反应，生成重氮盐，常用重氮化法测定其含量。尤其在染料和药物分析中有较广泛的应用。

4.12.1 测定原理

芳伯胺在低温和强无机酸存在下，与亚硝酸作用，脱水缩合生成重氮盐。因为亚硝酸很不稳定，一般使用亚硝酸钠与强无机酸作用生成亚硝酸。

$$C_6H_5NH_2+NaNO_2+2HCl \longrightarrow [C_6H_5N \equiv N]^+Cl^-+NaCl+2H_2O$$

重氮化法测定芳伯胺，一般采用亚硝酸钠标准滴定溶液进行直接滴定。其滴定终点的判断方法，通常采用碘化钾-淀粉试纸作外指示剂法，终点指示原理为：若溶液中的芳伯胺已重氮化完全，则微过量的亚硝酸氧化试纸上的碘离子成为碘，碘再和淀粉反应呈蓝色，即为终点。

$$2KI+2HNO_2+2HCl \longrightarrow I_2+2KCl+2NO+2H_2O$$

$$I_2+\text{淀粉呈蓝色}$$

强酸的存在也可能导致碘离子被空气中的氧气氧化成碘，使碘化钾-淀粉试纸变蓝色，因此，必须注意二者的区别，不能把无机酸所引起的变色误认为是由于过量的亚硝酸存在。

$$4HCl+4KI+O_2 \longrightarrow 2I_2+2H_2O+4KCl$$

$$I_2+\text{淀粉呈蓝色}$$

一般来讲，由于亚硝酸引起的变色往往比无机酸的速度快而且比较明显，如有怀疑，可做比较试验。

因为亚硝酸和碘离子的氧化还原反应比亚硝酸和芳伯胺的重氮化反应要快得多，所以，不能把碘离子和淀粉加在溶液中作内指示剂使用。用外指示剂法操作比较麻烦，终点不易掌握，如果滴定液蘸出次数过多，容易造成损失。近来常采用的方法是内、外指示剂结合的方法，即用中性红作内指示剂，在临近终点时，利用外指示剂作最后确定，其效果较好。最好的确定终点的方法是采用“永停法”指示终点。

附： **“永停法”指示终点的原理**

“永停法”是用两个相同的铂电极，滴定前调节 R_1 使两电极有 50mV 低电压。若电极在溶液中极化，则在未达滴定终点前仅有很小或无电流通过。但当到达终点时，滴定液稍有过剩，使电极去极化，溶液中即有电流通过，电流计突然偏转，并不再回复。“永停法”常用于指示滴定终点，此法唯一的要求是：在终点之前或之后必须有一种可逆的氧化还原系统存在。图 4-13 为“永停法”仪器装置图。

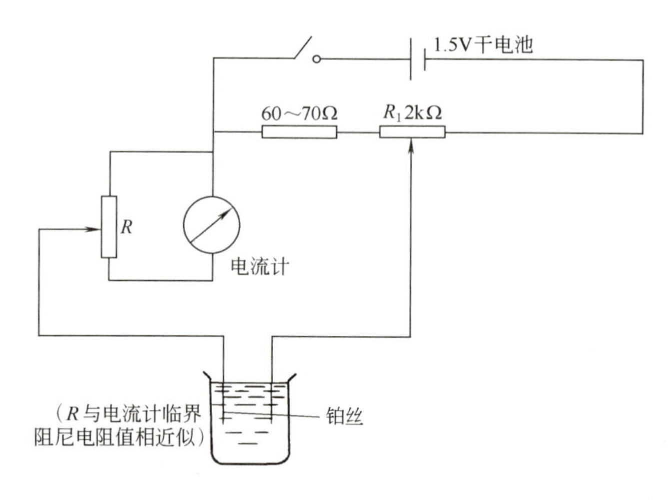

图 4-13 “永停法”仪器装置图

结果计算

由以上的反应过程可以看出，芳伯胺与亚硝酸钠的定量关系为：

$$1\text{份芳伯胺} \Leftrightarrow n\text{份}—NH_2 \Leftrightarrow n\text{份} NaNO_2$$

$$w(\text{芳伯胺})=\frac{(V_1-V_0)\times c(NaNO_2)\times M}{m\times n\times 1000}$$

式中 w(芳伯胺)——试样中芳伯胺的质量分数；

V_1——试样测定消耗亚硝酸钠标准滴定溶液的体积，mL；

V_0——空白试验消耗亚硝酸钠标准滴定溶液的体积，mL；

$c(NaNO_2)$——亚硝酸钠标准滴定溶液的浓度，$mol \cdot L^{-1}$；

M——芳伯胺的摩尔质量，$g \cdot mol^{-1}$；

n——芳伯胺分子中所含胺基的个数；

m——试样的质量，g。

4.12.2 测定条件

重氮化法测定芳伯胺含量的关键是重氮化反应，影响重氮化反应的因素诸多，在测定时必须严格控制测定的条件，才能保证测定结果的准确度。

（1）酸度 重氮化反应须在盐酸介质中进行，因在盐酸中反应速率快，且芳伯胺的盐酸盐溶解度大。盐酸必须大量过量，一般酸度在 $1 \sim 2mol \cdot L^{-1}$ 为宜。大量过量的盐酸，可以抑制副反应，增加重氮盐的稳定性并加速重氮化反应。

酸度不足时，生成的重氮盐能与尚未反应的芳伯胺偶合，生成重氮氨基化合物，使测定结果偏低。

$$[C_6H_5N\equiv N]^+Cl^- + C_6H_5NH_2 \xrightleftharpoons{\text{微酸性}} C_6H_5—N=NH—C_6H_5 + HCl$$

酸的浓度也不能过高，否则将阻碍芳伯胺的游离，反而影响重氮化反应速率。

（2）温度　重氮化反应一般应在低温（0～5℃）条件下进行。温度较高时虽然重氮化反应速率可加快，但会造成亚硝酸的损失和重氮盐的分解。

$$2HNO_2 \longrightarrow H_2O + NO_2\uparrow + NO\uparrow$$

$$[C_6H_5N\equiv N]^+Cl^- + H_2O \longrightarrow C_6H_5OH + N_2\uparrow + HCl$$

当苯环上有卤素、磺酸基或硝基时，其重氮盐较为稳定，可以在较高的温度下进行重氮化。但当有—CH_3、—OH、—OR′等基团时，重氮盐则较不稳定，反应必须在低温下进行。

（3）滴定方法　通常采用“快速滴定法”可以加快滴定速度，即将滴定管尖插入液面2/3处，将大部分亚硝酸钠溶液在不断搅拌下一次滴入，近终点时，将管尖提出液面，再缓缓滴定。这样开始生成的亚硝酸在剧烈搅拌下，向溶液中扩散立即与试样反应，来不及逸出或分解，即可作用完全。

（4）对于难重氮化的化合物，如苯胺、萘胺等，可以加入适量的溴化钾作催化剂，以促进重氮化反应，同时滴定终点也更加明显。

技能训练 4.11　重氮化法测定苯胺含量

训练目的　熟悉重氮化法测定芳伯胺含量的基本原理和操作方法。

重氮化法测定苯胺含量

训练时间　3h。

训练目标　通过训练，熟练、准确地应用重氮化法测定芳伯胺含量，并在3h内完成测定任务，相对平均偏差小于1%。

仪器、试剂与试样

（1）**仪器**

① 烧杯　250mL、1000mL。

② 碱式滴定管　50mL。

③ 容量瓶　250mL。

④ 移液管　25mL。

⑤ 磁力搅拌器。

⑥ 玻璃棒。

（2）**试剂**

① 亚硝酸钠标准滴定溶液　$c(NaNO_2)=0.1mol\cdot L^{-1}$。称取7.2g亚硝酸钠，置于1000mL烧杯中，加入适量已煮沸，冷却至室温的水使其溶解，用蒸馏水稀释至1000mL，摇匀，转入具有玻璃塞的棕色试剂瓶中保存。

② 盐酸溶液　$c(HCl)=6mol\cdot L^{-1}$。

③ 氨水　$\rho=25g\cdot L^{-1}$。

④ 溴化钾。

⑤ 中性红指示液　$\rho=5g\cdot L^{-1}$。

⑥ 淀粉-碘化钾试纸。

⑦ 对氨基苯磺酸基准物。

（3）**试样**　苯胺、对-硝基苯胺或磺胺类药物。

测定步骤

（1）准备所需的仪器与试剂。

（2）标定亚硝酸钠标准滴定溶液的浓度。

精确称取经120℃干燥至恒重的基准无水对氨基苯磺酸约0.5g于250mL烧杯中，加入100mL水和30mL $\rho=25g \cdot L^{-1}$ 氨水，溶解后加 $c(HCl)=6mol \cdot L^{-1}$ 盐酸溶液20mL，控制溶液温度在30℃以下，将装有亚硝酸钠溶液的滴定管尖端插入液面以下2/3处，开启磁力搅拌器，迅速滴定至需要量的95%［理论上对氨基苯磺酸0.5g，约需要 $c(NaNO_2)=0.1mol \cdot L^{-1}$ 亚硝酸钠标准滴定溶液27.5mL，应粗测一次］，然后提起滴定管尖端，用少量水淋洗管尖，加2滴中性红指示液，继续缓缓滴定至溶液刚好出现浅蓝色，用玻璃棒蘸1滴反应液于碘化钾-淀粉试纸上，试纸立即变蓝，继续搅拌5min，再取1滴于试纸上，试纸仍立即变蓝说明终点已到。否则说明终点未到，应继续缓慢滴定直至终点。

亚硝酸钠标准滴定溶液浓度的计算：

$$c(NaNO_2)=\frac{m \times 1000}{V \times 173.2}$$

式中 $c(NaNO_2)$——亚硝酸钠标准滴定溶液的浓度，$mol \cdot L^{-1}$；

m——对氨基苯磺酸的质量，g；

V——标定消耗亚硝酸钠标准滴定溶液的体积，mL；

173.2——对氨基苯磺酸的摩尔质量，$g \cdot mol^{-1}$。

（3）称取约15mmol的试样于小烧杯中，加 $c(HCl)=6mol \cdot L^{-1}$ 盐酸溶液10mL，若有沉淀析出可加入少量的水溶解，转移至250mL容量瓶中，用水稀释至刻度。

（4）准确移取25.00mL的试样溶液于250mL烧杯中，加100mL水和2g溴化钾，再加2滴中性红指示液，开启磁力搅拌器，在0～5℃按用对氨基苯磺酸标定亚硝酸钠标准滴定溶液浓度的方法进行滴定。

结果计算

$$w(\text{芳伯胺})=\frac{V \times c(NaNO_2) \times M}{m \times \frac{25}{250} \times n \times 1000}$$

式中 w(芳伯胺)——试样中芳伯胺的质量分数；

V——试样测定消耗亚硝酸钠标准滴定溶液的体积，mL；

$c(NaNO_2)$——亚硝酸钠标准滴定溶液的浓度，$mol \cdot L^{-1}$；

M——芳伯胺的摩尔质量，$g \cdot mol^{-1}$；

n——芳伯胺分子中所含胺基的个数；

m——试样的质量，g。

附：

“永停法”确定终点

按上述相同的方法，加入试样溶液和试剂，不需加指示剂，插入铂-铂电极，将滴定管的尖端插入液面以下2/3处，用 $c(NaNO_2)=0.1mol \cdot L^{-1}$ 亚硝酸钠标准滴定溶液迅速滴定，随滴随搅拌。至接近终点时将滴定管尖端提出液面，用少量水淋洗管尖，继续缓缓滴定，至电流计突然偏转，并持续1min不回复，即为滴定终点。

【注意】 铂电极在使用前应用加有少量三氯化铁的硝酸或铬酸清洗液浸洗。

(1) 试述重氮化法测定芳伯胺的原理。重氮化反应为什么要在 1～2mol·L^{-1} HCl 中进行？滴定为何采用“快速滴定法”？

(2) 在滴定分析中用指示剂法确定终点时，在何种情况下可采用“内指示剂法”？在何种情况下必须采用“外指示剂法”？

4.13 热失重法测定有机物灰分

4.13.1 概述

灰分是指物质在规定的条件下完全燃烧后的残留物，一般以残留物的质量占试样质量的百分比来表示。灰分来自有机物中的无机杂质，在完全燃烧过程中，由于高温而发生一系列分解、化合等化学反应，无机物在组成和数量方面都发生了变化，即灰分不等同有机物中的无机物。因此，确切地说灰分的测定结果应该称为灰分产率。

灰分的测定在工业生产中有广泛的应用，如煤炭、石油产品、食品、药物、橡胶等分析中经常会测定灰分。根据灰分产率的高低，可以作为判定产品质量的指标之一，也可以依此来判断工艺上各种物料的配比是否合理等。

4.13.2 测定原理

灰分的测定是条件试验，在不同条件下测得的灰分产率是不同的，所以必须严格按照国标的规定条件来进行测定。各种产品的灰分测定条件略有不同，其测定方法也会有所不同，但其测定原理是基本相同的。下面以煤的灰分测定来加以说明。

将一定质量的试样置于已知质量灰皿中，在炉温不超过 100℃ 的马弗炉内，炉门打开约 15mm，在 30min 内使炉温升至 500℃，并保持 30min，使试样完全燃烧。然后，继续升温至 (815±10)℃，关闭炉门，并在此温度保持 1h，使试样灼烧完全。冷却后，称重。根据试样和灰分的质量，计算试样的灰分产率。

$$A=\frac{m_{灰}}{m_{样}}\times 100\%$$

式中 A——试样的灰分产率，%；

$m_{灰}$——灰分的质量，g；

$m_{样}$——试样的质量，g。

技能训练 4.12 热失重法测定有机物灰分

热失重法测定有机物灰分

训练目的 熟悉热失重法测定有机物灰分的基本原理和操作方法。

训练时间 5h。

训练目标 通过训练，熟练、准确地应用热失重法测定有机物灰分，并在5h内完成测定任务，相对平均偏差小于1%。

仪器设备与试样

（1）**仪器设备**

① 瓷灰皿 （30×50×10）mm。

② 马福炉 带有温度控制器。

③ 干燥器。

④ 分析天平。

（2）**试样** 工业用煤(粒度<0.2mm)。

测定步骤

（1）精确称取试样（1±0.1)g，置于在（815±10)℃的高温下灼烧至恒重的灰皿中，均匀地摊平试样。

（2）将装好试样的灰皿置于炉温不超过100℃的马弗炉内，炉门打开约15mm，在30min内使炉温升至500℃，并保持30min。

（3）继续升温至（815±10)℃，关闭炉门，并在此温度保持1h。

（4）取出，在空气中冷却5min，移入干燥器中，冷却至室温（约20min)，称重。反复灼烧，每次20min，冷却，称重。直至恒重（两次质量之差小于0.001g)。

结果计算

$$A=\frac{m_3-m_1}{m_2-m_1}\times 100\%$$

式中 A——试样的灰分产率,%；

m_1——灰皿的质量，g；

m_2——（灰皿+试样）的质量，g；

m_3——（灰皿+灰分）的质量，g。

练 习

（1）什么叫灰分？影响灰分测定结果的因素有哪些？

（2）测定煤的灰分时为什么先要将炉门打开一条小缝？

4.14 热失重法测定挥发分产率

基本知识

4.14.1 概述

有机化合物在规定的条件下隔绝空气加热，有机化合物中部分物质会分解逸出，除水分以外的逸出物称为**挥发分**。它是各种化合物的分解或燃烧的产物，这些产物不是原有的组分，而是在一定条件下发生化学反应的结果。因此，确切地说应该称为**挥发分产率**。用挥发分的质量占试样质量的百分比表示。

挥发分产率的测定在工业分析中有广泛的应用，特别是在煤炭分析。下面就以测定煤的挥发分产率为例，说明挥发分产率的测定原理和测定方法。

4.14.2 测定原理

挥发分产率与试样的受热温度、加热时间、试样的量和粒度、坩埚的材质、大小、形状等多种因素有关，在测定时应严格遵守有关规定。各种产品的测定条件有所不同，但其原理是基本相同的。

煤的挥发分产率的测定原理是这样的：将一定量的分析煤样在890～910℃的条件下，隔绝空气加热7min，根据失去的质量和试样的水分含量，即可计算试样的挥发分产率。

$$V=\frac{m_{挥}}{m_{样}}\times 100\%-M_{ad}$$

式中 V——试样的挥发分产率，%；

$m_{挥}$——挥发分的质量，g；

$m_{样}$——试样的质量，g；

M_{ad}——分析煤样的水分含量，%。

技能训练4.13 热失重法测定煤的挥发分产率

热失重法测定煤的挥发分产率

训练目的 熟悉热失重法测定煤的挥发分产率的基本原理和操作方法。

训练时间 5h。

训练目标 通过训练，熟练、准确地应用热失重法测定煤的挥发分产率，并在5h内完成测定任务，相对平均偏差小于1%。

仪器设备与试样

(1) **仪器设备**

① 挥发分坩埚 带有配合严密的盖的瓷坩埚。

② 马福炉 带有温度控制器。

③ 干燥器。

④ 分析天平。

⑤ 秒表。

(2) **试样** 分析煤样（粒度<0.2mm）。

测定步骤

(1) 将带盖瓷坩埚在（900±10)℃下灼烧恒重。

(2) 精确称取煤试样（1±0.1)g，置于已恒重的坩埚中，轻轻振动坩埚使试样摊平，盖上盖子，放在坩埚架上。

(3) 将坩埚架迅速放入预先加热至（900±10)℃的电炉内，立即启动秒表，关闭炉门，准确加热7min。

(4) 取出坩埚，在空气中冷却5min，移入干燥器中冷却至室温（20min)，称量。

结果计算

$$V_{ad}=\frac{m_3-m_1}{m_2-m_1}\times 100\%-M_{ad}$$

式中 V_{ad}——试样的挥发分产率，%；

m_1——坩埚的质量，g；

m_2——灼烧前（坩埚+试样）的质量，g；

m_3——灼烧后（坩埚+试样）的质量，g；

M_{ad}——分析煤样的水分含量，%。

练 习

（1）什么是煤的挥发分？为什么在测定挥发分产率时要扣除试样原有的水分？

（2）称取煤试样 1.2000g，测定挥发分时失去质量 0.1420g，已知试样的水分含量为 4%，求煤试样的挥发分。

有机物分析方法的研究与进展

有机分析是认识有机物质世界的手段。自古以来，人类本能地与各种有机物质打交道，人们对这些物质的了解由浅入深，并逐步自由地利用各种有机物质为人类服务。19 世纪上半叶，有机分析的先驱者盖·吕萨克（J. Gay-Lussac）和杜马（J. B. Dumas）等人创立了有机元素分析方法，从此，人们能从本质上认识和研究有机化合物，促进有机化学成为一门新兴的学科。20 世纪初，普瑞格（F. Pregl）等创立了有机微量分析方法，促进了对微量有机物质，如甾体激素及生物代谢产物等的研究。20 世纪 40 年代以来，马丁（A. T. P. Martin）和辛吉（P. L. M. Synge）创立了分配色谱以后，解决了蛋白质的基本组成氨基酸和肽的分析难题，促进了对生命科学的研究。随着科学技术的发展，计算机在分析测试中的应用，一些近代仪器分析方法如紫外光谱（UV）、红外光谱（IR）、核磁共振谱（NMR）和质谱（MS）等迅速发展，使许多有应用价值但结构复杂的化合物不断被发现和利用。有机分析已涉及国民经济的各个部门，推动着有机化学研究和工业、农业、国防、环境等工作的开展。

有机分析就其工作内容来说，包括有机物的成分分析、结构分析及样品的分离提纯。从所使用的方法而言，主要有化学法、色谱法和波谱法，各种方法既各有其特色及适用范围，又常常互相结合、相辅相成。从近年来有机分析的发展趋势看来，总的方向是朝着分析方法仪器化、自动化发展。以仪器分析为主、化学分析为辅，波谱分析和色谱分析在有机分析中是发展的主流。

化学分析法具有简便、准确、不需要特别仪器的特点，任何化学实验室均可进行。目前，我国许多科研、企业的常规分析仍使用化学分析方法。例如，有机元素的分析，除 C、H、N 三元素基本上已用自动分析仪测定，卤素、硫、磷、硼、砷等的测定仍采用氧瓶燃烧-化学滴定法进行，只是在吸收剂和滴定剂方面不断改进和完善。把化学反应和仪器测量结合起来，为化学法带来新的发展。例如，用氧瓶燃烧-等速电泳分离来测定有机物中硫、磷、卤素的含量；用亚硝酸反应-气相色谱法测定伯氨基；用氢碘酸反应-气相色谱法测定烷氧基含量等。此外，生物化学引入到有机分析中，也是热门课题，如放射免疫法、荧光免疫法等，均是灵敏度高、特异性强的方法。

色谱学是分析化学中较年轻的分支学科。随着色谱理论的发展和色谱实践经验的积累，加速了色谱仪器化的进程，产生了高效液相色谱。高效液相色谱根据分离原理不同，可分为液-固吸附色谱、液-液分配色谱、离子交换色谱、离子对色谱和凝胶色谱。又把色谱技术及应用范围推到新的高度，使大多数化合物的分离分析能得以实现。至今，气相色谱（GC）和高效液相色谱（HPLC）是应用面最广的色谱技术。近年来，石英毛细管气相色谱在分析复杂的有机混合物样品中表现出特有的分离效能，许多结构很相似的化合物均能得到良好的分离。高效薄层色谱（HPTLC）则是在吸收高效液相色谱特点的基础上发展起来的新技术，采用 5～10μm 粒度的吸附剂作固定相和特殊形式的展开技术，具有比普通薄层色谱高得多的分离效率。由于它对样品的处理没有特殊要求，因此广泛应用于医药、生物、农业等方面的样品分析。随着色谱法的理论、技术的日益成熟，高效液相色谱与质谱联用、智能色谱、超临界液相色谱等已展现出诱人的前景。

有机化合物的结构分析是有机化学研究的重要环节。在分子、原子、电子水平上认识有机分子的各种运动规律，结构与功能的关系已成为现代科学技术发展中的新思想、新技术的标志之一。许多物理方法如紫外光谱（UV）、红外光谱（IR）、核磁共振谱（NMR）、质谱（MS）、X 射线衍射谱等，能以各自的特点提供关于分子、原子和电子的微观结构信息，成为研究有机化合物结构的强有力的工具。

5 气体分析

在工业生产中，经常会有一些气体状态的原料、中间体或产品，还会遇到废气、气体燃料和厂房空气，因此需要对各种气体进行分析。气体分析法是一种常见的工业分析方法，本章将重点学习气体分析的一般方法、测定原理及奥氏气体分析仪法和气相色谱法测定混合气体（煤气）中各组分含量的方法。

知识目标

了解气体分析的作用和特点；了解气体分析的方法和分类；理解各种气体化学分析方法的基本原理，熟悉奥氏气体分析仪的组成和工作原理；熟悉混合气体含量测定的基本原理和结果计算的方法。

技能目标

会正确清洗、连接奥氏气体分析仪各部件；能根据测定要求，正确配制各种洗手液，并准确注入仪器中；会进行仪器的气密性试验；能熟练操作奥氏气体分析仪，测定混合气体各组分的含量；能根据分析数据，正确计算混合气体中各组分的含量。

素质目标

养成认真、严谨、细致的工作习惯；培养严格执行操作规范的意识和一丝不苟的工作态度；尊重客观事实、树立实事求是、精益求精的职业规范；培养语言表达、协同合作、沟通交流能力。

5.1 概 述

5.1.1 气体分析的作用和特点

5.1.1.1 气体分析的作用

气体分析广泛地应用于化工生产中，为了使生产正常安全，对各种工业气体都必须进行分析。例如，为了正确配料，需对化工原料气进行分析；为了掌握生产过程的正常与否，需进行中间产品的控制分析；经常定期分析厂房空气，检查设备漏气情况，可以保证安全生产的顺利进行，保障人体的健康；动火前和进入塔器设备检修前，要进行气体分析，以保证动火安全和检修安全等。由于气体的状态有许多特殊性，所以气体分析与其他分析方法有许多不同之处。

5.1.1.2 气体分析的特点

由于气体的状态有许多特殊性，所以气体分析与其他分析方法有许多不同之处。气体的特点是质轻而流动性大，不易称量，因此气体分析常用测量体积的方法代替称量，按体积计算被测组分的含量。由于气体的体积随温度和压力的改变而变化，所以测量体积的同时，必须记录当时的温度和压力，然后将被测气体的体积校正到某一温度压力下的体积。

5.1.2 气体分析的方法和分类

根据气体组分的物理和化学性质的不同，气体分析方法可分为物理分析和化学分析。

气体分析所采用的仪器不同，可分为一般仪器和专用仪器分析。在复杂的气体混合物分析中，往往是采用几种分析方法联合使用来达到分析的目的。

5.2 气体的化学分析方法

用化学分析法测定混合气体各组分时，根据它们的化学性质来决定所采用的方法。常用的有吸收分析法和燃烧法。在生产实际中往往是两种方法结合使用。

5.2.1 吸收分析法

利用气体混合物中各组分的化学性质的不同，以适当的吸收剂来吸收某一被测组分，然后通过一定的定量方式测定被测组分含量的方法称为**吸收分析法**。根据定量方法的不同，吸收法可分为吸收体积法、吸收滴定法和吸收称量法。用来吸收气体的试剂称为气体吸收剂。所用的吸收剂必须对被测组分有专一的吸收，不同的气体，有不同的化学性质，需使用不同的吸收剂。否则将因吸收干扰而影响测定结果的准确性。常用气体及吸收剂见表 5-1。

表 5-1 常用气体及吸收剂

气体	吸收剂	气体	吸收剂
CO_2	氢氧化钾水溶液(300g·L^{-1})	SO_2	I_2 溶液
O_2	焦性没食子酸的碱性溶液	NH_3	H_2SO_4 溶液
CO	氯化亚铜的氨性溶液	NO	$HNO_3+H_2SO_4$
不饱和烃(C_nH_m)	饱和溴水或浓硫酸	H_2S	KOH

5.2.1.1 吸收体积法

利用气体的化学特性，使气体混合物与某特定试剂接触，此试剂与混合气体中被测组分能定量发生反应而吸收，吸收稳定后不再逸出，而且其他组分不与此试剂反应。如果吸收前后的温度及压力一致，则吸收前后的体积之差，即为被测组分的体积，据此可计算组分含量。此法适用于混合气体中常量组分的分析。

5.2.1.2　吸收滴定法

此法综合应用吸收法和容量滴定法来测定气体（或可以转化为气体的其他物质）含量。其方法是使混合气体通过特定的吸收剂，待测组分与吸收剂反应后被吸收，再在一定条件下，用标准滴定溶液滴定吸收后的溶液，根据消耗标准滴定溶液的体积，计算出待测气体的含量。此法适用于混合气体中含量较低的组分的测定。

5.2.1.3　吸收称量法

综合应用吸收法和称量法来测定气体（或可以转化为气体的其他物质）含量的分析方法。其原理是使混合气体通过固体（或液体）吸收剂，待测气体与吸收剂发生反应（或吸附），根据吸收剂增加的质量计算出待测气体的含量。

此法使用的吸收剂有液体的，也有固体的。吸收剂应无挥发性，或挥发性很小，以免影响称量。同样，吸收后的生成物也应无挥发性，以防止干扰。

5.2.2　燃烧法

有些可燃气体没有很好的吸收剂，如氢气和甲烷气体。因此，只能用燃烧法进行测定。燃烧法是将混合气体与过量的空气或氧气混合，使其中可燃组分燃烧，测定气体燃烧后体积的缩减量、消耗氧的体积及生成二氧化碳的体积来计算气体中各组分的含量。

5.2.2.1　燃烧法的计算方法

如果气体混合物中含有若干种可燃性气体，先用吸收法除去干扰组分，再取一定量的剩余气体（或全部），加入过量的空气，使之进行燃烧。燃烧后，测量其体积的缩减，消耗氧的体积及生成二氧化碳的体积，由此求得可燃性气体的体积，并计算出混合气体中可燃性气体的含量。

如 CO、CH_4、H_2 的气体混合物，燃烧后求原可燃性气体的体积。

它们的燃烧反应为：

$$2CO+O_2 = 2CO_2$$
$$CH_4+2O_2 = CO_2+2H_2O$$
$$2H_2+O_2 = 2H_2O$$

若原来混合气体中一氧化碳的体积为 V_{CO}，甲烷的体积为 V_{CH_4}，氢的体积为 V_{H_2}。燃烧后，由一氧化碳所引起的体积缩减 $V_{缩(CO)}=1/2V_{CO}$；甲烷所引起的体积缩减 $V_{缩(CH_4)}=2V_{CH_4}$；氢气所引起的体积缩减 $V_{缩(H_2)}=3/2V_{H_2}$。所以燃烧后所测得的应为其总体积的缩减 $V_{缩}$。

$$V_{缩}=1/2V_{CO}+2V_{CH_4}+3/2V_{H_2} \tag{1}$$

由于一氧化碳和甲烷燃烧后生成与原一氧化碳和甲烷等体积的二氧化碳（即 $V_{CO}+V_{CH_4}$），氢气则生成水，则燃烧后测得总的二氧化碳体积 $V_{CO_2}^{生}$ 应为：

$$V_{CO_2}^{生}=V_{CO}+V_{CH_4} \tag{2}$$

一氧化碳燃烧时消耗氧的体积 $V_{O_2(CO)}^{用}=1/2V_{CO}$，甲烷燃烧时消耗氧的体积 $V_{O_2(CH_4)}^{用}=2V_{CH_4}$，氢燃烧时消耗氧的体积 $V_{O_2(H_2)}^{用}=1/2V_{H_2}$。则燃烧后测得的总的消耗氧气的体积 $V_{O_2}^{用}$ 应为：

$$V_{O_2}^{用}=1/2V_{CO}+2V_{CH_4}+1/2V_{H_2} \tag{3}$$

设：$V_{O_2}^{用}=a$，$V_{CO_2}^{生}=b$，$V_{缩}=c$

由式（1）、式（2）、式（3）组成联立方程组，解方程组得：

$$V_{CH_4}=\frac{3a-b-c}{3}\ (mL)$$

$$V_{CO}=\frac{4b-3a+c}{3}\ (mL)$$

$$V_{H_2}=c-a\ (mL)$$

根据各组分气体的体积与燃烧前混合气体的体积，即可计算各组分的含量。

【例 5-1】 一氧化碳、甲烷及氮的混合气体 20.0mL，加入一定量过量的氧，燃烧后体积缩减了 21.0mL，生成二氧化碳 18.0mL，计算混合气体中各组分的体积分数。

解： 在混合气体中，CO 和 CH_4 为可燃气体，其燃烧反应为

$$2CO+O_2 = 2CO_2$$

$$CH_4+2O_2 = CO_2+2H_2O$$

在 CO 燃烧反应中，缩减的体积为 $1/2V_{CO}$，在 CH_4 燃烧反应中，缩减的体积为 $2V_{CH_4}$。

则：

$$V_{缩}=1/2V_{CO}+2V_{CH_4}$$

又由于 CO 及 CH_4 燃烧后都生成等体积的 CO_2，所以

$$V_{CO_2}=V_{CO}+V_{CH_4}$$

解联立方程组，则可计算出 CO 及 CH_4 的体积。

$$V_{缩}=1/2V_{CO}+2V_{CH_4}=21.0\ (mL)$$

$$V_{CO_2}=V_{CO}+V_{CH_4}=18.0\ (mL)$$

得：

$$V_{CO}=10.0\ (mL)$$

$$V_{CH_4}=8.0\ (mL)$$

$$V_{N_2}=20.0-10.0-8.0=2.0\ (mL)$$

所以

$$\varphi(CO)=\frac{10.0}{20.0}=0.5=50\%$$

$$\varphi(CH_4)=\frac{8.0}{20.0}=0.4=40\%$$

$$\varphi(N_2)=\frac{2.0}{20.0}=0.1=10\%$$

5.2.2.2 燃烧法的分类

根据燃烧方式不同，燃烧法可分为三种。

（1）爆炸法　可燃气体与过量空气按一定比例混合，通电点燃引起爆炸性燃烧。引起爆炸性燃烧的浓度范围称为爆炸极限。爆炸上限是指引起可燃气体爆炸的最高浓度，爆炸下限是指引起可燃气体爆炸的最低浓度。常温常压下部分气体在空气中的爆炸极限见表 5-2。浓度低于或高于此范围都不会发生爆炸。此法分析速度快，但误差较大，适用于生产控制分析。

表 5-2 部分气体在空气中的爆炸极限

气体名称	化学式	与空气混合的爆炸极限/%		气体名称	化学式	与空气混合的爆炸极限/%	
		下限	上限			下限	上限
氢气	H_2	4.0	75	乙烷	C_2H_6	3	12.5
一氧化碳	CO	12.5	74.2	丙烷	C_3H_8	2.3	9.5
氨气	NH_3	15.5	27	丁烷	C_4H_{10}	1.9	8.5
甲烷	CH_4	5.3	15	乙烯	C_2H_4	2.7	36
硫化氢	H_2S	4.3	44.5	乙炔	C_2H_2	2.5	85

（2）缓慢燃烧法（铂丝燃烧法） 将可燃气体与空气混合，控制其混合比例在爆炸下限以下，并通过炽热的铂丝，引起缓慢燃烧。这种方法适用于试样中可燃气体组分含量较低的情况。

（3）氧化铜燃烧法 氢气和一氧化碳在280℃以上开始氧化，CH_4 必须在600℃以上氧化。

$$H_2+CuO \xrightarrow{280℃} H_2O+Cu$$

$$CO+CuO \xrightarrow{280℃} CO_2+Cu$$

$$4CuO+CH_4 \xrightarrow{>600℃} CO_2+2H_2O_{(液)}+4Cu$$

当混合气体通过280℃高温的CuO时，使其缓慢燃烧，这时CO生成等体积的 CO_2，缩减的体积等于 H_2 的体积。然后升高温度使 CH_4 燃烧，根据 CH_4 生成的 CO_2 体积，便可求出甲烷的含量。

练 习

（1）气体分析的特点是什么？吸收体积法、吸收滴定法、吸收称量法及燃烧法的基本原理是什么？

（2）如果气体试样中含有 CO_2、O_2、CO及 C_nH_{2n} 四个组分，应选用哪些吸收剂？如何安排吸收顺序？

（3）从生产现场取含CO、H_2 的空气混合气体20.0mL，加空气80.0mL燃烧后体积减小了0.5mL，生成 CO_2 0.2mL，求可燃气体中各组分的体积分数。

（4）取含有 CO_2、CH_4、H_2、O_2、CO、N_2 的混合气体100.0mL，依次吸收了 CO_2、O_2、CO后气体体积分别为91.2mL、84.6mL、71.3mL，为了测定 CH_4 和 H_2，取18.0mL残气，添加62.0mL（过量）空气进行爆炸燃烧后，混合气体体积缩减了9.0mL，生成 CO_2 3.0mL，求混合气体中各组分的体积分数。

5.3 混合气体含量的测定

5.3.1 奥氏仪法测定半水煤气含量

5.3.1.1 测定原理

半水煤气是合成氨的原料，由焦炭、水蒸气、空气等制成。它的全分析项目有 CO_2、O_2、CO、CH_4、H_2 及 N_2 等。用吸收法和燃烧法联合测定各组分含量，其中 CO_2、O_2、CO可用吸收法来测定，CH_4 和 H_2 可用燃烧法来测定，剩余气体为 N_2。

（1）二氧化碳 二氧化碳是酸性氧化物，一般采用苛性钾为吸收剂。吸收反应方程式为：

$$2KOH + CO_2 \longequal K_2CO_3 + H_2O$$

（2）氧气　最常用的氧吸收剂是焦性没食子酸的碱性溶液。反应分两步进行。首先是焦性没食子酸和氢氧化钾发生中和反应，生成焦性没食子酸钾，然后是焦性没食子酸钾和氧作用生成六氧基联苯钾。反应方程式为：

$$C_6H_3(OH)_3 + 3KOH = C_6H_3(OK)_3 + 3H_2O$$

$$2C_6H_3(OK)_3 + 1/2\ O_2 = (OK)_3—C_6H_2—C_6H_2(OK)_3 + H_2O$$

（3）一氧化碳　用氯化亚铜氨性溶液作 CO 的吸收剂。一氧化碳和氯化亚铜生成不稳定的 $Cu_2Cl_2 \cdot 2CO$，然后在氨性溶液中进一步反应。

$$2CO + Cu_2Cl_2 = Cu_2Cl_2 \cdot 2CO$$

$$Cu_2Cl_2 \cdot 2CO + 4NH_3 + 2H_2O \longrightarrow \begin{matrix} Cu—COONH_4 \\ | \\ Cu—COONH_4 \end{matrix} + 2NH_4Cl$$

上述各种气体吸收剂不一定是某种气体的特效吸收剂，因此，在吸收过程中必须妥善安排吸收顺序，以免造成分析混乱。分析半水煤气时，应按 CO_2、O_2、CO 的顺序依次吸收。根据吸收前后气体体积之差，计算各组分的体积分数。

即：

$$\varphi(\text{被测组分}) = \frac{V_{\text{吸收前}} - V_{\text{吸收后}}}{V_{\text{样}}}$$

吸收后的剩余气体取其一部分，加入适量的空气，送入爆炸燃烧瓶，由爆炸后缩减的体积和生成 CO_2 的体积，求出试样中 H_2 和 CH_4 的含量。剩余的气体则为 N_2。

5.3.1.2　奥氏气体分析仪

奥氏气体分析仪有多种，图 5-1 所示的是改良奥氏气体分析仪。它主要由一支双臂式量气管、五个吸收瓶和一个爆炸球组成，可进行 CO_2、O_2、CO、CH_4、H_2、N_2 混合气体的分析测定。

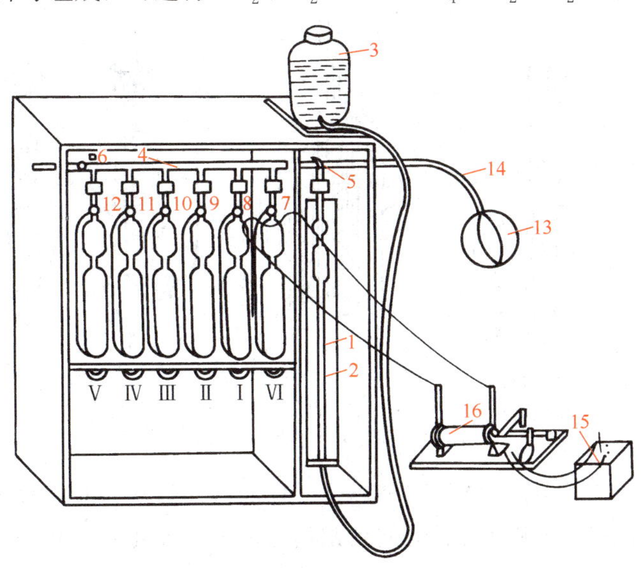

图 5-1　改良奥氏气体分析仪

1—量气管；2—恒温水套管；3—水准瓶；4—梳形管；5—三通旋塞；6～12—二通旋塞；13—样气球胆；14—气体导管；15—感应圈；16—蓄电池；Ⅰ～Ⅴ—气体吸收瓶；Ⅵ—爆炸瓶

（1）量气管与水准瓶　量气管（图 5-2）是测量气体体积的装置，一般是容积为 100mL 带有刻度的玻璃管，下端用橡胶管与水准瓶连接，水准瓶内装满封闭液（一般为饱和盐类的酸性水溶液），上端与梳形管相连，当升高水准瓶时，管内液面上升将气体放出，下降水准瓶时，管内液面下降，将气体吸入。

（2）梳形管及旋塞　梳形管（图 5-3）是供连接量气管、各吸收瓶及燃烧管的部件。旋塞用以控制气体的流动路线。

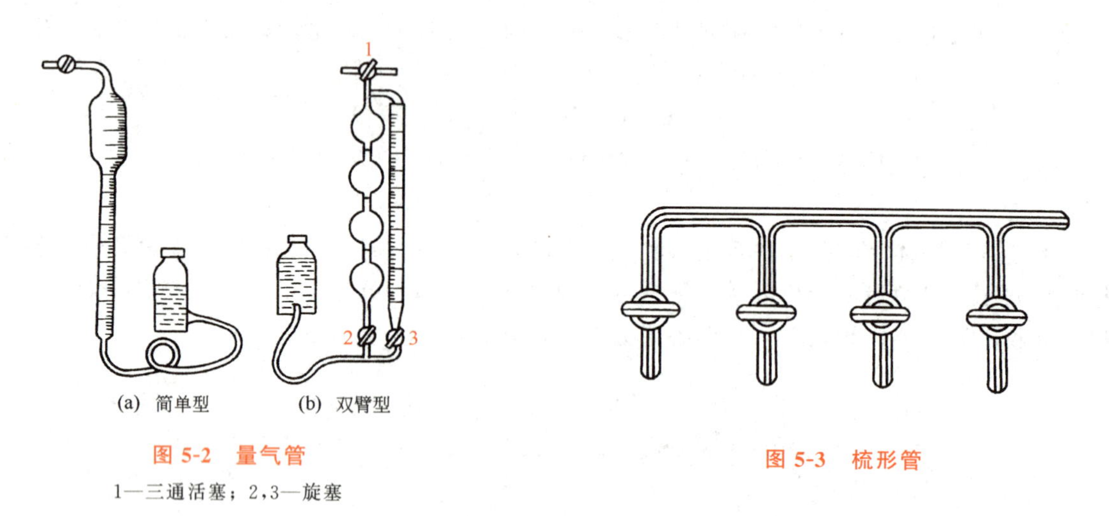

图 5-2　量气管

1—三通活塞；2,3—旋塞

图 5-3　梳形管

（3）吸收瓶　内置气体吸收剂，用来完成气体分析中的吸收作用。吸收瓶有接触式和气泡式两种结构，如图 5-4 所示。接触式吸收瓶适用于黏度较大的吸收剂，气泡式吸收瓶适用于黏度较小的吸收剂。

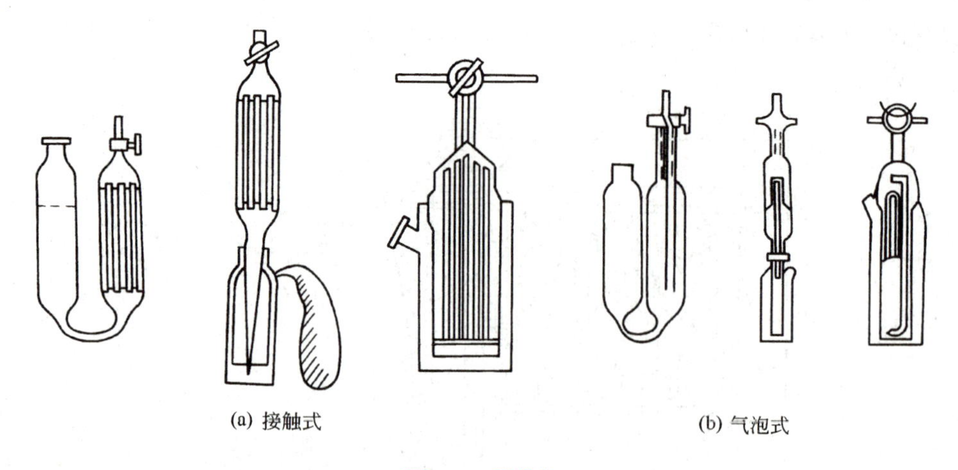

图 5-4　吸收瓶

（4）爆炸瓶　一个球形厚壁抗震玻璃容器，球的上端熔封两根铂丝电极，铂丝的外端接电源，用交流电通过感应圈变成高压电加到铂丝电极上，使铂丝电极间隙处产生火花，使可燃气体爆炸。

5.3.2　气相色谱法测定煤气含量

随着分析仪器的不断普及，用气相色谱法测定混合气体中组分含量的方法已广泛应用工业生产中。此方法具有操作简便、快速的优点。

5.3.2.1　测定原理

煤气或水煤气主要成分为 H_2、O_2、N_2、CH_4、CO、CO_2 的混合气体，在气相色谱法中，使用分子筛（5A 或 13X 分子筛）分离。

（1）O_2、N_2、CH_4、CO 的测定　以氢气作为载气携带气样流经分子筛色谱柱，由于分子筛对 O_2、N_2、CH_4、CO 等气体的吸附力不同，按吸附力由大到小的顺序分别流出色谱柱，进入检测器，则在记录仪上出现 O_2、N_2、CH_4、CO 四个色谱峰图，由四个色谱图的峰高或峰面积计算这四种组分的含量。

分子筛对 CO_2 的吸附力很强，在低温下不能解吸，CO_2 滞留于分子筛柱内，所以得不到 CO_2 的色谱图，而且随着 CO_2 在分子筛上的积累，使分子筛的活力降低，影响 O_2、N_2、CH_4、CO 的测定。因此，常使用一支碱石灰管吸收阻留 CO_2，使它与其他组分先分离，然后其余气体再经分子筛柱分离后进入检测器。

（2）CO_2 的测定　CO_2 的色谱测定是利用硅胶在常温下对 CO_2 有足够的吸附力，而对其他组分则基本没有吸附作用。所以，当气样流经硅胶色谱柱、进入检测器时，首先产生一个 O_2、N_2、CH_4、CO 混合气体的色谱图，此图无定量意义。随后，出现 CO_2 色谱图，从而计算 CO_2 的含量。

（3）H_2 的测定　当以 H_2 作为载气时，气样中的 H_2 组分在热导池内不能引起载气热导率的改变，不能产生信号。因此，得不到 H_2 组分的色谱图。但是气样组分是已知的，所以，当测定了其他五种组分后，则 H_2 的含量可以由差减法计算。

5.3.2.2　测定流程

煤气或半水煤气的色谱分析流程线路，因为色谱仪的结构不同会有不同。一般有两种常用的流程线路，即串联流程和并联流程。

（1）串联流程　串联流程如图 5-5 所示，载气携带气样经过硅胶色谱柱后，进入检测器 4，得混合峰和 CO_2 峰。然后，再经过碱石灰管截留 CO_2，其余 O_2、N_2、CH_4、CO 混合气体继续经分子筛色谱柱分离后，再进入检测器 7，分别获得 O_2、N_2、CH_4、CO 的色谱峰。

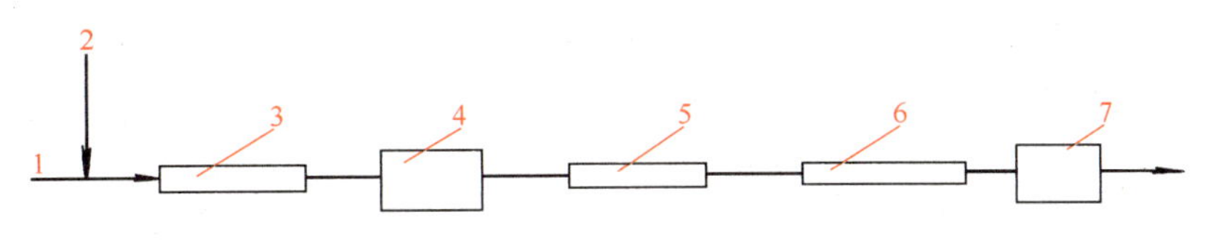

图 5-5　串联流程示意图

1—载气；2—气样；3—硅胶色谱柱；4,7—检测器；5—碱石灰管；6—分子筛色谱柱

（2）并联流程　并联流程如图 5-6 所示，载气携带气样通过三通 3，分成两路，以固定而稳定的流速，一路进入硅胶色谱柱 4；另一路经过碱石灰管 5 进入分子筛色谱柱 6。被两柱分别分离后的组分再经三通 7 汇合，进入检测器。分离后的组分流出顺序为总峰、CO_2、O_2、N_2、CH_4、CO。

5.3.2.3　测定条件

色谱分析的工作条件，主要决定于分离效果和检测器的性能。分离效果是否良好，又主要决定于固定相的性能、色谱柱的长短、柱的温度及载气流速等因素。热导检测器的性能，

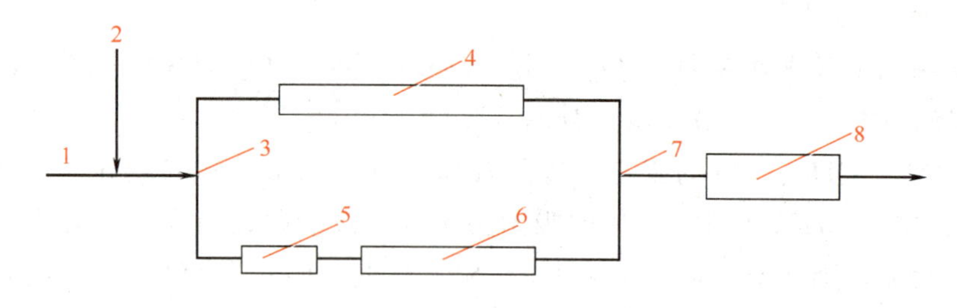

图 5-6　并联流程示意图

1—载气；2—气样；3,7—三通；4—硅胶色谱柱；5—碱石灰管；6—分子筛色谱柱；8—检测器

主要表现为测定的灵敏度和稳定性。灵敏度可以借改变电流强度，加以适当调节。在煤气分析中，一般选用下述色谱条件。

（1）13X 分子筛柱　柱长 3m、内径 3mm、内装 60 目 13X 分子筛，在 500℃活化 3h。

（2）硅胶柱　柱长 0.95m、内径 2mm、内装 60 目色谱硅胶，在 200℃活化 3h。

（3）电流　200mA。

（4）柱温　58℃。

（5）载气　氢气，流速 $60\text{mL}\cdot\text{min}^{-1}$。

（6）进样量　1mL。

5.3.2.4　测定过程

首先开启载气钢瓶阀门，通入载气，检查仪器是否严密。若漏气，应采取适当措施处理。然后，调节载气流速为 $60\text{mL}\cdot\text{min}^{-1}$。开启升温电源，调节柱温至 58℃，恒温。开启热导检测器电源，调节电流为 200mA。开启记录仪，调整信号衰减及记录纸走速为一定值。待基线稳定后，用注射器吸取标准气样 1.00mL 注入仪器中，获得各组分的色谱峰，由下式各对应组分的校正因子。

$$f_{i(h)}=\frac{\varphi_{i0}}{K_{i0}\times h_{i0}}$$

式中　$f_{i(h)}$ ——各对应组分的校正因子；

φ_{i0}——标准气样中 i 组分的体积分数；

K_{i0}——标准气样中 i 组分的衰减倍数；

h_{i0}——标准气样中 i 组分的峰高，mm。

然后，用注射器吸入气样 1.00mL，注入仪器中，获得各组分的色谱峰。由下式计算各组分的含量。

$$\varphi_i=K_i f_{i(h)} h_i$$

式中　φ_i——气样中 i 组分的体积分数；

K_i——气样中 i 组分的衰减倍数；

$f_{i(h)}$ ——各对应组分的校正因子；

h_i——气样中 i 组分的峰高，mm。

氢气的体积分数由差减法计算：

$$\varphi(H_2)=100\%-[\varphi(O_2)+\varphi(N_2)+\varphi(CH_4)+\varphi(CO)+\varphi(CO_2)]$$

技能训练 5.1 奥氏仪法测定半水煤气中各组分含量

奥氏仪法测定半水煤气中各组分含量

训练目的 通过训练，了解奥氏气体分析仪的构造和使用方法，熟悉奥氏仪法测定半水煤气含量的方法和操作过程。

训练时间 6h（包括仪器操作练习 3h）。

训练目标 通过训练，能正确使用奥氏气体分析仪，熟练掌握奥氏仪法测定半水煤气含量操作技术，并在 3h 内完成测定任务。

安全 煤气是易燃气体，在取样和测定时，环境应避免出现明火，以防着火。另外煤气有毒，取样时应防止煤气泄漏。

仪器、试剂与试样

（1）**仪器** 改良型奥氏气体分析仪。

（2）**试剂**

① 氢氧化钾溶液（$300g \cdot L^{-1}$） 称取 300g KOH 置于耐热容器中，用蒸馏水溶解并稀释至 1000mL，混匀即可。

配制时要注意安全，配好后胶塞塞紧，塞上应配备二氧化碳吸收管。

② 焦性没食子酸钾溶液 称取 10g 焦性没食子酸，溶于 30mL 热水中，再称取 50g KOH 溶解于 50mL 蒸馏水中。临使用前将上述两种溶液按 1∶1 混合装入吸收瓶中。

③ 氯化亚铜的氨性溶液 称取 250g NH_4Cl 溶解于 750mL 热蒸馏水中，冷却后加入 250g Cu_2Cl_2，用胶塞塞紧瓶口并摇动，使其完全溶解，再倾入盛满铜丝的瓶中，塞紧瓶塞，使用前加入 750mL 氨水（$\rho=0.91$）混合。

④ 硫酸溶液［$w(H_2SO_4)=10\%$］ 取 180mL 水，在不断搅拌下缓缓加入 11mL 浓硫酸。

⑤ 封闭液 量取 30mL 浓硫酸，慢慢加入 970mL 蒸馏水中混匀，待冷却后加 2mL（$10g \cdot L^{-1}$）甲基橙指示剂。

（3）**试样** 煤气或半水煤气。

测定步骤

（1）准备工作

① 将洗净并干燥的气体分析仪各部件按图 5-1 用橡胶管连接安装，所有的旋塞都必须涂真空旋塞油，使其能灵活转动。

② 依照分析顺序，将吸收剂自吸收瓶的承受部分注入吸收瓶中。吸收瓶Ⅰ中注入 KOH 溶液，吸收瓶Ⅱ中注入焦性没食子酸碱性溶液，吸收瓶Ⅲ、Ⅳ中注入氯化亚铜的氨性溶液，吸收瓶Ⅴ中注入 $w(H_2SO_4)=0.10$ 的硫酸溶液。在吸收液上部倒入 5～8mL 液体石蜡封闭，水准瓶和爆炸球的承受部分注入封闭液，量气管水套中注入水。

③ 进行气密性试验（试漏）。将三通旋塞 5 旋至能使量气管通过梳形管与大气相通。升高水准瓶，使封闭液升至量气管顶部标线。旋转三通旋塞 5，使梳形管不与大气相通，打开吸收瓶Ⅰ的旋塞，同时降低水准瓶，致使吸收瓶中的液面上升至标线，关闭旋塞。依次用同

样方法使其他吸收瓶和爆炸球的液面均升至标线。再将三通旋塞5打开，使量气管通过梳形管与大气相通，升高水准瓶，将量气管内的气体排出，并使液面升至标线，然后将三通旋塞5关闭，将水准瓶放在底板上，如量气管、各吸收瓶及爆炸球等液面稳定不动，表示仪器严密不漏。否则应逐段试漏，找出漏气之处（一般常在橡胶管连接处或者旋塞处），并适当处理到不漏为止。

（2）测定试样

① 打开取样管旋塞6，使其与梳形管相通，取样前先用欲分析的气体置换梳形管中的气体（2～3次）。再于量气管中吸取稍多于100mL的气体，关闭取样管旋塞6，将三通旋塞5旋至使量气管与大气相通，升高水准瓶，将气体准确调整到100mL，将上端旋塞与大气相通，排出多余气体之后将三通旋塞5转向与吸收瓶相通的位置。

② 把CO_2吸收瓶Ⅰ的旋塞打开，升高水准瓶使量气管内液面升至顶部标线附近，将量气管内的气体压出，再降低水准瓶将气样抽回，反复4～5次。最后使水准瓶3的液面刚好升至标线，把气体全部抽回量气管，关闭量气管与吸收瓶之间的连通活塞，使水准瓶和量气管液面在同一水平。等待1min，准确读数V_1。重复吸收测量，直至体积恒定。

③ 打开氧吸收瓶Ⅱ的旋塞，以同样的方法吸收氧气至恒量，读取读数V_2。

④ 一氧化碳很难吸收完全，需在两个吸收瓶中进行二级吸收。先在旧的一瓶氯化亚铜的氨性溶液（吸收瓶Ⅲ）中吸收3～4次，再在新的一瓶氯化亚铜溶液（吸收瓶Ⅳ）中吸收至体积恒定。最后用稀硫酸溶液吸收3～4次，将氨性氯化亚铜吸收剂放出的氨气吸收掉，再读取读数V_3。

⑤ 将吸收一氧化碳后的剩余气体打入氨吸收瓶中贮存，然后准确量取10mL剩余气体（V_4），把三通旋塞5旋至与大气相通，缓慢降低水准瓶，准确吸取80mL空气，准确记下混合气体的体积，关闭三通旋塞5。将量气管上的旋塞旋至使量气管与爆炸球相通位置，打开爆炸球的旋塞，将混合气体全部送入爆炸球。关闭爆炸球旋塞，连通电路使其引火爆炸。爆炸后待液面停止上升，打开旋塞将气体抽回量气管，读取总体积缩减V_6。继续将爆炸后的气体送入二氧化碳吸收瓶，吸收生成的二氧化碳，吸收到体积恒定，记取读数V_5。

结果计算

（1）CO_2、O_2、CO含量的计算

$$\varphi(CO_2)=\frac{V-V_1}{V}$$

$$\varphi(O_2)=\frac{V_1-V_2}{V}$$

$$\varphi(CO)=\frac{V_2-V_3}{V}$$

（2）爆炸法测H_2和CH_4含量的计算

$$\varphi(H_2)=\frac{\frac{2}{3}(V_6-2V_5)\times\frac{V_3}{V_4}}{V}$$

$$\varphi(CH_4)=\frac{V_5\times\frac{V_3}{V_4}}{V}$$

式中 V——取样体积，mL；

V_1——吸收 CO_2 后剩余体积，mL；

V_2——吸收 O_2 后剩余体积，mL；

V_3——吸收 CO 后剩余体积，mL；

V_4——爆炸所取气体的体积，mL；

V_5——爆炸后生成的 CO_2 体积，mL；

V_6——爆炸后气体体积缩减量，mL。

注意事项

（1）分析装置不紧密是分析误差的主要来源之一，因此气体分析仪各部件连接时，不能留有间隙，避免积存溶液或漏气。

（2）梳形管必须清洁，不准存有打串的吸收剂，以免影响分析结果。

（3）燃烧时氧的加入量若不足，则燃烧不完全而引起误差。因此为了使燃烧完全，需先计算理论加氧量，实际加氧量应比理论加入量增加一倍。

（4）燃烧球的温度要控制好，不能偏高或偏低。燃烧球内要保持清洁，不要沾留油污，否则再燃烧时，有机物分解，影响分析结果。

练 习

（1）怎样检查改良奥氏气体分析仪的气密性？

（2）气体分析误差来源于哪些方面？应如何克服？

（3）量取 80.0mL 水煤气，依次用 KOH、焦性没食子酸钾、氯化亚铜的氨性溶液吸收后体积为 40.5mL，经 CuO 燃烧后体积缩减了 38.0mL，生成 CO_2 0.3mL。试计算 H_2、CH_4 的体积分数。

现代个体生产安全监护技术在生产过程中的应用

现代工业生产中，劳动者的个体生产安全监护越来越被重视，大量的现代化技术手段引入了生产过程中的安全监护体系，更有效地保障了劳动者的个体生产安全。

一、环境监测技术

1. 便携式气体检测仪

这是一种可以由个体携带的设备，能实时检测工作环境中的有害气体浓度。它采用电化学传感器、催化燃烧传感器或红外传感器等技术。例如，电化学传感器可以检测一氧化碳（CO）、硫化氢（H_2S）等有毒气体，当这些气体分子进入传感器，会发生化学反应产生电信号，仪器根据电信号的强弱来确定气体浓度。一旦气体浓度超过安全阈值，仪器会发出声光报警，提醒使用者采取防护措施，如撤离现场或佩戴更高级别的呼吸防护装备。

2. 可穿戴式气体监测设备

这种设备更加轻便，通常集成在工作服或安全帽等装备上。它通过无线通信技术将监测数据实时传输到监控中心或使用者的移动设备上。例如，在石油化工行业，工人在巡检过程中，可穿戴式气体监测设备可以持续监测周围环境中的挥发性有机化合物（VOCs），确保工人在有毒有害气体泄漏的初期就能得到预警。

二、人体生理状态监测技术

1. 可穿戴生理监测设备

（1）智能手环/手表：这些设备可以实时监测个体的心率、血压、血氧饱和度等生理指标。例如，在高海拔地区作业时，低氧环境可能会导致人体血氧饱和度下降，智能手表可以实时监测血氧数据，当血氧饱和度低于安全值时提醒使用者注意休息或采取吸氧措施。其工作原理是通过内置的光学传感器，利用光反射和吸收的特性来测量血液中的氧气含量。

（2）智能服装：内置了各种传感器，能够监测人体的肌肉活动、体温变化等。在高温环境作业时，智能服装可以监测体温，一旦体温过高，提示个体采取降温措施，如补充水分或寻找阴凉处休息。其通过在织物中嵌入温度传感器来感知人体皮肤温度，传感器将温度变化转换为电信号传输给控制器进行处理。

2. 疲劳监测技术

（1）基于生理信号的疲劳监测：通过分析个体的脑电图（EEG）、心电图（ECG）等生理信号来判断疲劳程度。例如，在长途运输行业，驾驶员长时间驾驶容易疲劳，利用 EEG 监测设备可以检测大脑的电活动，当出现疲劳相关的脑电波特征（如 α 波增多等）时，提醒驾驶员休息。这些设备通常采用电极贴在头部或胸部等部位来采集生理信号，然后通过信号处理算法进行分析。

（2）行为分析疲劳监测：利用摄像头或其他传感器对个体的行为进行分析，如头部姿态、眨眼频率、打哈欠次数等。在一些需要高度集中注意力的工作场所（如监控室），通过摄像头监测工作人员的行为，当发现眨眼频率过高或头部频繁低垂等疲劳行为时，发出警报提醒工作人员调整状态。

三、位置追踪与安全区域监测技术

1. 实时定位系统（RTLS）

（1）室内定位技术：包括蓝牙定位、超宽带（UWB）定位、Wi-Fi 定位等多种方式。在大型工厂或仓库等室内环境中，通过在工作场所安装定位基站，个体携带定位标签，就可以实现高精度的位置追踪。例如，在自动化仓库中，工作人员的位置可以被精确追踪，当工作人员靠近运行中的自动化设备（如自动导引车 AGV 等）的危险区域时，系统可以发出警报，防止碰撞事故。

（2）室外定位技术：主要依赖全球定位系统（GPS）或北斗卫星导航系统。对于户外作业的个体（如野外勘探人员），可以通过卫星定位系统实时传输位置信息。当个体进入危险的地理区域（如泥石流易发区、悬崖边等），系统可以根据位置信息发出预警，提醒个体远离危险区域。

2. 电子围栏技术

（1）虚拟电子围栏：通过软件和定位技术相结合，在电子地图上划定安全区域。当个体携带的设备（如智能手机或专用定位设备）越过虚拟围栏边界时，会触发警报。例如，在建筑工地，通过设置电子围栏，可以防止工人进入未完成安全防护的施工区域或有高处坠落风险的区域。

（2）物理电子围栏：利用传感器和报警装置安装在实际的围栏上。当个体接触或试图跨越物理围栏时会触发报警。这种技术常用于有高安全风险的场所，如变电站周围的围栏，当有人靠近或触碰围栏时，会发出声光报警，防止触电事故。

6 安全分析和实验室安全知识

学习指南

本章将学习安全分析中的动火分析、氧含量的测定、有毒气体的分析和实验室的安全知识。通过学习每个从事分析的人员都必须熟悉实验室中水、电、煤气的正确使用，各种仪器设备的性能，化学药品的性质，防止意外事故的发生。还必须了解一些救护措施，一旦发生事故能及时进行处理。懂得一些环境保护措施，对废气、废液和废料进行适当处理，以保持实验室不因为化学实验而污染环境。

知识目标

了解安全分析的分类和要求；理解各种安全分析的基本原理和测定方法，熟悉实验室危险性的种类和实验室安全守则的要求；理解实验室三废处理的要求和方法；了解危险品的性质和分类；熟悉常见化学物品中毒的预防和急救措施及实验室用电安全常识；熟悉危险化学品安全信息的构成和内容。

技能目标

会正确识读化学品安全技术说明书（MSDS）。会根据化学品安全技术说明书，制订相关的实验室安全措施。

素质目标

养成严谨、细致的工作习惯；培养严格的安全规范意识和一丝不苟的工作态度；培养高度的生态环境意识和责任感，养成尊重客观事实、树立实事求是、精益求精的职业规范。

6.1 安全分析

基本知识

安全分析在化工企业中对三防（防火、防爆、防毒）具有重要意义。安全分析的准确度直接关系到车间及整个工厂的安全。因此，要严格遵守分析制度，一丝不苟、确保人身及国家财产安全。所以对从事安全分析的人员要做到：

（1）必须有高度的责任感、高度的安全意识；

（2）精通安全分析技术、对技术精益求精；

（3）对人员进行专门培训、严格考核，持证上岗。没经过训练者一律不许从事安全分析。

6.1.1 概述

6.1.1.1 安全分析的分类

安全分析可分为三大类：**动火分析**，**氧含量分析**，**有毒气体分析**。

根据下列情况确定进行哪一类分析：

（1）在容器外动火、在容器内取样，只做动火分析；

（2）人在容器内工作、不动火时，只做氧含量及有毒气体分析；

（3）人在容器内进行动火，必须做动火分析、氧含量分析。

6.1.1.2 容器和管道的吹净方法

（1）空气吹净　当容器和管道中没有易氧化物质时，可以采用空气吹净。

（2）惰性气体吹净　惰性气体指 CO_2 和 N_2，适用于管道、容器吹净，如果人要进入管道和容器，吹净之后必须进行安全置换，并进行氧含量分析，直到合格（18%以上）为止。

（3）蒸汽吹净　此法可靠，能普遍使用。但人要进入容器时，必须用空气重复置换，分析氧含量合格后才能进入。

（4）用水清洗法　当容器、管道中有可溶于水的易燃物质时，必须用水冲洗干净，再进行动火分析，或氧含量分析。

上述四种吹净方法中以惰性气体吹净法比较安全、经常被采用。

6.1.1.3 安全分析注意事项

（1）分析仪器的灵敏度必须符合要求，定期进行校正、保证报出的分析结果准确。

（2）分析仪器和设备必须处于完好状态，保证分析及时，在规定的时间内完成。

（3）分析所用的标准样品，必须按要求进行保存，并经常进行校正。

（4）取样之前要确认是哪一类安全分析。

（5）应了解容器及管道采用的吹净方法。

（6）检查取样位置是否与动火证上签的地名地点一致，取的样品能否代表动火地点的物料真实情况，否则可拒绝取样。

（7）动火证上除准确填写分析结果外，还应填写取样时间、地点、安全措施及分析者的签字。

6.1.1.4 安全分析对采样的要求

要求采出的样品必须有代表性，不能采死样、假样。采样时要做到以下几点。

（1）对于大的容器、长的管道，必须保证人到什么位置采样胶管就插入到什么位置。

（2）必须注意死角的地方，要保证全部采到。

（3）采样时所用的器具必须充分置换，否则容易使采的样品无代表性。

（4）若在室内动火取样时，不可停留在一方，动火处四周均需采到。

分析完后，样品要保留，直到动火后半小时再处理。

6.1.2 动火分析

动火分析实际上就是测定动火区内的可燃性气体，可燃性气体种类繁多，不同工厂、不同生产装置可燃性气体各不相同，必须根据具体情况选择合适的分析方法。动火分析一般有以下几种方法。

6.1.2.1 燃烧法测定气体的总量

（1）方法原理　在氧含量足够的情况下使气样中的可燃性物质燃烧、生成的 CO_2 用吸收剂吸收、根据燃烧前后体积的变化计算气样中可燃性气体的总量。

（2）仪器和吸收剂

① 仪器　气体分析仪，常用的为 QF-1901 气体分析仪（即奥氏气体分析仪）。

② 吸收剂

a. KOH 溶液　$\rho=330g \cdot L^{-1}$。

b. 焦性没食子酸溶液　氧吸收液。

（3）测定步骤　首先测定气体中氧含量及 CO_2 的含量。用量气管取样 100mL，直接用 33%KOH 溶液吸收其中的 CO_2，再用氧吸收液吸收氧。其体积分数分别为

$$\varphi(CO_2)=A \qquad \varphi(O_2)=B$$

如果氧含量在 15%以上，则另取 100mL 样，慢慢将气体送入铂丝呈红热状态的燃烧瓶内，来回送三次，在量气管上读出减少体积，但这一读数并非可燃气体的体积，而是可燃性气体，加上耗氧的总和，故经燃烧后的体积需要以 CO_2 及 O_2 吸收剂吸收。

设燃烧后：　CO_2 体积分数为 A_1　　O_2 体积分数为 B_1

则可燃性气体的体积分数按下式计算：

$$X=[C+(A_1-A)]-(B-B_1)$$

式中　X——可燃气体的体积分数；

C——经过燃烧后减小体积分数；

(A_1-A)——燃烧生成 CO_2 的体积分数；

$(B-B_1)$——燃烧消耗氧的体积分数。

若经燃烧后 $C<0.5\%$，表明样品中可燃气体很少，可以不用吸收校正，将数据填写在动火证上，可以动火。如果 $C>0.5\%$，则经过吸收并按上式计算，若 $X<0.5\%$，可以动火，$X>0.5\%$，不准动火。

6.1.2.2 用可燃气体测爆仪测定可燃气体

使用普遍的是 RH-31 型可燃气体测爆仪，见图 6-1。也有用进口的测爆仪，不管是哪种型号，其工作原理是一样的。

（1）工作原理　气体与加热的敏感元件（铂丝活化元件）接触时，发生热化学反应、放出热量、使敏感元件的电阻值发生变化，则由电阻组成平衡电桥的桥路失去平衡，将非电量转变成电信号，其大小与被测可燃气体的含量成一定比例关系，从而由微安表直接指示出环境中可燃性气体浓度达危险的程度。

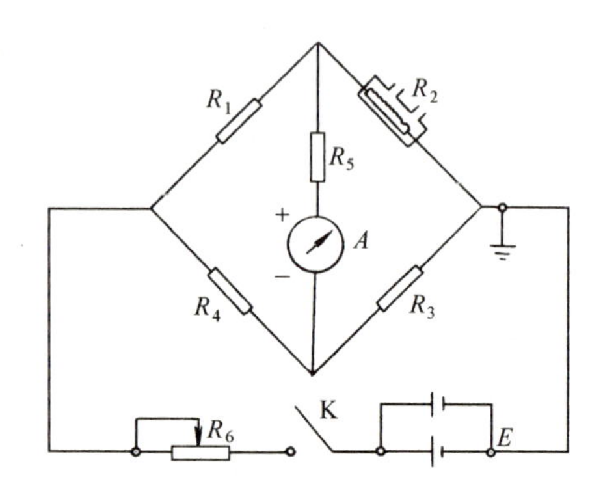

图 6-1　RH-31 型可燃气体测爆仪电气工作原理

（2）仪器结构　仪器为铸铝壳体，分上下两部分，电位器（调零旋钮），微安表装在仪器的上部，下部为电池盒，内装1.5V干电池。仪器一侧的弯管处装橡胶吸气球，另一侧接嘴处装橡胶取样管，管头上装有金属多孔过滤器。

气路电路开关为旋转接通式，使用时只要将吸球按标志方向旋转至最大，气路电路便同时接通，一经松开，便同时自动切断气路和电路。

6.1.2.3　使用及维护

（1）测试前的准备工作

① 接上取样管，手握吸气球，按仪器标明的方向旋至最大，使电路气路接通。

② 挤捏气球几次，使新鲜空气进入仪器内，缓缓调节零点旋钮，使仪器指针在满刻度范围内来回偏转1～2次后，再调回零点。

【注意】 若出现以下情况，说明仪器存在故障：

① 如零位旋钮沿顺时针方向已旋至尽头仍不能使指针到零，说明电池失效，应更换；

② 如果旋转吸气球接通后，指针即到满刻度以外，且调节无效，说明敏感元件的铂丝已断，应更换敏感元件；

③ 测试前后在棉花或破布上滴几滴易挥发可燃液体放在气样进口、挤捏气球，这时指针应向右偏转，如发现指针不动，可能是活性铂丝中毒失效。

（2）测试

① 将取样管伸进所需测定地点，手握吸球旋转，接通电源和气路、挤捏吸气球，直至指针不再上升为止，读取数值。只有指针落在“安全”（绿色）区之内方可动火。

② 吸进新鲜空气，吹洗使仪器回零。

6.1.2.4　注意事项

（1）仪器的刻度是以可燃气体或蒸气已达到爆炸下限当作100%来分度的，若测得数值为50%，仅说明该环境的可燃性气体或蒸气已达到爆炸下限的50%了，并非指实际含量。

（2）测试环境的H_2S含量不得超过0.001mg/L，并不得有Cl_2等有毒气体，否则敏感元件的铂丝中毒，会失去活性。

（3）仪器是以H_2、CH_4、$CH\equiv CH$、$CH_2=CH_2$及66号汽油蒸气标定的，当用于测试其他一些可燃气体与可燃蒸气时，如液化气、煤气、乙醇等，应用被测物配成标准气样校正仪器后再进行测试。

（4）仪器不许跌落或受强烈震动，以免敏感元件小铂丝小弹簧变形。

（5）仪器长期不用须将电池取出，以免电解液漏出，腐蚀仪器。

6.1.2.5　气相色谱法测定可燃气体含量

气相色谱法在化工分析中已得到广泛应用，特别是高灵敏度的气相色谱开发、应用，促进了石油化工微量分析技术的发展与提高，对易燃有机气体、有机溶液的蒸气，都可以用气相色谱法测定，具有分析速度快，准确度高的优点。被广泛用在安全分析中，特别是在特定生产车间动火时，用色谱法分析空气中的可燃性物质、方便、快速、简单易行。

由于可燃性气体种类繁多，应用的色谱柱类型也很多。但用此方法应该注意的问题是：在氢火焰检测器上不产生信号的可燃性气体不能用该方法测定。

6.1.3　氧含量的测定

6.1.3.1　测定氧含量的目的

（1）在进行动火分析时，如果采用燃烧法，必须保证样品中有足够的氧气，否则燃烧不完全会造成结果偏低。

（2）在动火时，氧含量应在18%～21%范围内，超过21%时不准动火。

（3）井下、容器或管道内进行动火作业时，必须测定氧含量，在18%～21%之间方可入内，否则不得进入。

6.1.3.2 测定氧含量的方法

测定氧含量的方法很多，有气体容量法、气相色谱法及各种类型的氧分析仪，在安全分析中使用比较普遍的是气体容量法、色谱法和电化学式氧含量分析仪器法。

（1）气体容量法　气体容量法是最经典的测定氧含量的方法，该方法操作简单、快速，在一般气体分析器上即可进行测定。

方法原理：当混合气体通过焦性没食子酸钾吸收液后，氧被吸收，体积减小，减小的体积即为氧含量。CO_2 对测定有影响，必须先用碱液将 CO_2 除去，然后再测定氧。

此方法要求氧含量在25%以下使用，1mL吸收剂吸收 O_2 8～12mL，温度在0℃时不吸收，15～30℃吸收效率最高。

（2）电化学式氧含量分析仪器法　原理是通过电化学反应把氧的浓度转换为电信号，进行测量，这类仪器体积小、携带方便，因此得到广泛应用。

【注意】

① 吸气球及整个取样系统不得漏气，以免指针随着吸气操作而往返摆动；

② 更换电极时，要保证接触良好，否则指针时动时停；

③ 电极老化、电解液干枯或薄膜破裂时，使“校准仪器”操作无法进行（指针调不到21%）此时仪器不能使用，应进行检修；

④ SO_2、H_2S、NO_2 等气体含量大于10%时干扰测定；

⑤ 长期不用时，应将电池取出以免电池中电解液漏出腐蚀仪器。

除此以外，不同型号的仪器还有其特殊需注意的地方，要特别注意。

（3）气相色谱法　此方法的原理是样品通过色谱柱（一般装填分子筛柱）进入热导检测器时，即产生电信号，经放大后，用记录器记录下来，得到色谱峰，再根据峰高或峰面积测定出样品中氧的含量（一般的都采用外标法定量）。

6.1.4 有毒气体分析

在化工生产中有毒气体种类很多，有无机、有机有毒气体。因此测定有毒气体的方法也很多，即使一种有毒气体，也有多种测定方法。这里从安全分析的角度，简单介绍几种常见有毒气体的分析方法。

6.1.4.1 HCN的分析——$AgNO_3$ 标准溶液滴定法

（1）测定原理　气体中的HCN用NaOH溶液吸收，在pH为11～12条件下 CN^- 与 Ag^+ 反应，形成 $[Ag(CN)_2]^-$ 配合物阴离子，反应到等量点后，过量的 Ag^+ 与二甲基氨基苯亚甲基罗丹宁（试银灵）形成红色沉淀，指示终点到达。反应如下：

$$Ag^+ + 2CN^- \longrightarrow [Ag(CN)_2]^-$$

（2）测定步骤　将吸收液移入500mL锥形瓶中，用2%NaOH或乙酸（10%）调至pH为11～12，然后加试银灵指示液0.5mL，用 $c(AgNO_3)=0.01mol \cdot L^{-1}$ 的标准溶液滴定至由黄变红为终点。同时，在相同条件下做空白试验。

按下式计算气样中HCN浓度，取两位有效数字。

$$\rho=\frac{(a-b)c_s \times 54.00}{V \times \dfrac{273}{273+t} \times \dfrac{p}{101.3}} \times 10^3$$

式中 ρ——HCN 浓度，$mg \cdot m^{-3}$；

a——滴定样品 $AgNO_3$ 标准溶液用量，mL；

b——空白试验 $AgNO_3$ 标准溶液用量，mL；

c_s——$AgNO_3$ 标准溶液的浓度，$mol \cdot L^{-1}$；

V——采样量，L；

t——测定地点的温度，℃；

p——测定地点的大气压，kPa；

54.00——$M(2HCN)$ 的摩尔质量，$g \cdot mol^{-1}$。

【注意】 空气中 HCN 的最高允许浓度为 $0.3mg \cdot m^{-3}$。由于该方法灵敏度不高，测定更低含量的 HCN 时，必须加大取样量。

6.1.4.2 CO 的测定——气相色谱法

测定原理 CO 在氢气流中，经过分子筛与碳多孔小球串联柱分离后，用镍催化剂，在 380℃±10℃下转化为甲烷，再通过氢火焰检测器测定，用外标法定量。

本方法灵敏度高，重现性好，是目前广泛使用的分析方法。

【注意】 CO_2 干扰测定，碱石棉管失效后，及时更换。

6.1.4.3 硫化氢测定——亚甲基蓝比色法

测定原理 H_2S 被碱性锌氨配位化合物溶液吸收，形成稳定的配合物。然后在 H_2SO_4 溶液中，H_2S 与对氨二甲苯胺溶液和 $FeCl_3$ 溶液作用生成亚甲基蓝，用吸收光度法测定。其反应如下：

吸收反应 $H_2S+Zn(NH_3)_4(OH)_2 \longrightarrow [Zn(NH_3)_4]S+2H_2O$

显色反应 $H_2S+2H_2N-C_6H_4-N(CH_3)_2 \longrightarrow [(CH_3)_2-N^+=C_6H_3(N)(S)C_6H_3-N(CH_3)_2]Cl^-$

亚甲基蓝

如果取气样为 1L，此方法的检出下限为 $0.5mg \cdot m^{-3}$。

测量时采用 2cm 比色皿，在波长 665nm 处测定吸光度。

【注意】

(1) H_2S 标准溶液极不稳定，标定后立即做标准曲线。显色液可稳定 8h 以上；

(2) 阳光对 H_2S 有分解作用，应避光采样和保存样品。H_2S 在吸收液中不稳定，采样后，应尽快分析；

(3) 空气中 SO_2 浓度超过 $10\mu g \cdot mL^{-1}$ 时，需多加几滴 $FeCl_3$，并且在显色后放置 1h 后测吸光度，此时过剩的 Fe^{3+} 的黄色，需多加几滴 $(NH_4)_2HPO_4$ 去除；

(4) 显色时不得强烈振摇，一般在加入混合显色剂后，立即加盖，倒转一次即可；

(5) 混合显色剂不可久放，发现有沉淀生成应弃去；

(6) 不能使用多孔玻板式吸收瓶，否则使 H_2S 测定结果偏低。

6.1.4.4 NH_3 的测定——纳氏试剂比色法

测定原理 NH_3 吸收在稀 H_2SO_4 中与纳氏试剂作用生成黄色化合物，根据颜色深浅，用分光光度法测定。

$$2K_2(HgI_4)+3KOH+NH_3 \longrightarrow O\langle^{Hg}_{Hg}\rangle NH_2I+7KI+2H_2O$$

检测下限为 2μg/10mL。

(1) 安全分析分哪几大类？安全分析前，容器和管道的吹净方法有哪些？
(2) 安全分析时对取样的要求是什么？
(3) 动火分析的目的是什么？常用的方法有哪些？
(4) 简述对常见有毒气体的分析方法。

6.2 实验室安全知识

化学实验是在一个十分复杂的环境中进行的科学实验。为了本人和周围人们的安全和健康；为了国家财产免受损失；为了实验和训练顺利进行，每个实验者都必须高度重视安全工作，严格遵守实验室安全守则。

6.2.1 概述

实验室危险性的种类

6.2.1.1 火灾爆炸危险性

实验室发生火灾的危险带有普遍性，这是因为分析化学实验室中经常使用易燃易爆物品。高压气体钢瓶，低温液化气体，减压系统（真空干燥、蒸馏等），如果处理不当，操作失灵，再遇上高温、明火、撞击、容器破裂或没有遵守安全防护要求，往往酿成火灾爆炸事故，轻则造成人身伤害、仪器设备破损，重则造成多人伤亡、房屋破坏。

6.2.1.2 有毒物质危险性

在分析实验中经常要用到煤气、各种有机溶剂，不仅易燃易爆而且有毒，在有些实验中由于化学反应也产生有毒气体。如不注意都有引起中毒的可能性。

6.2.1.3 触电危险性

分析实验离不开电气设备，不仅常用 220V 的低电压，而且还要用几千伏及至上万伏的高压电，分析人员应懂得如何防止触电事故或由于使用非防爆电器产生电火花引起的爆炸事故。

6.2.1.4 机械伤害危险性

分析经常用到玻璃器皿，还要割断玻璃管胶塞打孔，用玻璃管连接胶管等操作。操作者疏忽大意造成皮肤与手指创伤、割伤也常有发生。

6.2.1.5 放射性危险

从事放射性物质分析及 X 射线光衍射分析的人员很可能受到放射性物质及 X 射线的伤害，必须认真防护，避免放射性物质侵入和污染人体。

6.2.2 安全守则和三废处理

6.2.2.1 实验室安全守则

(1) 防止中毒

① 严禁在实验室进餐、吸烟。实验室一切器皿都不得做食具使用。如曾使用毒物进行

工作，离开实验室时必须仔细洗手、漱口。

② 配好的试剂都要有标签。剧毒试剂（包括已配制的溶液）都要放在专用柜中，双人、双锁保管，建立严格的使用登记制度。剧毒的物质洒落时，应立即全部收拾起来，并把落过毒物的桌子和地板洗净。

③ 使用易挥发有毒试剂或反应中产生有毒气体的实验，如氮的氧化物、氯、溴、硫化氢、氢氰酸、氟化氢、四氟化硅等，必须在通风橱中进行。

④ 严禁试剂入口，用移液管吸取任何试剂溶液都必须用洗耳球操作，不得用嘴吸；如需用鼻鉴别试剂时，应将试剂瓶口远离鼻子，用手轻轻扇动，稍闻其味即可，严禁鼻子接近瓶口。

⑤ 取有毒气体试样时必须站在上风头；采用球胆、塑料袋取样时，要事先进行试漏，用完后放在室外排空放净。

（2）防止燃烧和爆炸

① 挥发性有机液体试剂或样品应存放在通风良好处，如放入冰箱必须密封，不得漏气；易燃试剂如乙醚、二硫化碳、苯、汽油、石油醚等不可放在煤气灯、电炉或其他热源附近。

② 启开易挥发试剂瓶时，尤其在室温较高时，应先用水冷却，且不可把瓶口对着自己或他人，以免有大量气液冲出，造成伤害事故。

③ 实验过程中对于易挥发及易燃性有机溶剂如需要加热排除时，应在水浴内或密封的电热板上缓慢加热，严禁用火焰或一般电炉直接加热，也不准在烘箱中烘烤。

④ 身上或手上沾有易燃物时，应立即清洗干净，不得靠近明火，以防着火。落有氧化剂的衣服，稍微加热即能着火，应注意及时消除。

⑤ 严禁把氧化剂和可燃物在一起研磨！不能在纸上称过氧化钠。

⑥ 进行易发生爆炸的实验时，如用 Na_2O_2 熔融，用 $HClO_4$ 进行湿法氧化时，要加强安全措施，使用防护挡板，戴防护眼镜。

⑦ 爆炸性药品，如高氯酸和高氯酸盐，过氧化氢及高压气体等应放在低温处保管，不得与其他易燃物放在一起。

⑧ 在分析中，有时需要对加热处理的溶液在隔绝 CO_2（指空气中的 CO_2）情况下冷却，冷却时不能把容器塞紧，以防冷却时爆炸，可在瓶塞上装碱石灰管。

（3）防止腐蚀、化学灼伤、烫伤、割伤

① 腐蚀类刺激性药品，如强酸、强碱、浓氨水、浓过氧化氢、氢氟酸、溴水等，取用时要戴橡胶手套和防护眼镜。

② 稀释硫酸时必须在烧杯等耐热容器中进行。在不断搅拌下把浓酸加入水中，**绝不能把水加入浓硫酸中**！在溶解 NaOH、KOH 等能产生大量热的物质时，也必须在耐热容器中进行。如需将浓酸浓碱液中和，则必须先稀释后中和。

③ 在压碎和研磨 KOH、NaOH 及其他危险物质时，要戴防护眼镜，注意防范小碎块飞溅，以免造成烧伤。

（4）其他

① 一切固体不溶物、浓酸和浓碱废液，严禁倒入下水道，以防堵塞和腐蚀下水管道；易燃、有毒有机物也不能倒入下水道，以免中毒和着火。

② 实验室工作人员应该知道实验室内煤气、水阀和电闸的位置，以便必要时加以控制。

③ 分析实验结束后，应当进行安全检查，使用过的器皿都要洗涤干净，放回固定位置。

离开时，要关闭一切电源、热源和水源。

6.2.2.2 实验室“三废”处理

实验室中产生的“三废”量比较小，但种类繁多，组成复杂。因此，一般没有统一的处理方法。

分析实验中所排有毒气体的量都不太大，可以通过排风设备排出室外，被空气稀释。毒气量大时必须经过吸收处理，然后才能排出。

可燃有机毒物废液必须收集在废液桶中，统一送至燃烧炉，供给充足的氧气，使其完全燃烧，生成 CO_2 和 H_2O。对于大量使用的有机溶剂，可通过萃取、蒸馏、精馏等手段回收再用。

对于剧毒废液及含致癌物废液，其量再少也要经过处理达到排放标准才能排放。下面介绍几种有害物质的处理方法。

(1) 含酚废液　高浓度的酚可用乙酸丁酯萃取，蒸馏回收。低浓度含酚废液可加入次氯酸钠或漂白粉使酚氧化为 CO_2 和 H_2O。

(2) 含氰化物废液　一般含氰化物废液都呈碱性，可以加入 $Na_2S_2O_3$ 溶液使其生成毒性较低的硫氰酸盐，加热使其反应完全。也可以用 $FeSO_4$、NaClO 代替 $Na_2S_2O_3$。

(3) 汞及含汞盐废液　若不小心把汞散失在实验室里（打破压力计、温度计等）必须立即用吸管、毛刷或在酸性硝酸汞溶液中浸过的铜片收集起来用水覆盖，散落过汞的地面上应撒上硫黄粉或喷上 20%$FeCl_3$ 水溶液，干后再清扫干净。

含汞盐的废液可先调节 pH 至 8～10，加入过量 Na_2S，使其生成 HgS，再加入 $FeSO_4$ 作为共沉淀剂，硫化铁将水中悬浮的 HgS 微粒吸附而共沉淀。清液可排放，残渣可用焙烧法回收汞，或再制成汞盐。

(4) Cr^{6+} 废液　铬酸洗液如变绿，可先进行浓缩，冷却后加 $KMnO_4$ 粉末氧化，用砂芯漏斗滤去 MnO_2 沉淀后再用。如变黑失效，可用废铁屑还原残留的 Cr^{6+} 为 Cr^{3+}，再用废碱液或石灰水中和使其生成低毒的 $Cr(OH)_3$ 沉淀。

(5) 含砷废液　废液中加入 CaO，调节 pH 至 8，使生成砷酸钙和亚砷酸钙沉淀。有 Fe^{3+} 存在可起共沉淀作用。也可在 pH 值 10 以上，加入 Na_2S，与砷反应生成难溶、低毒的硫化物沉淀。

(6) 含 Pb^{2+}、Cd^{2+} 废液　用硝石灰将废液 pH 调至 8～10，使 Pb^{2+}、Cd^{2+} 生成 $Pb(OH)_2$ 和 $Cd(OH)_2$ 沉淀，加入 $FeSO_4$ 作为共沉淀剂。

(7) 混合废液处理　调节废水（不得含氰化物）的 pH 为 3～4，加入铁粉，搅拌半小时，用碱把 pH 调至 9 左右，搅拌 10min，加入高分子絮凝剂，清液可排放，沉淀物以废渣处理。

6.2.3 危险品的性质和分类

根据危险品的性质，可以分为以下几类。

6.2.3.1 氧化剂

指有强烈氧化性的物质，它们本身一般是不会燃烧的，但在空气中遇酸或受潮、强热或与其他还原性物质及易燃、可燃物接触，即能分解引起燃烧或爆炸。常见的氧化剂有三价钴盐、过硫酸盐、过氧化氢、过氧化钠、高锰酸盐、氯酸盐、溴酸盐、重铬酸盐、氯等。

6.2.3.2 爆炸性物质

有剧烈爆炸性的物质。当受到高温、摩擦、撞击、震动等外来因素的作用或与其性能相抵触的物质接触时，就会发生剧烈的化学反应，产生大量热和气体引起爆炸。这类物质有硝酸铵、苦味酸（三硝基苯酚）、有机过氧化物（过氧化苯甲酰）等。

6.2.3.3 压缩气体和液化气体

气体经压缩后于耐压钢瓶中，便具有危险性。钢瓶如受太阳暴晒、受热，瓶内压力升高、大于容器耐压限度时，即能引起爆炸。按瓶内气体的性质分为四大类：

① 剧毒气体（液氨、液氯）；

② 助燃气体（氧气）；

③ 易燃气体（氢气、乙炔）；

④ 惰性气体（N_2、Ar、He、CO_2 等）。

6.2.3.4 自燃物品

此类物质暴露在空气中，依靠自身的分解、氧化产生热量，温度升高，发生燃烧。如白磷、雷尼镍（还原态镍，用于硫的测定）。白磷必须保存在水中，瑞尼镍保存在异丙醇中。

6.2.3.5 遇水燃烧物品

这类物质像金属 Na、K 及 CaC_2（电石）等遇水或在潮湿空气中即能迅速分解，产生高热，并放出易燃易爆气体，引起燃烧爆炸。

6.2.3.6 易燃液体

易燃液体指闪点不大于 93℃的液体，分为四类，详见 GB 30000.7—2013。

6.2.3.7 腐蚀性物品

腐蚀性物品有 H_2SO_4、HNO_3、HF、HCl、冰乙酸、HCOOH（甲酸）、NaOH、KOH、$NH_3 \cdot H_2O$、HCHO（甲醛）、液溴等。这些物质与木材、铁接触使其受到腐蚀迅速破坏，与身体接触引起化学烧伤。有些物品既有腐蚀性还有燃烧性，如苯酚。

6.2.4 常见化学物中毒的预防和急救

实验室中引起的中毒现象有两种情况：一是急性中毒；二是慢性中毒。如经常接触某些有毒物质的蒸气。

6.2.4.1 有毒气体

（1）CO（一氧化碳） CO 是无色无臭的气体，对空气的相对密度为 0.967，毒性很大。CO 进入血液后，与血红蛋白的结合力比 O_2 大 200～300 倍，因而很快形成碳氧血红蛋白，使血红蛋白丧失输氧的能力，导致全身组织，尤其是中枢神经系统严重缺氧造成中毒。

人 CO 中毒时，表现为头痛、耳鸣、有时恶心呕吐、全身疲乏无力。中度中毒者除上述症状加剧外，迅速发生意识障碍、嗜睡、全身显著虚弱无力、不能主动脱离现场。重度中毒时，迅速陷入昏迷状态，因呼吸停止而死亡。急救措施如下：

① 立即将中毒者抬到空气新鲜处，注意保温，勿使受冻；

② 呼吸衰竭者立即进行人工呼吸，并给以氧气，立即送往医院。

（2）Cl_2（氯气） Cl_2 为黄绿色气体，比空气重，一旦泄漏沿地面流动。是强氧化剂、溶于水，有窒息臭味。一般工作场所空气中含氯不得超过 0.002mg·L^{-1}。含量达 3mg·L^{-1} 时，即使呼吸中枢突然麻痹、肺内引起化学灼伤而迅速死亡。

（3）H_2S（硫化氢） H_2S 为无色气体，有臭鸡蛋气味，对空气相对密度为 1.19。H_2S 使中枢神经系统中毒，使延髓中枢麻痹、与呼吸酶中的铁结合（生成 FeS 沉淀）使酶活动性减弱。H_2S浓度低时，头晕、恶心、呕吐等，浓度高或吸入大量时，可使意识突然丧失、昏迷窒息而死亡。

因H_2S有恶臭，一旦发现其气味应立即离开现场，对中毒者及时进行人工呼吸、吸氧、送医院。

（4）氮氧化物　氮氧化物主要成分是NO和NO_2。氮氧化物中毒表现为对深部呼吸道的刺激作用，能引起肺炎、支气管炎和肺水肿等。严重者导致肺坏疽，吸入高浓度氮氧化物时，可迅速出现窒息、痉挛而死亡。

一旦发生中毒，要立即离开现场、呼吸新鲜空气或吸氧，并送医院急救。

6.2.4.2　酸类

H_2SO_4、HNO_3、HCl这三种酸是化验室最常用的强酸。受到三酸蒸气刺激可以引起急性炎症。受到三酸伤害时，立即用大量水冲洗，然后用2%的小苏打水冲洗患部。

6.2.4.3　碱类

NaOH、KOH的水溶液有强烈腐蚀性。皮肤受到伤害时，迅速用大量水冲洗，再用2%稀醋酸或2%硼酸充分洗涤伤处。

6.2.4.4　氰化物、砷化物、汞和汞盐

氰化物中KCN和NaCN属于剧毒剂，吸入很少量也会造成严重中毒。发现中毒者应立即抬离现场，施以人工呼吸或给予氧气，立即送往医院。

分析室常用的砷化物有As_2O_3、Na_2AsO_3、AsH_3，发现中毒时立即送往医院。

常用的汞和汞盐有$HgCl_2$、Hg_2Cl_2，其中汞和$HgCl_2$毒性最大。

6.2.4.5　有机化合物

有机化合物的种类很多，几乎都有毒性，只有毒性大小不同。因此在使用时必须对其性质详细了解，根据不同情况采取安全防护措施。

（1）脂肪族卤代烃　短期内吸入大量这类蒸气有麻醉作用，主要抑制神经系统。它们还会刺激黏膜、皮肤致使全身出现中毒症状，这类物质对肝、肾、心脏有较强的毒害作用。

（2）芳香烃　有刺激作用，接触皮肤和黏膜能引起皮炎、高浓度蒸气对中枢神经有麻醉作用。大多数芳香烃对神经系统有毒害作用，有的还会损伤造血系统。

急性中毒应立即进行人工呼吸、吸氧、送医院治疗。

6.2.4.6　致癌物质

致癌物质有多环芳烃、3,4-苯并芘、1,2-苯并蒽（以上三种物质多存在于焦油、沥青中）、亚硝酸铵类、α-萘胺、联苯胺、砷、镉、铍、石棉等。所以在使用这些物质时必须穿工作服、戴手套和口罩、避免进入人体。

6.2.4.7　预防中毒的措施

操作中预防中毒的措施如下：

（1）进行有毒物质实验时，要在通风橱内进行，并保持室内通风良好；

（2）用嗅觉检查样品时，只能拂气入鼻、轻轻闻、绝不能向瓶口猛吸；

（3）室内有大量毒气存在时，分析人员应立即离开房间，只许佩戴防毒面具的人员进入室内，打开门窗通风换气；

（4）装有煤气管道的实验室，应经常注意检查管道和开关的严密性，避免漏气；

（5）有机溶剂的蒸气多属有毒物质。只要实验允许，应选用毒性较小的溶剂。如石油

醚、丙酮、乙醚等；

(6) 实验过程中如发现头晕、无力、呼吸困难等症状，即表示可能有中毒现象，应立即离开实验室，必要时应去医院；

(7) 尽量避免手与有毒试剂直接接触。实验后，进食前，必须用肥皂充分洗手。不要用热水洗涤。严禁在实验室内饮食。

6.2.5 安全用电常识

在实验室中随时都要与电打交道，如果对电器设备的性能不了解，使用不当就会引起电器事故。因此，化工分析人员必须掌握一定的用电常识。

6.2.5.1 电对人的伤害

电对人的伤害可分为内伤和外伤两种，可以单独发生，也可以同时发生。

(1) 电外伤　包括电灼伤、电烙伤和皮肤金属化（熔化金属渗入皮肤）三种。这些都是由于电流热效应和机械效应所造成，通常是局部受伤，一般危害性不大。

(2) 电内伤　电内伤就是电击，是电流通过人体内部组织而引起的。通常所说的触电事故，基本上都是指电击而言，它能使心脏和神经系统等重要机体受损。

6.2.5.2 安全电流和安全电压

(1) 安全电流　通过人体电流的大小、对电击的后果起决定性作用，一般交流电比直流电危险，工频交流电最危险。通常把 10mA 的工频电流，或 50mA 以下的直流电看作是安全电流。

(2) 安全电压　触电后果的关键在电压，因此根据不同环境采用相应的“安全电压”使触电时能自主地摆脱电源。安全电压的数值，国际上尚未统一规定。我国规定有 6V、12V、24V、36V、42V 五个等级。电器设备的安全电压如超过 24V 时，必须采取其他防止直接接触带电体的保护措施。

6.2.5.3 保护接地

预防触电的可靠方法之一，就是采用保护性接地。其目的是在电气设备漏电时，使其对地电压降到安全电压（40V 以下）范围内。实验室所用的在 1kV 以上的仪器必须采取保护性接地。

6.2.5.4 使用电气设备的安全规定

(1) 使用电气动力时，必须先检查设备的电源开关，马达和机械设备各部分是否安置妥当，使用的电源电压。

(2) 打开电源之前，必须认真思考 30s，确认无误时方可送电。

(3) 认真阅读电气设备的使用说明书及操作注意事项，并严格遵守。

(4) 实验室内不得有裸露的电线头，不要用电线直接插入电源接通电灯、仪器等。以免引起电火花引起的爆炸和火灾等事故。

(5) 临时停电时，要关闭一切电气设备的电源开关，待恢复供电时，再重新启动。仪器用完后要及时关掉电源，方可离去。

(6) 电气动力设备发生过热（超过最高允许温度）现象，应立即停止运转，进行检修。

(7) 实验室所有电气设备不得私自拆动及随便进行修理。

(8) 下班前认真检查所有电气设备的电源开关，确认完全关闭后方可离开。

6.2.5.5 触电的急救

遇到人身触电事故时，必须保持冷静，立即拉下电闸断电，或用木棍将电源线剥离触电者。千万不要徒手和脚底无绝缘体的情况下去拉触电者！如人在高处要防止切断电源后把人摔伤。

脱离电源后，检查伤员呼吸和心跳情况。若停止呼吸，立即进行人工呼吸。

【注意】 对触电严重者，必须在急救后再送医院作全面检查，以免耽误抢救时间。

练　习

(1) 怎样取用浓硫酸来配制稀硫酸才能保证安全？

(2) 不慎将铬酸洗液碰倒洒出，如何妥善处理？

(3) 从用电安全的角度看，使用烘箱应注意哪些事项？

(4) 不慎将酒精灯中的乙醇洒出着火，应怎样扑灭？

6.3 危险化学品安全信息识读

安全信息是识别与控制危险的依据。在进行分析检验工作室时，会用到许多的危险化学品，为了安全地使用这些危险化学品，需要了解这些化学品的特性。化学品安全技术说明书（MSDS）是获取化学品相关信息非常重要的途径。在使用任何化学品前，最好事先阅读MSDS，以便了解它存在的危害及正确的处理方法。

6.3.1 化学品安全技术说明书（MSDS）定义

化学品安全技术说明书（MSDS）为化学物质及其制品提供了有关安全、健康和环境保护方面的各种信息，并能提供有关化学品的基本知识、防护措施和应急行动等方面的资料。化学品安全技术说明书（MSDS）是一个有详细信息的文件，它为操作人员提供了处理或使用化学品的适当程序。MSDS提供了各种信息，如物理和化学性质数据（熔点、沸点、闪点、反应活性等）、毒性、对健康的影响、紧急状况和急救程序、储存、处置、防护装备、接触途径、控制措施、安全处理和使用的注意事项以及飞溅或泄漏的处理等。MSDS中的信息为选择安全产品提供帮助。如果产生飞溅或其他事故，MSDS是主要的处理依据。

关于提供MSDS的法规要求：企业必须为用户用到的每一种有害化学品提供完整的MSDS。用户在购买该物质时有权得到相关信息。当有关于某一产品的有害性或防护方法的新的、重要的信息时，供应商必须在三个月内把它加入MSDS并在下一次运送该化学品时提供给用户。使用者必须有工作场所使用的每一种有害化学品的MSDS。虽然MSDS不必直接附在货物上，但其必须与送货同时或在其之前送达。如果供应商没能把标有有害化学品的货物的MSDS及时送达，用户必须尽快从供应商处得到该MSDS。同样，如果该MSDS不完整或不清晰，用户也应与供应商沟通来澄清或补充信息。

6.3.2 危险化学品的安全信息识读

每一种化学品的MSDS都包括16项内容。这16项按其表述的内容，又可分为4部分。

这里以甲醇为例讲述怎样识读MSDS。

6.3.2.1　化学品安全技术说明书（MSDS）样例

甲醇化学品安全技术说明书

说明书目录			
第一部分	化学品名称	第九部分	理化特性
第二部分	成分/组成信息	第十部分	稳定性和反应活性
第三部分	危险性概述	第十一部分	毒理学资料
第四部分	急救措施	第十二部分	生态学资料
第五部分	消防措施	第十三部分	废弃处置
第六部分	泄漏应急处理	第十四部分	运输信息
第七部分	操作处置与储存	第十五部分	法规信息
第八部分	接触控制/个体防护	第十六部分	其他信息

第一部分　化学品名称	
化学品中文名称	甲醇
化学品英文名称	methyl alcohol
中文名称2	木酒精
英文名称2	methanol
技术说明书编码	307
CAS No.	67-56-1
化学式	CH_4O

第二部分　成分/组成信息		
有害物成分	含量	CAS No.
甲醇		67-56-1

第三部分　危险性概述	
危险性类别	
侵入途径	
健康危害	对中枢神经系统有麻醉作用；对视神经和视网膜有特殊选择作用，引起病变；可致代谢性酸中毒。急性中毒：短时大量吸入出现轻度上呼吸道刺激症状（口服有胃肠道刺激症状）；经一段时间潜伏期后出现头痛、头晕、乏力、眩晕、酒醉感、意识不清、谵妄，甚至昏迷。视神经及视网膜病变，可有视物模糊、复视等，重者失明。代谢性酸中毒时出现二氧化碳结合力下降、呼吸加速等。慢性影响：神经衰弱综合征，自主神经功能失调，黏膜刺激，视力减退等。皮肤出现脱脂、皮炎等
环境危害	
燃爆危险	本品易燃，具刺激性

第四部分　急救措施	
皮肤接触	脱去污染的衣着，用肥皂水和清水彻底冲洗皮肤
眼睛接触	提起眼睑，用流动清水或生理盐水冲洗。就医
吸入	迅速脱离现场至空气新鲜处。保持呼吸道通畅。如呼吸困难，给输氧。如呼吸停止，立即进行人工呼吸。就医
食入	饮足量温水，催吐。用清水或1%硫代硫酸钠溶液洗胃。就医

续表

第五部分　消防措施	
危险特性	易燃，其蒸气与空气可形成爆炸性混合物，遇明火、高热能引起燃烧爆炸。与氧化剂接触发生化学反应或引起燃烧。在火场中，受热的容器有爆炸危险。其蒸气比空气重，能在较低处扩散到相当远的地方，遇火源会着火回燃
有害燃烧产物	一氧化碳、二氧化碳
灭火方法	尽可能将容器从火场移至空旷处。喷水保持火场容器冷却，直至灭火结束。处在火场中的容器若已变色或从安全泄压装置中产生声音，必须马上撤离。灭火剂：抗溶性泡沫、干粉、二氧化碳、砂土
第六部分　泄漏应急处理	
应急处理	迅速撤离泄漏污染区人员至安全区，并进行隔离，严格限制出入。切断火源。建议应急处理人员戴自给正压式呼吸器，穿防静电工作服。不要直接接触泄漏物。尽可能切断泄漏源。防止流入下水道、排洪沟等限制性空间。小量泄漏：用砂土或其他不燃材料吸附或吸收。也可以用大量水冲洗，洗水稀释后放入废水系统。大量泄漏：构筑围堤或挖坑收容。用泡沫覆盖，降低蒸气灾害。用防爆泵转移至槽车或专用收集器内，回收或运至废物处理场所处置
第七部分　操作处置与储存	
操作注意事项	密闭操作，加强通风。操作人员必须经过专门培训，严格遵守操作规程。建议操作人员佩戴过滤式防毒面具(半面罩)，戴化学安全防护眼镜，穿防静电工作服，戴橡胶手套。远离火种、热源，工作场所严禁吸烟。使用防爆型的通风系统和设备。防止蒸气泄漏到工作场所空气中。避免与氧化剂、酸类、碱金属接触。灌装时应控制流速，且有接地装置，防止静电积聚。配备相应品种和数量的消防器材及泄漏应急处理设备。倒空的容器可能残留有害物
储存注意事项	储存于阴凉、通风的库房。远离火种、热源。库温不宜超过 30℃。保持容器密封。应与氧化剂、酸类、碱金属等分开存放，切忌混储。采用防爆型照明、通风设施。禁止使用易产生火花的机械设备和工具。储区应备有泄漏应急处理设备和合适的收容材料
第八部分　接触控制/个体防护	
职业接触限值	
中国 MAC/(mg/m^3)	50
俄罗斯 MAC/(mg/m^3)	5
TLVTN	OSHA 200ppm（1ppm = 10^{-6}），262mg/m^3；ACGIH 200ppm（1ppm = 10^{-6}），262mg/m^3[皮]
TLVWN	ACGIH 250ppm，328mg/m^3[皮](1ppm=10^{-6})
监测方法	气相色谱法；变色酸分光光度法
工程控制	生产过程密闭，加强通风。提供安全淋浴和洗眼设备
呼吸系统防护	可能接触其蒸气时，应该佩戴过滤式防毒面具(半面罩)。紧急事态抢救或撤离时，建议佩戴空气呼吸器
眼睛防护	戴化学安全防护眼镜
身体防护	穿防静电工作服
手防护	戴橡胶手套
其他防护	工作现场禁止吸烟、进食和饮水。工作完毕，淋浴更衣。实行就业前和定期的体检

续表

第九部分 理化特性	
主要成分	纯品
外观与性状	无色澄清液体，有刺激性气味
pH	
熔点/℃	−97.8
沸点/℃	64.8
相对密度(水的为1)	0.79
相对蒸气密度(空气的为1)	1.11
饱和蒸气压/kPa	13.33(21.2℃)
燃烧热/(kJ/mol)	727.0
临界温度/℃	240
临界压力/MPa	7.95
辛醇/水分配系数的对数值	−0.82/−0.66
闪点/℃	11
引燃温度/℃	385
爆炸上限/%(V/V)	44.0
爆炸下限/%(V/V)	5.5
溶解性	溶于水，可混溶于醇、醚等多数有机溶剂
主要用途	主要用于制甲醛、香精、染料、医药、火药、防冻剂等
其他理化性质	
第十部分 稳定性和反应活性	
稳定性	
禁配物	酸类、酸酐、强氧化剂、碱金属
避免接触的条件	
聚合危害	
分解产物	
第十一部分 毒理学资料	
急性毒性	LD50:5628mg/kg(大鼠经口);15800mg/kg(兔经皮) LC50:83776mg/m^3,4小时(大鼠吸入)
亚急性和慢性毒性	
刺激性	
致敏性	
致突变性	
致畸性	
致癌性	
第十二部分 生态学资料	
生态毒理毒性	
生物降解性	

续表

第十二部分　生态学资料	
非生物降解性	
生物富集或生物积累性	
其他有害作用	该物质对环境可能有危害，对水体应给予特别注意
第十三部分　废弃处置	
废弃物性质	
废弃处置方法	用焚烧法处置
废弃注意事项	
第十四部分　运输信息	
危险货物编号	32058
UN 编号	1230
包装标志	
包装类别	O52
包装方法	小开口钢桶；安瓿瓶外普通木箱；螺纹口玻璃瓶、铁盖压口玻璃瓶、塑料瓶或金属桶(罐)外普通木箱
运输注意事项	本品铁路运输时限使用钢制企业自备罐车装运，装运前须报有关部门批准。运输时运输车辆应配备相应品种和数量的消防器材及泄漏应急处理设备。夏季最好早晚运输。运输时所用的槽(罐)车应有接地链，槽内可设孔隔板以减少震荡产生静电。严禁与氧化剂、酸类、碱金属、食用化学品等混装混运。运输途中应防暴晒、雨淋，防高温。中途停留时应远离火种、热源、高温区。装运该物品的车辆排气管必须配备阻火装置，禁止使用易产生火花的机械设备和工具装卸。公路运输时要按规定路线行驶，勿在居民区和人口稠密区停留。铁路运输时要禁止溜放。严禁用木船、水泥船散装运输
第十五部分　法规信息	
法规信息	化学危险物品安全管理条例(1987 年 2 月 17 日国务院发布)，化学危险物品安全管理条例实施细则(化劳发[1992]677 号)，工作场所安全使用化学品规定([1996]劳部发 423 号)等法规，针对化学危险品的安全使用、生产、储存、运输、装卸等方面均作了相应规定；《化学品分类和危险性公示通则》(GB 13690—2009)将该物质划为第 3.2 类中闪点易燃液体
第十六部分　其他信息	
参考文献	
填表部门	
数据审核单位	
修改说明	
其他信息	

注：可以在网上查询到各种化学品的 MSDS。

6.3.2.2　化学品安全技术说明书（MSDS）的识读

（1）产品信息　产品信息指出，是什么物质？有什么害处？第一至第三项为产品基本信息，包括生产商信息、产品成分、接触限度、危险性警告和健康危害。

第一项　化学产品及公司标识。化学名称——完全按照容器上标识拼写（通用名或众所周知的同义名称也应列出）。生产商名称、地址、紧急电话；MSDS 填写日期或最新版本日期。

第二项 列出单独有害或与其他成分在一起有害的成分。

第三项 为紧急响应人员（救火人员、急救人员）和其他必须知道所涉及的危害的相关人员提供介绍。特性有颜色、形状、气味、蒸气以及其他容易辨别的物理特性。直接的紧急危害有毒性、易燃性、腐蚀性、爆炸性或其他危害。潜在的健康影响有：侵入途径——接触、吸入或摄取；表现症状——急性的（短期的）和慢性的（长期的）健康影响；致癌效应。长期健康影响：对长期潜在的健康影响方面的警告——癌症、肺或生殖系统问题。

（2）事故情形 事故情形指出，当工作中有这种物质存在，如果产生问题时，你该怎么办？第四至第六项包括急救信息和当发生火灾、飞溅或泄漏时应采取的措施。

第四项 急救措施。对意外接触或过度接触该化学品的医疗和急救措施的描述。列出各种已知的有助于救治的解毒剂。

第五项 救火措施。化学品的易燃性；该物质火灾或爆炸的危害以及发生火灾或爆炸的条件——如何发生或快速蔓延；为救火队员、紧急响应人员、雇员以及职业健康和安全专业人员提供基本的救火指导；适当的灭火器（泡沫、二氧化碳等）；燃烧副产物的危害；所需的救火防护服和呼吸保护措施。

第六项 意外释放。产生飞溅、泄漏情况时，紧急响应人员、环保专业人员以及现场人员的响应程序；撤退程序、封堵和清除技术、需要的应急设备以及其他对响应人员的健康、安全和对环境的保护措施；化学品泄漏后应提交的报告和其他特殊程序。

（3）危害预防和个人防护 应该采取哪些措施来防止问题的发生。第七至第十项讲述了如何通过安全操作和储存来预防事故以及如何保护自己防止与化学品接触。

第七项 操作和储存。描述了操作的预防措施和方法，以避免释放到环境中或操作人员与物料过度接触；说明储存类别的要求，防止意外释放或着火，防止与其他物质产生危险的反应——避免容器损坏，不要与不相容的物质接触，避免蒸发或分解，避免在储存区产生可燃或爆炸条件。

第八项 接触控制和个人防护措施。减少操作人员与有害物质接触的方法；接触控制包括工程控制（通风、隔离、围栏）、管理控制（培训、标识、警告措施）；提供个人防护装备指导——手套、防护服、安全眼镜等。

第九项 物理和化学性质。列出特定数据来帮助使用者认识该物质的各种表现以便确定安全操作程序和适当的个人防护设备。该特定数据包括颜色、味道、物理状态、蒸气压、蒸气密度、沸点和凝点、水中的溶解度、pH 值、相对密度或密度、热值、粒径、蒸发速率、挥发性有机物组成、黏度、分子量、化学式。

第十项 稳定性和反应活性。可能产生有害化学反应的条件及应避免的情况。

（4）其他特定信息 第十一至第十六项为其他信息，包括生态危害、废弃处置和运输注意事项、法规要求和毒理学实验数据。

练习

通过阅读甲醇的 MSDS，回答下列安全信息：

（1）使用甲醇时会存在哪些危险？

（2）当你使用甲醇试剂时不小心溅入眼睛里，应如何处理？

（3）当你使用甲醇时应穿戴何种个人防护装备？

（4）甲醇的熔点、职业接触限值 MAC（中国）、闪点及爆炸上、下限如何？

（5）甲醇可以与氧化剂、酸类一起运输吗？

化学实验室安全保障技术发展趋势

一、智能监控与预警系统

1. 基于物联网的监控

利用物联网技术，在实验室中安装各种传感器、探测器等设备，对环境参数（如温度、湿度、气体浓度等）、危险化学品浓度、安全设备状态等进行实时监测和数据采集，并通过网络将数据传输到中央控制系统。一旦数据超出安全范围，系统立即发出预警，以便及时采取措施。例如，在存放易挥发化学品的区域安装气体传感器，实时监测气体浓度，防止泄漏引发危险。

2. 智能视频监控

运用计算机视觉技术的智能摄像头，能够自动识别实验室中的异常行为和危险情况，如人员未按规定穿戴防护装备、违规操作仪器设备、危险区域有人员闯入等，并及时发出警报，同时还可以对实验过程进行记录，方便事后追溯和分析。

二、智能存储设备

1. 智能试剂柜

具备多种功能，如通过 RFID 技术实现危化品的自动化入库、出库、盘点等操作，减少人工干预和登记流程的烦琐，提高管理效率和准确性。同时，试剂柜还配备身份验证和权限管理系统，只有授权人员才能打开柜门，确保化学品的安全取用。此外，柜内还装有温湿度探测传感器、VOC 浓度监测传感器等，实时获取柜内环境数据，保障化学品的储存安全。

2. 智能危化品存储柜

采用高强度材料制造，具有防爆、防火、防水等功能，能有效防止试剂泄漏和意外事故发生。一些智能危化品存储柜还具备智能管理功能，如对危化品进行分类存储、自动记录存取信息、库存实时监控及自动报警等，大大提高了危化品存储的安全性和管理效率。

三、智能防火系统

1. 自动火情应对系统

结合感应技术和高效灭火策略，一旦检测到火源信息，系统会迅速启动应急程序，精确释放特定灭火介质，迅速扑灭火源，遏制火势扩散。该系统具有自主性和智能化水平高、灭火精准高效、不会对实验室其他设备或物品造成损害等优点，同时还配备自动警报和紧急通风柜关闭等安全保护机制，保障人员的生命安全。

2. 火灾预警系统

通过安装烟雾探测器、温度传感器等设备，对实验室进行全方位的火灾监测。当监测到异常情况时，系统会立即发出警报，并将信息发送给相关人员，以便及时采取灭火和疏散措施。

四、虚拟现实与模拟技术

1. 实验操作模拟

利用虚拟现实技术，构建虚拟的化学实验环境，让实验人员在虚拟环境中进行实验操作训练。这样可以帮助实验人员熟悉实验流程和操作规范，提高他们的操作技能和应对突发情况的能力，减少实际实验中的安全风险。

2. 事故模拟与应急预案演练

通过模拟化学实验室可能发生的各种安全事故，如化学品泄漏、爆炸、火灾等，让实验人员在虚拟环境中进行应急预案的演练，提高他们的应急反应能力和协同作战能力，确保在实际事故发生时能够迅速、有效地应对。

五、大数据与人工智能技术的应用

1. 安全隐患分析与预测

利用大数据技术收集和分析实验室的历史安全数据、实验操作数据、设备运行数据等，结合人工智能的机器学习和深度学习算法，挖掘数据中的潜在规律和安全隐患模式，对可能发生的安全事故进行预测和预警，为实验室的安全管理提供决策支持。

2. 智能安全管理助手

开发基于人工智能的智能安全管理助手软件，能够自动识别实验室中的安全风险，提供相应的安全建议和解决方案。例如，当实验人员输入实验计划和使用的化学品信息时，系统可以自动分析可能存在的安全风险，并给出相应的防护措施和操作建议。

参 考 文 献

[1] 杨新星. 工业分析技术. 北京：化学工业出版社，2000.
[2] 姜洪文. 分析化学. 2 版. 北京：化学工业出版社，2011.
[3] 谢惠波. 有机分析实验. 北京：化学工业出版社，2007.
[4] 朱嘉云. 有机分析. 3 版. 北京：化学工业出版社，2024.
[5] 丁敬敏. 化学实验技术基础（Ⅱ）. 北京：化学工业出版社，2010.
[6] 王湛. 膜分离技术基础. 北京：化学工业出版社，2000.
[7] 张小康. 工业分析. 2 版. 北京：化学工业出版社，2011.
[8] 张家驹. 工业分析. 北京：化学工业出版社，2006.
[9] 程玉明. 油品分析. 北京：中国石化出版社，2003.
[10] 张振宇. 化学实验技术基础（Ⅲ）. 北京：化学工业出版社，2011.
[11] 朱永泰. 化学实验技术基础（Ⅰ）. 北京：化学工业出版社，2010.